"十四五"职业教育医药类系列教材

药物制剂生产实训

YAOWU ZHIJI SHENGCHAN SHIXUN

（供药学类、中医药类、药品与医疗器械类专业用）

于素玲　王德毅　主编

化学工业出版社

·北京·

内容简介

本书从职业教育的特点和学生的知识结构出发，遵循学生的认知规律，强调知识的实用性，注重专业能力的培养。全书按照企业岗位工作流程共设计12个项目，主要内容包括人员及物料管理、文件管理、散剂制备、颗粒剂制备、片剂制备、胶囊剂制备、丸剂制备、软膏剂制备、药液配制、小剂量注射剂生产、内包装、外包装等。本书图文并茂，生动形象，可有效降低读者对知识点的理解难度。

本书可作为高职高专以及中职院校制药技术、药剂专业教学配套用书及职业技能培训用书，也可作为药品生产企业技术人员培训用书。

图书在版编目（CIP）数据

药物制剂生产实训 / 于素玲，王德毅主编. -- 北京 : 化学工业出版社，2024. 10. --（“十四五”职业教育医药类系列教材）. -- ISBN 978-7-122-46035-6

Ⅰ. TQ460.6

中国国家版本馆CIP数据核字第2024HV5639号

责任编辑：陈燕杰　　文字编辑：白华霞
责任校对：张茜越　　装帧设计：王晓宇

出版发行：化学工业出版社
（北京市东城区青年湖南街13号　邮政编码100011）
印　　装：河北鑫兆源印刷有限公司
787mm×1092mm　1/16　印张17¾　字数300千字
2024年10月北京第1版第1次印刷

购书咨询：010-64518888　　售后服务：010-64518899
网　　址：http://www.cip.com.cn
凡购买本书，如有缺损质量问题，本社销售中心负责调换。

定　　价：49.80元

编写人员名单

主　　编　于素玲　王德毅

副 主 编　何雨姝　王　宇　章　斌

编写人员　于素玲（成都铁路卫生学校）

王　宇（成都铁路卫生学校）

王德毅（四川科伦药业股份有限公司）

帅小翠（四川省医学科学院·四川省人民医院）

付　强（四川科伦药业股份有限公司）

何雨姝（成都铁路卫生学校）

杨　艳（四川省南充卫生学校）

章　斌（雅安职业技术学院）

蒋蔡滨（成都铁路卫生学校）

蒋燕红（成都铁路卫生学校）

税先洋（四川科伦药业股份有限公司）

谢　琴（成都铁路卫生学校）

前言

为贯彻落实《国家职业教育改革实施方案》，本书内容根据现行版药剂专业、制药技术专业教学标准和制药行业发展的要求，以“实用、够用、适用”为原则编写而成。本书集结了多位经验丰富的药剂学骨干教师与制药企业一线工程技术人员，根据岗位职业素养需求，选择典型工作任务，突出药剂学理论知识的应用与实践动手能力的培养。

本书融入了党的二十大报告精神，医药行业协同发展，以提高药学行业学生的教育水平。书中按照“项目导向、任务驱动、学做一体”原则设计内容版块，共12个项目，涵盖了制药过程中的生产前检查（项目1 人员及物料管理、项目2 文件管理）、固体制剂生产（项目3 散剂制备、项目4 颗粒剂制备、项目5 片剂制备、项目6 胶囊剂制备、项目7 丸剂制备）、半固体制剂生产（项目8 软膏剂制备）、液体制剂的生产（项目9 药液配制）、无菌制剂生产（项目10 小剂量注射剂生产）及生产后包装（项目11 内包装、项目12 外包装）等内容。教材每个任务的设计都遵循学生学习规律，包括学习目标、任务分析、任务分组、知识准备、任务实施、评价反馈及课后作业。学习目标融合知识、技能、素质三维目标；知识准备突出学思结合，图文、动画、视频二维码多种形式结合，使学生能学、会学；任务实施严格按照生产操作规程和GMP要求，并设置有笔记记录，让学生边学边做边记录，学做一体；同时对接技能大赛和职业技能证书考核标准，制定任务考核标准，及时评价反馈学习情况。本书内容以《中华人民共和国药典》现行版为依据编写。

本书的主要亮点包括三方面。

（1）校企合作，“双元”共同开发，教材编写遵从“从企业中来，再回到企业当中去”的原则，对接制药企业生产实际和岗位需求，融合1+X药物制剂生产职业技能等级证书，紧跟行业产业发展变化，注重理实一体化，并穿插思政教育和劳动教育。

（2）以素质养成为抓手，以能力清单为主线，通过任务导学、问题思学、实践研学、拓展促学、评价诊学等贴近学生实际、新颖丰富的体裁和形式，让学生在学中做、做中学，培养学生独立思考和解决问题的能力。

（3）融合丰富数字化资源，针对制剂生产过程中设备原理抽象、构造复杂，以及规范操作等教学重难点，以动画、微课等数字化资源开发二维码融入教材，使教学资源更加多样化、立体化。

本书是四川省“十四五”职业教育省级规划拟建设教材。在编写过程中，得到了成都铁路卫生学校、四川科伦药业股份有限公司、雅安职业技术学院、地奥集团成都药业股份有限公司、四川省医学科学院•四川省人民医院、四川省南充卫生学校相关专家的大力支持，特此致谢！由于编者水平和时间有限，书中可能存在不足之处，望广大读者予以批评指正。

编　者

目 录

项目1

人员及物料管理 001

任务1-1 人员净化 001

任务1-2 物料流转及控制 009

项目2

文件管理 022

任务2-1 识读生产文件 022

任务2-2 填写生产记录 031

任务2-3 生产标识 040

项目3

散剂制备 047

任务3-1 粉碎、过筛、混合操作 047

任务3-2 散剂质量检查 055

项目4

颗粒剂制备 061

任务4-1 制颗粒 061

任务4-2 整粒 068

任务4-3 颗粒剂质量检查 072

项目5
片剂制备 078
任务5-1 用单冲压片机压片 078
任务5-2 片剂包衣 087
任务5-3 片剂质量检查 092
项目6
胶囊剂制备 100
任务6-1 硬胶囊的填充 100
任务6-2 软胶囊的制备 107
任务6-3 胶囊剂质量检查 117
项目7
丸剂制备 124
任务7-1 泛制法制丸 124
任务7-2 塑制法制丸 130
任务7-3 滴制法制丸 135
任务7-4 丸剂质量检查 141
项目8
软膏剂制备 149
任务8-1 熔合法制备软膏剂 149
任务8-2 乳化法制备乳膏剂 153
任务8-3 软膏剂与乳膏剂质量检查 159

项目9
药液配制 166
任务9-1 溶液型药液配制 166
任务9-2 乳浊液型药液配制 174
任务9-3 混悬液型药液配制 183
项目10
小剂量注射剂生产 191
任务10-1 清洗烘瓶 191
任务10-2 配液 197
任务10-3 过滤 204
任务10-4 灭菌 213
任务10-5 小容量注射剂质量检查 222
项目11
内包装 232
任务11-1 袋装包装 232
任务11-2 铝塑包装 240
任务11-3 瓶装包装 251
任务11-4 内包装质量检查 258
项目12
外包装 268
任务12 外包装盒、印字 268
参考文献 276

项目1 人员及物料管理

任务1-1 人员净化

学习目标

1. 熟悉人员进入D级洁净区的操作流程；
2. 正确进行七步洗手法的操作；
3. 正确掌握洁净服的更衣流程；
4. 正确掌握洁净手套的戴法；
5. 培养职业防护意识，树立严谨细致的工作作风。

任务分析

人员进入洁净室会把外部污染物带入室内，主要的污染物有人的皮肤微屑、衣服织物的纤维与室外大气中同样性质的微粒。因此要获得生产环境所需要的空气洁净度，人员净化是十分必要的。本任务主要是进入D级洁净区的操作流程及更衣流程。

任务分组

见表1-1-1。

表1-1-1 学生任务分配表

组号		组长		指导老师	
序号	组员姓名	任务分工			

知识准备

一、人员进入D级洁净区的流程

见图1-1-1。

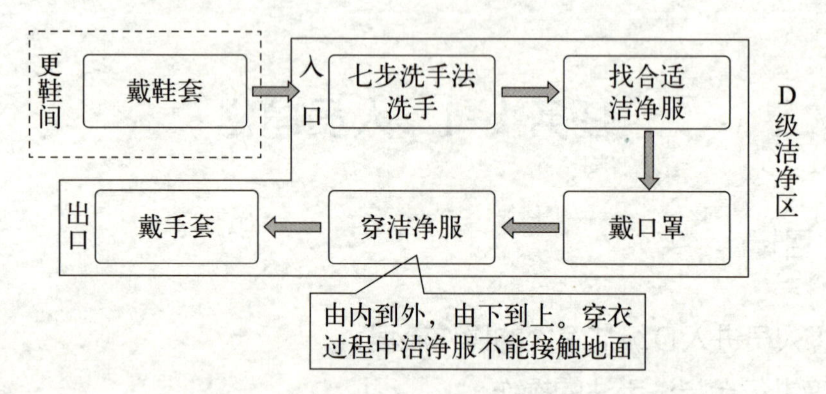

图1-1-1 人员进入D级洁净区的流程

小提示

《药品生产质量管理规范（2010年修订）》

第三十四条 任何进入生产区的人员均应当按照规定更衣。工作服的选材、式样及穿戴方式应当与所从事的工作和空气洁净度级别要求相适应。

《药品生产质量管理规范（2010年修订）》无菌药品附录

第二十三条 应当按照操作规程更衣和洗手，尽可能减少对洁净区的污染或将污染物带入洁净区。

第二十四条 工作服及其质量应当与生产操作的要求及操作区的洁净度级别相适应，其式样和穿着方式应当能够满足保护产品和人员的要求。各洁净区的着装要求规定如下：

D级洁净区：应当将头发、胡须等相关部位遮盖。应当穿合适的工作服和鞋子或鞋套。应当采取适当措施，以避免带入洁净区外的污染物。

C级洁净区：应当将头发、胡须等相关部位遮盖，应当戴口罩。应当穿手腕处可收紧的连体服或衣裤分开的工作服，并穿适当的鞋子或鞋套。工作服应当不脱落纤维或微粒。

A/B级洁净区：应当用头罩将所有头发以及胡须等相关部位全部遮盖，头罩应当塞进衣领内，应当戴口罩以防散发飞沫，必要时戴防护目镜。应当戴无菌且无颗粒物（如滑石粉）散发的橡胶或塑料手套，穿经灭菌或消毒的脚套，裤腿应当塞进脚套内，袖口应当塞进手套内，工作服应为灭菌的连体工作服，不脱落纤维或微粒，并能滞留身体散发的微粒。

第二十五条 个人外衣不得带入通向B级或C级洁净区的更衣室。每位员工每次进入A/B级洁净区，应当更换无菌工作服；或每班至少更换一次，但应当用监测结果证明这种方法的可行性。操作期间应当经常消毒手套，并在必要时更换口罩和手套。

二、七步洗手法

洗手是指工作人员用洗手液进行流动水洗手，去除手部皮肤污垢、碎屑和部分细菌或微生物的过程。有效的洗手可清除手上99%以上的各种暂居菌，是防止病原传播最重要的措施之一。因此手部卫生已成为国际公认的控制感染最简单、最有效、最方便、最经济的措施，是标准预防的重要措施之一。

引导问题1：选择洗手方法的原则是什么？

____

____

____

小提示

遵照洗手的流程和步骤揉搓双手时，各个部位都需洗到、冲净，尤其要认真清洗指背、指尖、指缝和指关节等易污染部位；冲洗双手时注意指尖向下。

三、洁净服的更衣流程

见图1-1-2。

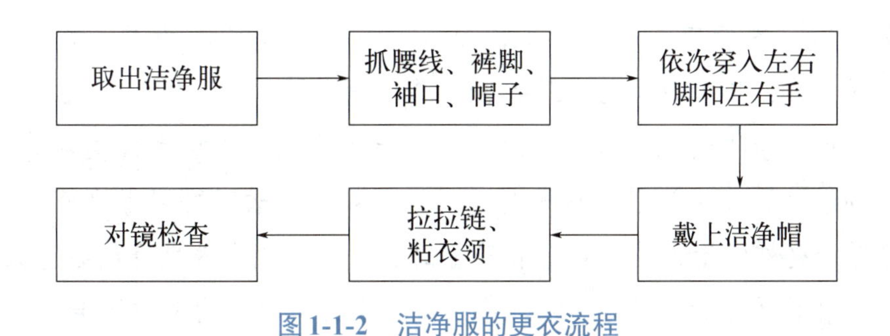

图1-1-2 洁净服的更衣流程

引导问题2：穿洁净服的原则是什么？

____

____

____

小提示

1.洁净服只能在规定区域内穿脱，穿前检查有无潮湿、破损，尺寸是否合适。

2.洁净服如有潮湿、破损或污染，应立即更换。

四、D级洁净手套的戴法

洁净手套，简单来说，就是洁净室工作人员在生产作业时，为了防止手部释放的污染物污染到产品而穿戴的专用手套，主要是预防病原微生物通过工作人员的手传播疾病和污染环境。洁净手套已广泛应用于医药行业的洁净室环境中。

小拓展

无菌操作前及无菌操作全过程中，操作人员的活动应注意避免衣着遭受不必要的污染。

更衣确认是为了保证人员的衣物穿着质量和污染风险点的控制。

所有需进入无菌生产洁净区工作的操作工、机修工、QC/QA取样人员必须经过更衣程序的确认，定期监控并进行趋势分析，以确保进入无菌生产洁净区的所有人员会穿无菌衣。

衣着（是面罩、头罩、保护性眼罩和弹性手套等的统称）应当成为身体和已灭菌物品的暴露区之间的屏障，它们应能防止身体产生的微粒及脱落的微生物所致的污染。衣着应不脱落纤维，应灭菌并覆盖皮肤、头发。如衣着的任何组成部分损坏，则应立刻更换。手套应频繁消毒。

企业应建立恰当的无菌服管理流程，并避免它们在灭菌后使用前的储存期间受到二次污染。例如在使用湿热灭菌进行无菌衣着灭菌时可以考虑使用透气呼吸袋进行包裹，这样衣着灭菌后可以有较长的有效期（此有效期宜经过验证），有利于企业充分利用灭菌釜，同时可以避免无菌衣着在储存期的二次污染。

任务实施

一、操作前准备

1.环境准备

环境应洁净、宽敞、明亮，并应定期消毒。

2.人员准备

人员应衣帽整洁，修剪指甲，取下手表、饰物。

3.用物准备

包括流动水洗手设施、洗手液、洁净手套、洁净服、口罩、更衣记录单。

二、人员净化操作过程及要求

序号	步骤	操作方法及说明	质量要求
1	戴鞋套	鞋套应具有良好的防水性能，并为一次性用品。应在规定区域内穿鞋套，离开该区域时应及时脱掉放入医疗垃圾袋内；发现鞋套破损应及时更换	① 严格按照SOP完成生产操作任务； ② 符合GMP清场与清洁要求
2	七步洗手法	（1）湿手　在流动水下，使双手充分淋湿（水流不可过大，以防溅湿工作服） （2）涂剂　取适量洗手液均匀涂抹至整个手掌、手背、手指和指缝 （3）揉搓　认真揉搓双手至少15s，具体揉搓步骤为： ① 掌心相对，手指并拢相互揉搓； ② 掌心对手背沿指缝相互揉搓，交换进行； ③ 掌心相对，双手交叉指缝相互揉搓； ④ 弯曲手指使关节在另一掌心旋转揉搓，交换进行； ⑤ 一手握另一手大拇指旋转揉搓，交换进行； ⑥ 五个手指尖并拢在另一掌心中旋转揉搓，交换进行； ⑦ 握住手腕回旋揉搓手腕部及腕上10cm（注意清洗双手所有皮肤，包括指背、指尖和指缝） （4）冲净　在流动水下彻底冲净双手（流动水可避免污水沾污双手，冲净双手时注意指尖向下） （5）干手　在干手机下烘干双手	数字资源1-1 七步洗手法 操作视频

续表

序号	步骤	操作方法及说明	质量要求
3	选择合适洁净服	选择洁净服型号，应能遮住全部衣服和外露的皮肤；查对洁净服是否干燥、完好、有无穿过	①严格按照SOP完成生产操作任务； ②符合GMP清场与清洁要求
4	戴口罩	（1）戴口罩之前要检查口罩的有效期，有无破损，先分清楚口罩的内面和外面。通常来说把深色的朝外，浅色的朝内，把含有金属条的朝上，不含金属条的朝下	①严格按照SOP完成生产操作任务； ②符合GMP清场与清洁要求
		（2）把口罩两侧的松紧带佩戴在耳朵的两侧，然后把口罩由上到下充分的延展拉开。金属条的位置应该在上面靠近鼻梁的部位	
		（3）用指尖由内向外按压金属条，顺着金属条的位置向两边移动以确保口罩密闭性，将口罩上下完全展开以全部遮住口鼻	
		（4）最后进行呼气试验，如果感觉鼻甲两侧有气体从口罩喷出，再进行一定的修饰；如果没有气体喷出，说明口罩的密闭功能非常好，可以起到非常好的抵抗和隔绝病毒的功效	
5	穿洁净服	（1）右手抓住衣领内侧，取出洁净服，让洁净服自然落下，此过程不落地，不接触外表面	①严格按照SOP完成生产操作任务； ②符合GMP清场与清洁要求 数字资源1-2 穿洁净服 操作视频
		（2）左手找到内侧腰线并抓住，提起洁净服，右手找到右裤脚，从右裤脚内部翻出裤脚中部让左手抓住，同理依次抓住左裤脚中部、左袖口中部、右袖口中部，再抓住帽子内部。（整个过程中洁净服不落地，手不接触洁净服外表面）	
		（3）右手抓住右裤脚内侧穿入右脚，将重心落在右脚，换右手抓住腰线，左手找到左裤脚内侧穿入左脚，用余光找到左袖口，左手伸入左袖口，右手松开腰线，同时伸入右袖口，检查帽子是否外翻。（整个过程中洁净服不落地，手不接触洁净服外表面）	
		（4）弯腰穿好左右袖口，两手从洁净服内侧沿上找到帽子并戴上，手不接触洁净服外表面	
		（5）双脚并拢或交叉拉上拉链，抓住衣领粘扣内侧并粘贴上	
		（6）对镜检查穿戴是否整齐	
6	戴手套	（1）查对　检查并核对无菌手套袋外的号码、灭菌日期，检查包装是否完整、干燥	①严格按照SOP完成生产操作任务； ②符合GMP清场与清洁要求
		（2）打开手套袋　将手套袋平放于清洁、干燥的桌面上打开	

续表

序号	步骤	操作方法及说明	质量要求
6	戴手套	(3)取、戴手套 1)分次取、戴法 ① 一手掀开手套袋开口处，另一手捏住一只手套的反折部分（手套内面）取出手套，对准五指戴上 ② 未戴手套的手掀起另一只袋口，再用戴好手套的手指插入另一只手套的反折内面（手套外面），取出手套，同法戴好 ③ 同时，将后一只戴好的手套的翻边扣套在工作服衣袖外面，同法扣套好另一只手套 2)一次性取、戴法 ① 两手同时掀开手套袋开口处，用一手拇指和示指同时捏住两只手套的反折部分，取出手套 ② 将两手套五指对准，先戴一只手，再以戴好手套的手指插入另一只手套的反折内面，同法戴好 ③ 同时，将后一只戴好的手套的翻边扣套在工作服衣袖外面，同法扣套好另一只手套	数字资源1-3 戴手套 操作视频
		(4)检查调整　双手对合交叉检查是否漏气，并调整手套位置	

三、人员净化过程中出现的问题及解决办法

引导问题3：请写出本组人员净化过程中出现的问题及解决办法。

问题：____

____

解决办法：____

____

评价反馈

项目名称	评价内容	评价标准	自评	互评	师评
专业能力考核项目70%	戴鞋套 3分	正确穿戴鞋套；3分			
	七步洗手法 23分	1. 正确在流动水下，使双手充分淋湿；2分 2. 正确将洗手液均匀涂抹至整个手掌、手背、手指和指缝；2分 3. 揉搓操作 ① 掌心相对，手指并拢相互揉搓；2分			

续表

<table>
<tr><th>项目名称</th><th>评价内容</th><th>评价标准</th><th>自评</th><th>互评</th><th>师评</th></tr>
<tr><td rowspan="5">专业能力
考核项目
70%</td><td>七步洗手法
23分</td><td>② 掌心对手背沿指缝相互揉搓，交换进行；2分
③ 掌心相对，双手交叉指缝相互揉搓；2分
④ 弯曲手指使关节在另一掌心旋转揉搓，交换进行；2分
⑤ 一手握另一手大拇指旋转揉搓，交换进行；2分
⑥ 五个手指尖并拢在另一掌心中旋转揉搓，交换进行；2分
⑦ 握住手腕回旋揉搓手腕部及腕上10cm；2分
4. 在流动水下彻底冲净双手；3分
5. 在干手机下烘干双手；2分</td><td></td><td></td><td></td></tr>
<tr><td>选择合适
洁净服
6分</td><td>1. 正确选择洁净服型号，应能遮住全部衣服和外露的皮肤；3分
2. 正确查对洁净服是否干燥、完好、有无穿过；3分</td><td></td><td></td><td></td></tr>
<tr><td>戴口罩
8分</td><td>1. 正确分清楚口罩的内面和外面；2分
2. 正确把口罩两侧的松紧带佩戴在耳朵的两侧；2分
3. 正确将口罩上下完全展开并全部遮住口鼻；2分
4. 正确进行呼气试验；2分</td><td></td><td></td><td></td></tr>
<tr><td>穿洁净服
20分</td><td>1. 正确取出洁净服；3分
2. 正确抓住腰线、裤脚、袖口、帽子；4分
3. 正确穿入左右脚和左右手；4分
4. 正确戴上洁净帽；3分
5. 正确拉上拉链，并粘上衣领贴；3分
6. 正确对镜检查穿戴是否整齐；3分</td><td></td><td></td><td></td></tr>
<tr><td>戴手套
10分</td><td>1. 正确检查并核对无菌手套袋外的号码、灭菌日期，确认包装是否完整、干燥；2分
2. 正确将手套袋平放于清洁、干燥的桌面上打开；2分
3. 正确取出手套，对准五指戴上；2分
4. 正确将戴好的手套的翻边扣套在工作服衣袖外面；2分
5. 正确将双手对合交叉检查是否漏气，并调整手套位置；2分</td><td></td><td></td><td></td></tr>
<tr><td rowspan="5">职业素养
考核项目
30%</td><td colspan="2">穿戴规范、整洁；5分</td><td></td><td></td><td></td></tr>
<tr><td colspan="2">无无故迟到、早退、旷课现象；5分</td><td></td><td></td><td></td></tr>
<tr><td colspan="2">积极参加课堂活动，按时完成引导问题及笔记记录；10分</td><td></td><td></td><td></td></tr>
<tr><td colspan="2">具有团队合作、与人交流能力；5分</td><td></td><td></td><td></td></tr>
<tr><td colspan="2">具有安全意识、责任意识、服务意识；5分</td><td></td><td></td><td></td></tr>
<tr><td colspan="3">总分</td><td></td><td></td><td></td></tr>
</table>

课后作业

1. 七步洗手法的注意事项有哪些？
2. 戴手套的注意事项有哪些？
3. 穿洁净服的注意事项有哪些？

任务1-2 物料流转及控制

学习目标

1. 能按生产指令完成领料操作；
2. 能按工艺进行物料流转及控制；
3. 能进行物料退库工作；
4. 具有安全生产和精益求精的工匠精神与劳模精神。

任务分析

质量管理部门应当对所有生产用物料的供应商进行质量评估，会同有关部门对主要物料供应商（尤其生产商）的质量体系进行现场质量审计，并对质量评估不符合要求的供应商行使否决权。物料管理包括购进、贮存、发放及使用的管理，涉及供应商评估和批准，物料购进、验收、检验、贮存、编制物料代码及批号等。本任务主要是学会按照GMP要求对生产现场的物料进行规范管理。

任务分组

见表1-2-1。

表1-2-1 学生任务分配表

<table>
<tr><td>组号</td><td></td><td>组长</td><td></td><td>指导老师</td><td></td></tr>
<tr><td>序号</td><td>组员姓名</td><td colspan="4">任务分工</td></tr>
<tr><td></td><td></td><td colspan="4"></td></tr>
<tr><td></td><td></td><td colspan="4"></td></tr>
<tr><td></td><td></td><td colspan="4"></td></tr>
<tr><td></td><td></td><td colspan="4"></td></tr>
</table>

知识准备

一、相关概念

1. 物料

物料是指药品生产用原料、辅料、包装材料等，是生产中进行流转的原料、辅料、包装材料的总称。

2. 剩余物料

剩余物料是指生产过程中产生的剩余物料以及每个批次生产剩余的原辅料、包装材料及标识材料。

3. 物料的发放

物料的发放是指对生产物料按照需求数量发放到生产车间的活动。

4. 物料退库

物料退库是指生产车间将多余物料退回到仓储系统的活动。

5. 不合格物料

不合格物料是指不符合已确定标准及要求的任何物料、组分、药用容器及封盖、标签等。其处理方式有退回供应商、物料销毁、挑选后使用等。

二、物料管理流程

物料是药品生产和保证药品质量的物质基础，物料质量不合格将直接导致药品质量不合格。在物料管理流程中须严格执行“三不”原则，即不合格的原辅料、包装材料不进库，不合格的中间产品不流入下一道工序，不合格的成品不出厂。药品生产过程中的物料管理流程见图1-2-1。

（一）物料发放包装形式（表1-2-2）

表1-2-2　物料发放包装形式

物料		发放包装形式
包材	内包装材料	无菌内包材：整包装发放，不得破坏原包装
		非无菌内包材：按厂家最小包装形式发放
	外包装材料	整件发放；卷式标签、说明书（或其他散装印刷包装材料）发放时需分别置于密闭容器内保管或储运，以防丢失或混淆
		拆包计数：纸箱、纸盒、合格证、说明书

续表

物料		发放包装形式
原辅料	固体物料	双层药用聚乙烯薄膜袋、一层药用聚乙烯薄膜袋置塑料周转桶中（避光物料需置于棕色或黑色的药用聚乙烯薄膜袋中）
	无菌物料	不得破坏原包装
	液体物料	置于原包装容器中发放
		置于带盖不锈钢、聚四氟、玻璃或非聚氯乙烯塑料桶内（容器不得与物料发生化学反应）发放

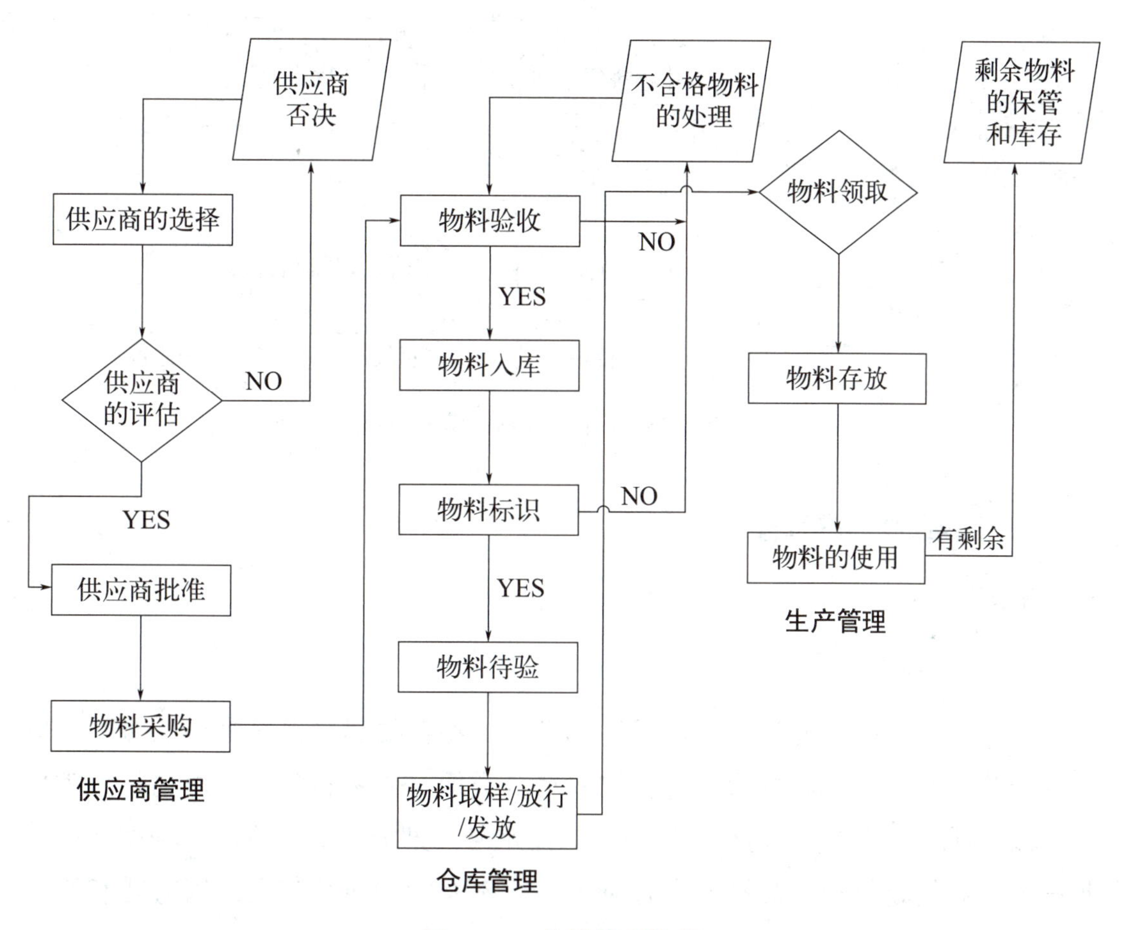

图1-2-1　物料管理流程

（二）生产车间物料的流转过程

见图1-2-2。

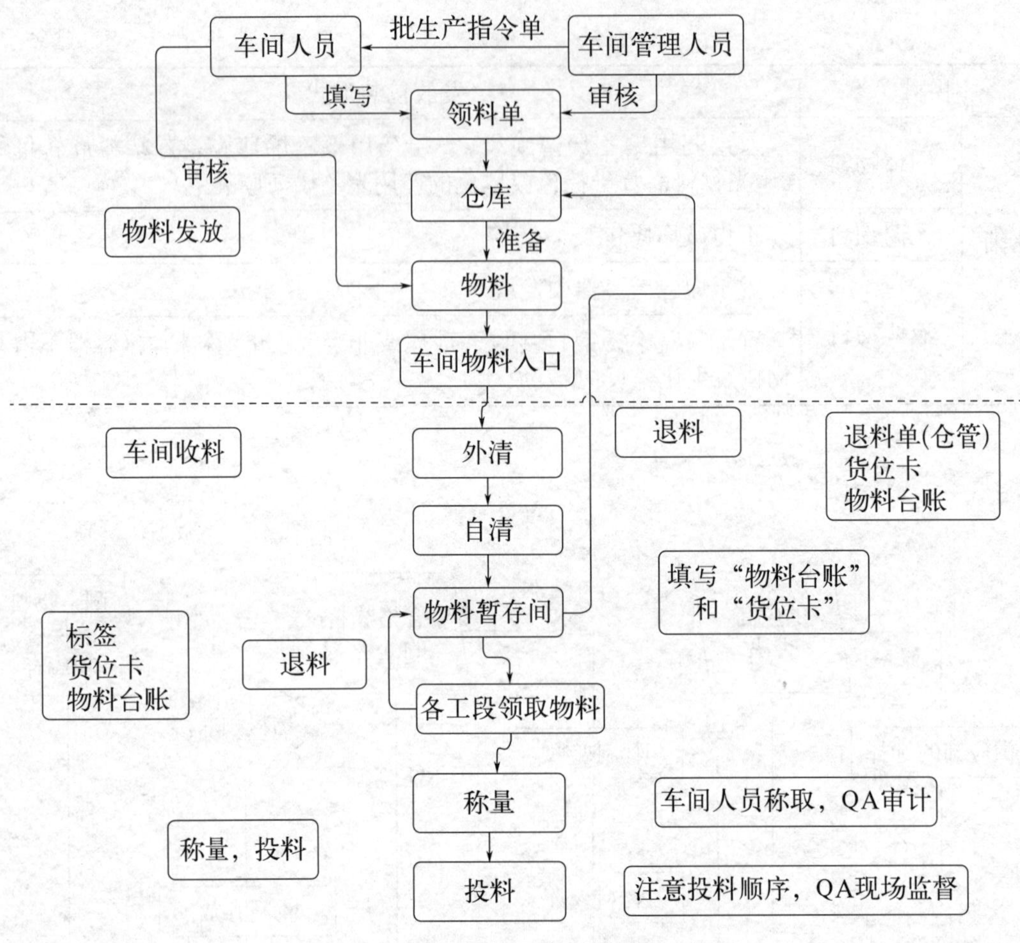

图1-2-2　生产车间物料的流转过程

（三）包装材料的管理

见图1-2-3。

（四）物料信息标识

三个基本组成部分为名称、代码和批号。物料要建立系统唯一的编码，以区别于其他所有种类和批次。完整的物料分类编号由物料代号（由物料分类代号、该料顺序号构成）、物料进厂日期、流水号三部分组成，物料分类编号由企业根据企业的物料和产品情况自行确定适合本企业的物料代码编写方式和给定原则。

（五）物料状态标识

物料的质量状态标识（表1-2-3）可分为：①待验标识；②不合格标识；③合格标识；④其他状态标识（如已取样，则为限制性放行标识）。

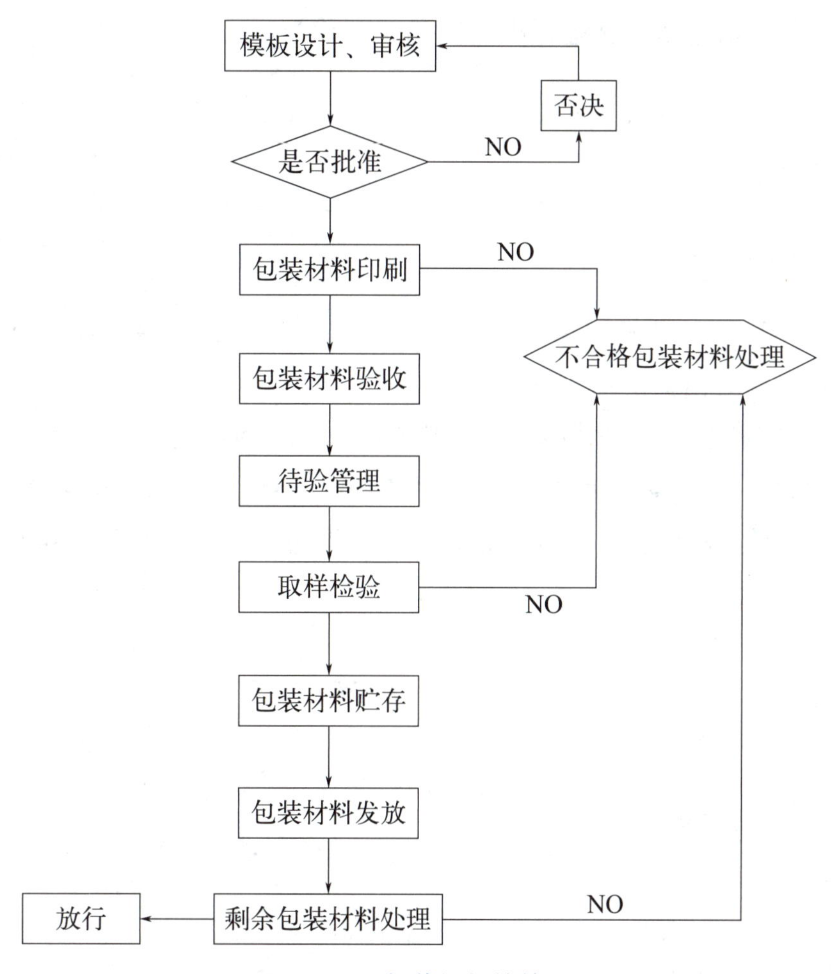

图 1-2-3　包装材料的管理

表 1-2-3　物料的质量状态标识

项目	待验标识	合格标识	不合格标识	限制性放行标识
颜色	黄色	绿色	红色	绿色
物料状态	不可用于正式产品的生产或发运销售，说明所指示的物料处于待验状态	可用于正式产品的生产使用或发运销售，说明所指示的物料为合格的物料或产品	不得用于正式产品的生产或发运销售，需要进行销毁或返工、再加工，说明所指示的物料为不合格品	如物料没有完成，不能用于正常商业批生产，只能用于其他使用目的
示例	××药厂 **待　验** 名称：　物料代码： 供应商批号：　内部批号： 签名/日期：	××药厂 **合　格** 名称：　物料代码： 供应商批号：　内部批号： 签名/日期：	××药厂 **不合格** 名称：　物料代码： 供应商批号：　内部批号： 签名/日期：	××药厂 **限制性放行** 名称：　物料代码： 供应商批号：　内部批号： 签名/日期：

注：标识具体颜色以实物为准。

引导问题：简述物料状态标识的颜色及其种类。

____

____

____

（六）物料状态标识类型

根据药品生产企业物料的接收、贮存、使用、流转、发运、退货等物料管理过程，分别规定相关格式内容的标识。

物料标识通常包括物料名称、规格、物料代码、供应商批号、内部批号、生产日期、有效期或复检期、贮存条件、接收人/日期等。物料状态标识类型可分为物料周转标识、物料标识、退货标识、废料标识。示例如图1-2-4所示。

<table>
<tr>
<td>××药厂

原料标识

名称：　　　　物料代码：
规格：
供应商批号：　　内部批号：
生产日期：　　有效期至：
储存条件：
收入日期：</td>
<td>××药厂

辅料标识

名称：
批号：
规格：
数量：
生产日期：
操作人：
复核人：</td>
</tr>
</table>

图1-2-4　物料状态标识示例

（七）不合格品的管理

其流程见图1-2-5。

（八）物料平衡管理

物料平衡是指产品或物料实际产量或实际用量及收集到的损耗之和与理论产量或理论用量之间的比较，并考虑可允许的偏差范围。

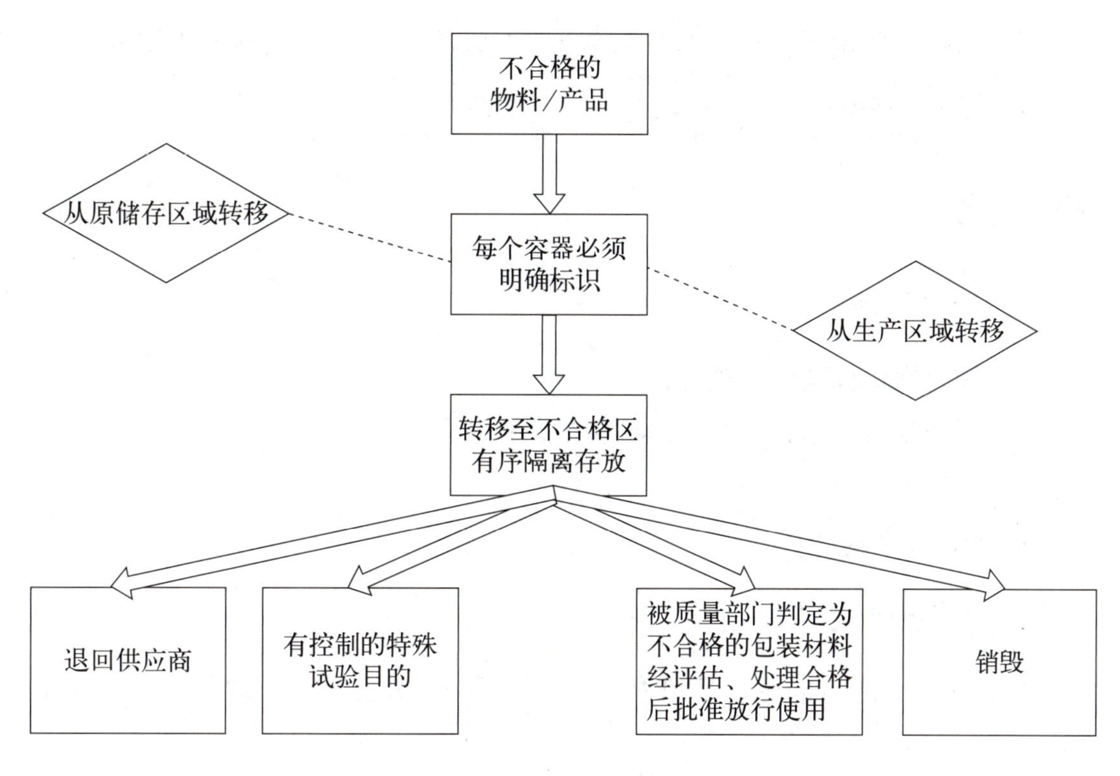

图1-2-5　不合格品的管理流程

按GMP《药品生产质量管理规范（2010年修订）》规定，每批产品应当检查产量和物料平衡，确保物料平衡符合设定的限度。如有差异，必须查明原因，确认无潜在质量风险后方可按照正常处理。所有工序均必须有物料平衡计算，并根据工艺验证制订相应的限度。物料平衡按式1-2-1计算。

$$物料平衡=\frac{成品量+取样量+可收集的废弃量}{投料量}\times100\% \qquad (1\text{-}2\text{-}1)$$

（九）安全及注意事项

（1）已打印批号、有效期等信息的包装材料不得退库，按《不合格品处理管理规程》的规定进行处理。

（2）已污染的物料按不合格品处理。

（3）特殊管理的药品（“毒、麻、精、放”）发放基本流程同原辅料。应特别关注的是在发放时应双人称重、发放、运输，双人接收，相应记录都应双人签名及写明日期。即从仓储区转移至生产间流程和贮存过程，应双人操作，确保足够安全，并应根据特殊药品管理的相关法规执行。

（4）物料发放原则：待验、待处理和不合格物料，超过储存期未经复验合格的物料，指令、单据不符合或数量有问题，物料包装破损或其他原因造成污染、变质的，均不得发放。

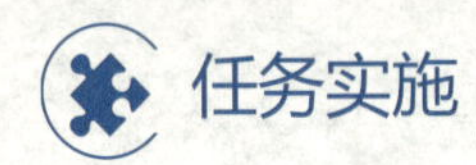

任务实施

一、生产前准备

（1）领料岗位标准操作规程；

（2）车间物料领用、存放、退库标准操作规程；

（3）原辅料；

（4）包装材料。

二、操作过程

依据1+X药物制剂生产职业等级证书考试（初级）——颗粒剂生产规范进行。

<table>
<tr><th>序号</th><th>步骤</th><th>操作方法及说明</th><th>质量标准</th></tr>
<tr><td rowspan="2">1</td><td rowspan="2">物料的发放与领用</td><td>(1)车间人员根据批生产指令、批包装指令等文件填写领料单；
(2)核对领料单与批生产 / 包装指令；
(3)领料人员领取领料单</td><td rowspan="2">领料单上必须填写工单号、领用部门、物料名称</td></tr>
<tr><td>领料单
部门：领料岗位　日期：×××× 年 ×× 月 ×× 日
<table>
<tr><th>制剂处方</th><th>物料名称</th><th>物料代码</th><th>批生产处方量</th><th>质量要求</th><th>备注</th></tr>
<tr><td>1</td><td>微晶纤维素</td><td>FL-001</td><td>150g</td><td>辅料</td><td></td></tr>
<tr><td>2</td><td>乳糖</td><td>FL-002</td><td>75g</td><td>辅料</td><td></td></tr>
<tr><td>3</td><td>聚维酮 K30（8%）溶液</td><td>FL-003</td><td>45mL</td><td>辅料</td><td></td></tr>
<tr><td>部门主管</td><td colspan="2">李四</td><td>领料人</td><td colspan="2">张　三</td></tr>
</table></td></tr>
<tr><td>2</td><td>物料交接</td><td>(1)仓库管理人员备料，按照物料消耗定额、先进先出、近效期先出、退库先出原则发放；
(2)检查、核对物料；
(3)按领料单计量 / 数发放；
(4)签字确认；
(5)仓库管理员更新物料货位卡、物料台账</td><td>① 检查物料标签、检验合格证、生产厂商，核对数量、质量、包装等是否齐备完好等；
② 待验、待处理和不合格物料不得发放；
③ 超过储存期未经复验合格的物料不得发放；</td></tr>
</table>

续表

<table>
<tr><th>序号</th><th>步骤</th><th>操作方法及说明</th><th>质量标准</th></tr>
<tr><td rowspan="3">2</td><td>物料交接</td><td>出库记录
<table><tr><td>序号</td><td>日期</td><td>领料名称</td><td>出料批号</td><td>单位</td><td>数量</td></tr><tr><td>1</td><td>xxxx年xx月xx日</td><td>微晶纤维素</td><td>20210126</td><td>kg</td><td>35</td></tr><tr><td>2</td><td>xxxx年xx月xx日</td><td>乳糖</td><td>20210527</td><td>kg</td><td>27</td></tr><tr><td>3</td><td>xxxx年xx月xx日</td><td>聚维酮K30</td><td>20210603</td><td>kg</td><td>2</td></tr><tr><td>4</td><td></td><td></td><td></td><td></td><td></td></tr><tr><td>5</td><td></td><td></td><td></td><td></td><td></td></tr><tr><td>领料人</td><td></td><td>发料人</td><td></td><td>复核人</td><td></td></tr></table></td><td>④ 指令、单据不符或数量有问题的不得发放；
⑤ 物料包装破损或其他原因造成污染、变质的不得发放；
⑥ 领料人、发料人、复核人三方签字</td></tr>
<tr><td>物料运输</td><td>(1)物料经物流通道运送至生产车间；
(2)生产人员检查物料外包装，目视外包装是否良好；
(3)外清室脱去外包装，原辅料放入周转桶内，周转桶贴上物料周转标识；
(4)物料消毒后，送至缓冲间“搁置”自净，填写中转站物料进出台账；
<table><tr><td>物料周转标签</td></tr><tr><td>品名：硬脂酸镁片</td></tr><tr><td>物料名称：硬脂酸镁</td></tr><tr><td>配置量：5万片</td></tr><tr><td>毛重：8.5kg</td></tr><tr><td>净重：3kg</td></tr><tr><td>批总量：28kg</td></tr><tr><td>批号：2021070802</td></tr><tr><td>规格：无</td></tr><tr><td>物料状态：已消毒</td></tr><tr><td>操作人：王五</td></tr><tr><td>日期：××××.××.××</td></tr></table>(5)通知生产人员领料</td><td>① 化验单、领料单、合格证应附到工作记录中；
② 运送中物料摆放平稳，避免掉落</td></tr>
<tr><td>中间站领料</td><td>(1)操作工到中间站领料；
(2)操作工核对物料；
(3)中间站管理人员填写半成品出站记录文件；
(4)中间站管理人员将生产指令、物料检验单随物料交给操作工
出站记录
<table><tr><td>日期</td><td>班次</td><td>桶(袋)数</td><td>总数量/kg</td><td>物料名称</td><td>备注</td></tr><tr><td>xxxx年xx月xx日</td><td>xxxx-xx-xxx-xx</td><td>5</td><td>35</td><td>硬脂酸镁</td><td></td></tr><tr><td></td><td></td><td></td><td></td><td></td><td></td></tr><tr><td></td><td></td><td></td><td></td><td></td><td></td></tr><tr><td></td><td></td><td></td><td></td><td></td><td></td></tr><tr><td></td><td></td><td></td><td></td><td></td><td></td></tr><tr><td>领料人签字</td><td></td><td>中间站签名</td><td colspan="3"></td></tr></table></td><td>① 进入洁净区的原辅料应整包领用，不得拆零；
② 标签、说明书及与标签内容相同的包装物必须计数领用，整件按照标识数量计数，零头由车间物料员与仓库管理员计数；
③ 物料复核应包含：物料包装完好性；物料标识与批配料记录及指令单信息的一致性；计算复核（含量、水分、数个批号之和与计划量一致性）；物料称重复核[毛重在计量器具所允许的偏差范围内或工艺规程所规定的可接受范围（如0.1%）]</td></tr>
</table>

续表

<table>
<tr><th>序号</th><th>步骤</th><th>操作方法及说明</th><th>质量标准</th></tr>
<tr><td>3</td><td>包封标识</td><td>（1）洁净区物料称量；
（2）包好内包装；
（3）拆包间包好外包装；
（4）标明物料的名称、代码、批号、数量（毛重和净重）等信息
物料标签
<table>
<tr><th colspan="2">已 称 量 物 料 标 识 卡</th></tr>
<tr><td colspan="2">物料名称：硬脂酸镁</td></tr>
<tr><td colspan="2">规格：药用</td></tr>
<tr><td colspan="2">毛重：10.6g</td></tr>
<tr><td colspan="2">皮重：6.6g</td></tr>
<tr><td colspan="2">净重：4.0g</td></tr>
<tr><td colspan="2">批号：2020052601</td></tr>
<tr><td colspan="2">生产厂家：成都市某化学品有限公司</td></tr>
<tr><td colspan="2">有效期至：20250430</td></tr>
<tr><td>操作人：王五</td><td>日期：xxxx.xx.xx</td></tr>
</table></td><td>若原包装已破坏，则选择合适的其他外包装</td></tr>
<tr><td>4</td><td>物料使用</td><td>（1）使用前检查物料；
（2）复核物料；
（3）填写记录并签名；
（4）按工艺规定投料</td><td>①检查物料的品名、规格、批号、数量、合格证等；
②连续使用的物料，每次启封后应及时密封，在标识上注明使用日期、使用数量、剩余数量，使用人、复核人签名</td></tr>
<tr><td>5</td><td>物料平衡</td><td>（1）各工序物料平衡收率计算；
（2）标签说明书物料平衡收率计算</td><td>①各工序物料平衡收率计算不低于工艺要求；
②标签、说明书的物料平衡收率应符合工艺要求</td></tr>
<tr><td rowspan="2">6</td><td>填写退库单</td><td>（1）统计剩余物料；
（2）填写偏差处理单/退库单；
（3）偏差处理单/退库单交质量保证部审核
<table>
<tr><td>退料部门</td><td colspan="2">制粒一车间</td><td colspan="2">退料原因</td><td colspan="3">停产☑ 不易储存☐ 其他☐______</td></tr>
<tr><td>物料名称</td><td colspan="2">物料批号</td><td>件数</td><td>单位</td><td colspan="2">退库量</td><td>备注</td></tr>
<tr><td>硬脂酸镁</td><td colspan="2">20220715</td><td>2</td><td>kg</td><td colspan="2">10 kg</td><td></td></tr>
<tr><td></td><td colspan="2"></td><td></td><td></td><td colspan="2"></td><td></td></tr>
<tr><td>领用人</td><td>王五</td><td>日期</td><td>2021.06.12</td><td>部门负责人</td><td>刘东</td><td>日期</td><td>2021.06.12</td></tr>
<tr><td>现场管理员</td><td>王五</td><td>日期</td><td>2021.06.12</td><td>仓库管理员</td><td></td><td>日期</td><td></td></tr>
</table></td><td>退库单应标明物料的名称、代码、批号、数量（毛重和净重）、有效期或复验日期等信息</td></tr>
<tr><td>QA复核，确认退库</td><td>（1）核对物料；
（2）确认退库</td><td>① 核对品名、规格、批号、数量；
② 未开封物料，检查其包装是否完整，封口是否严密，确认物料无污染，数量准确；
③ 已开封的物料，检查其扎口是否严密，确认物料无污染、无混淆，数量准确</td></tr>
</table>

续表

序号	步骤	操作方法及说明	质量标准
6	物料接收	（1）清点物料，转运物料至仓库； （2）退库单与物料交仓库； （3）核对物料； （4）双方签字确认接收物料； （5）仓库管理员更新物料货位卡、物料台账	品种、规格、数量、批号与包装无误

引导问题1： 某片剂，处方主药为A，辅料为B、C、D，辅料B、C、D的性状无明显差异。某人员将C物料错误称成了B，投料量无变化，其余物料无差错。请分析会造成什么后果？

____

____

____

小提示

在此生产工艺中，此差错会造成片剂产品外观改变、崩解、溶出等质量问题。因此在领料、投料时应按生产指令和领料单逐一核对物料的品名、批次、规格、性状、重量，在生产中应严格物料标签管理，防止差错的产生。

引导问题2： 某车间领料人员将物料从仓库运输进入粉针剂生产车间时，在外清室脱外包装时，不慎将无菌原料药内包装划破，应怎样处理这批物料？

____

____

____

小提示

此批次物料已经受到污染，应按照不合格品处理；并应重新领料完成生产操作。

引导问题3： 某颗粒剂车间计划生产1万袋颗粒，按计划领料，进行包装时，包装设备出现故障，经设备管理人员确认短期内无法维修，剩余的1000袋颗粒应如何处理？

____

____

____

小提示

剩余的未包装的颗粒为不稳定固态中间产品，可密封暂存于D级洁净度的中间体专库中，根据工艺要求温度应为0～10℃，并应注意控制空气湿度。中间产品包装上应悬挂有明显的标明其品名、批号、规格、数量（或重量）及加工状态、工序名称、操作日期等的标识。并应做好记录，记录上必须有入库时间、品种、规格、批号、数量、保存期限、生产日期、出库日期和数量以及库内温度等内容。若维修时间较长，超过中间体保存期，应请验，经质检部门重新抽样检测，检测合格后方可投入生产。

小提示

半成品标签

品名	××颗粒	批号	20210612
产品规格	0.25g/袋	数量	1000袋
在制工序	制粒	制粒日期	2021.06.12
未完工序	包装	保存期	1年
记录人	××	日期	2021.06.12
复核人	××	日期	2021.06.12

评价反馈

序号	评价内容	评价标准	评价结果（是/否）
1	物料领取 30%	（1）按规定核对物料标签、检验合格证、生产厂商物料标签，检查物资的数量、质量、包装等是否齐备完好；10分 （2）准确称量物料；10分 （3）正确运输物料至缓冲间，并进行物料标识；10分	
2	生产车间物料流转 30%	（1）正确在中间站领取物料；10分 （2）正确完成中间体、半成品贮存、转运；10分 （3）正确计算物料平衡；10分	
3	物料退库 10%	（1）按要求包封、标识物料；5分 （2）正确填写退库单；5分	

续表

序号	评价内容	评价标准	评价结果（是/否）
4	职业素养 30%	（1）穿戴规范、整洁；5分 （2）无无故迟到、早退、旷课现象；5分 （3）积极参加课堂活动，按时完成引导问题及笔记记录；10分 （4）具有团队合作、与人交流能力；5分 （5）具有安全意识、责任意识、服务意识；5分	

课后作业

某车间准备进行阿司匹林片包装工序，包装规格：0.5g/片×1000片/瓶×20瓶/件。计划产量为50万片。请完成以下包装材料领用计划。

物料类别	物料名称	单位	计划耗用量
内包装材料	阿司匹林片塑料瓶	套	
外包装材料	阿司匹林片说明书	张	
	阿司匹林片标签	张	
	阿司匹林片纸箱	个	

项目2　文件管理

任务2-1　识读生产文件

学习目标

1. 能正确描述生产文件的分类；
2. 能规范核对批生产记录表格的完整性；
3. 能正确识读批生产指令；
4. 了解生产文件的格式和编制原则；
5. 具备按照GMP规范生产的意识。

任务分析

文件是质量保证系统的基本要素。企业必须有内容正确的书面质量标准、生产处方和工艺规程、操作规程以及记录等文件，所有活动的计划和执行都必须通过文件和记录证明。本次课程的主要任务是学习常用生产文件的识读。

任务分组

见表2-1-1。

表2-1-1　学生任务分配表

组号		组长		指导老师	
序号	组员姓名	任务分工			

知识储备

一、生产管理文件种类

按照药品生产质量管理规范（GMP）的要求，药品生产管理的文件按其属性分为标准性文件和记录两大类（图2-1-1）。其中标准性文件包括：技术标准（STP）、管理规程（SMP）和操作规程（SOP）。

（1）技术标准（STP）：包括产品生产工艺物料与产品的质量标准。

（2）管理规程（SMP）：是指经批准用以行使生产、计划、指挥控制等管理职能而制订的书面要求，为一般的管理制度、标准、程序等。

（3）操作规程（SOP）：是指经批准用以指示操作的通用性文件或管理方法，是按工艺流程制订的生产操作的标准规程。

（4）记录：包括生产记录及生产所需的各种台账、凭证等。

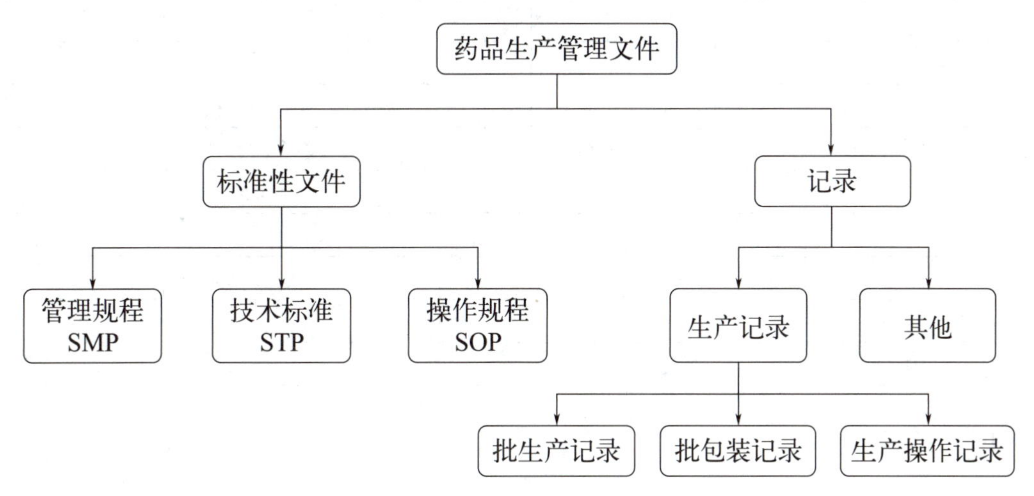

图2-1-1 生产管理文件种类

二、常用生产文件

（一）产品批生产指令

批生产指令是指根据生产需要下达、有效组织生产的指令性文件，包括批制剂指令、批包装指令。目的是规范批生产管理，使生产处于规范化、可控的状态。

1.批生产指令的编制、下达

生产管理部门下达批生产指令安排时，严禁不同品种、不同规格的生产操作在同一操作间进行，成品包装间如有多条包装线同时进行，应采取隔离措施，以防止不同成品间的污染和混淆。已编制的批生产指令经生产管理部门负责人签字批准。

2.批生产指令的执行

生产管理部门将批准合格的批生产指令下达给生产车间主任并签字；生产车间应按照批生产指令组织生产，无批生产指令不得生产；车间领料员凭批生产指令单（表2-1-2）到库房领取生产所需原辅料、包装材料。

表2-1-2 批生产指令单

<table>
<tr><td>指令依据</td><td colspan="5"></td></tr>
<tr><td>标准依据</td><td colspan="5"></td></tr>
<tr><td>产品代码</td><td>产品名称</td><td>剂型</td><td>产品规格</td><td>批量</td><td>产品批号</td></tr>
<tr><td></td><td></td><td></td><td></td><td></td><td></td></tr>
<tr><td>制剂处方</td><td>物料名称</td><td>物料代码</td><td>批生产处方量</td><td>质量要求</td><td>备注</td></tr>
<tr><td></td><td></td><td></td><td></td><td></td><td></td></tr>
<tr><td></td><td></td><td></td><td></td><td></td><td></td></tr>
<tr><td></td><td></td><td></td><td></td><td></td><td></td></tr>
<tr><td rowspan="6">生产房间</td><td>房间名称</td><td colspan="2">操作内容</td><td>设备</td><td>备注</td></tr>
<tr><td></td><td colspan="2"></td><td></td><td></td></tr>
<tr><td></td><td colspan="2"></td><td></td><td></td></tr>
<tr><td></td><td colspan="2"></td><td></td><td></td></tr>
<tr><td></td><td colspan="2"></td><td></td><td></td></tr>
<tr><td></td><td colspan="2"></td><td></td><td></td></tr>
<tr><td>备注</td><td colspan="5"></td></tr>
</table>

起草人：　　审核人：　　接收人：

（二）产品工艺规程

工艺规程是产品设计、质量标准和生产、技术、质量管理的汇总，是企业组织和指导生产的主要依据和技术管理工作的基础，用以保证生产的批与批之间尽可能地与原设计吻合，保证每一药品在整个有效期内保持预定的质量。

根据GMP（2010修订）及企业通常的文件规定，工艺规程应包括生产处方、生产操作要求、包装操作要求。

1.生产处方

生产处方包括：产品名称和产品代码；产品剂型、规格和批量；所用原辅料清单（包括生产过程中使用，但不在成品中出现的物料），应阐明每一物料的指定名称、代码和用量；如原辅料的用量需要折算时，还应说明计算方法；产品特性概述（包括产品的物理特性描述，如外观、颜色、性状、单位重量等）；产品质量标准编号；注册标准编号。

2.生产操作要求

生产操作要求包括：对生产场所和所用设备的说明（如操作间的位置和编号、洁净度级别、必要的温湿度要求、设备型号和编号等）；关键设备的准备（如清洗、组装、校准、灭菌等）所采用的方法或相应操作规程编号；详细的生产步骤和工艺参数说明（如物料的核对、预处理、加入物料的顺序、混合时间、温度等）；所有中间控制方法及标准；预期的最终产量限度，必要时还应说明中间产品的产量限度，以及物料平衡的计算方法和限度；待包装产品的储存要求，包括容器、标签及特殊储存条件；需要说明的特别注意事项。

3.包装操作要求

包装操作要求包括：以最终包装容器中产品的数量、重量或体积表示的包装形式；所需全部包装材料的完整清单，包括包装材料的名称、数量、规格、类型以及与质量标准有关的每一包装材料的代码；印刷包装材料的实样或复制品，并标明产品批号、有效期打印位置；需要说明的特别注意事项（包括对生产区和设备进行的检查，在包装操作开始前，确认包装生产线的清场已经完成等）；包装操作步骤的说明（包括重要的辅助性操作和所用设备的注意事项、包装材料使用前的核对）；中间控制的详细操作（包括取样方法及标准）；待包装产品、印刷包装材料的物料平衡的计算方法和限度。

（三）标准操作规程

GMP（2010修订）中定义，“操作规程是指经批准用来指导设备操作、维护与清洁、验证、环境控制、取样和检验等药品生产活动的通用性文件，也称标准操作规程”。标准操作规程是企业活动和决策的基础，用以确保每个人正确、及时地执行质量相关的活动和流程。各个生产岗位均应建立岗位操作规程，操作规程的内容包括：题目、编号、版本号、颁发部门、生效日期、分发部门，制定人、审核人、批准人的签名及日期，以及标题、正文及变更历史等内容。

（四）批记录

根据GMP（2010修订）的规定，批记录是用于记述每批药品生产、质量检验和放行审核的所有文件和记录，可追溯所有与成品质量有关的历史信息。每批药品都应有批记录，包括：批生产记录、批包装记录、批检验记录、药品放行审核记录及其他与本批产品有关的记录文件。通过批记录可以追溯所有与产品生产、包装和检验相关的历史及信息，特别是当产品在销售过程中出现质量问题时。批记录封面如图2-1-2所示。（××× 记录表见附件1，×× 清场记录表见附件2）。

文件编号： **批生产记录** 物料号： 产品名称： 批　　量： 产品批号： 参考文件： 生产订单号： 编制人：　　　复核人： 　　　　　　　生效日期：	文件编号： **批包装记录** 物料号： 产品名称： 批　　量： 产品批号： 参考文件： 生产订单号： 生产日期： 有效期： 编制人：　　　复核人： 　　　　　　　生效日期：

图2-1-2　批记录封面

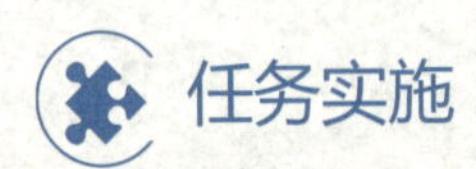

任务实施

根据以下情景设定信息，编制下发到配液岗位的产品批生产指令单：

情景任务：××车间计划生产一批小容量注射液（×）93939支，其规格为3mL，安瓿包装形式，产品代码为3010103080080，批号为C2311002。其工艺规程为《×注射液工艺规程》（编号：B21-0001），质量标准为《×注射液质量标准》（编号：A21-003）。

其注册制剂处方为：每3mL含物料A 0.5g、物料B 0.9g、物料C 1.52g。

批生产处方量为：物料A（10004970）51.67kg、物料B（10004850）93.0kg、物料C（10006295）157.1kg，配制量为310L，物料质量应符合其相应的质量标准。

需要在配液岗位称量间（R001）、配制间（R003）完成药液的配制和过滤，涉及的仪器设备主要有电子天平（编号：JX-005）、配制罐（编号：R003-1）、过滤系统（编号：R003-2）。

评价反馈

<table>
<tr><th>项目名称</th><th>评价内容</th><th>评价标准</th><th>自评</th><th>互评</th><th>师评</th></tr>
<tr><td rowspan="2">专业能力考核项目70%</td><td>文件完整和正确性15分</td><td>1. 批生产指令填写完整，无漏项；5分
2. 正确填写批生产指令每一项，填写无错误；5分
3. 批生产指令各项填写规范、整洁、无涂改；5分</td><td></td><td></td><td></td></tr>
<tr><td>正确编制批生产指令55分</td><td>1. 正确编制指令依据、标准依据；5分
2. 正确编制产品代码、产品名称；5分
3. 正确编制剂型、产品规格、批量；10分
4. 正确编制制剂处方；20分
5. 正确编制生产房间；10分
6. 正确编制起草人、审核人、接收人；5分</td><td></td><td></td><td></td></tr>
<tr><td rowspan="5">职业素养考核项目30%</td><td colspan="2">穿戴规范、整洁；5分</td><td></td><td></td><td></td></tr>
<tr><td colspan="2">无无故迟到、早退、旷课现象；5分</td><td></td><td></td><td></td></tr>
<tr><td colspan="2">积极参加课堂活动，按时完成引导问题及笔记记录；10分</td><td></td><td></td><td></td></tr>
<tr><td colspan="2">具有团队合作、与人交流能力；5分</td><td></td><td></td><td></td></tr>
<tr><td colspan="2">具有安全意识、责任意识、服务意识；5分</td><td></td><td></td><td></td></tr>
<tr><td colspan="3">总分</td><td></td><td></td><td></td></tr>
</table>

课后作业

简述生产管理文件的类型。

附件1　×××记录表（表2-1-3）

表2-1-3　×××记录表

<table>
<tr><td>产品名称</td><td></td><td>规格</td><td></td><td>产品批号</td><td></td></tr>
<tr><td>操作间及编号</td><td colspan="3"></td><td>生产批量</td><td></td></tr>
<tr><td>设备名称/型号</td><td colspan="5"></td></tr>
<tr><td colspan="6">生产前检查记录</td></tr>
<tr><td colspan="5">检查内容</td><td>检查记录</td></tr>
<tr><td colspan="5">1. 复核清场：确认在清场有效期内，将《清场合格证》(副本)粘贴在“清场合格证副本粘贴处”。
确认无上次生产遗留物，没有与本批次生产无关的物料和文件</td><td>[　]是[　]否</td></tr>
<tr><td colspan="5">2. 确认房间压差、温湿度符合要求(温度18～26℃；相对湿度45%～65%)</td><td>[　]是[　]否</td></tr>
<tr><td colspan="5">3. 所有计量器具、仪器仪表在检定有效期内，确认水电供应正常、已开启</td><td>[　]是[　]否</td></tr>
<tr><td colspan="5">4. 按批指令，核对物料品名、规格、重量、批号等</td><td></td></tr>
<tr><td colspan="5">5. 按批指令，核对包材的规格、材质等</td><td></td></tr>
<tr><td colspan="5">6. 检查设备是否完好</td><td></td></tr>
<tr><td colspan="5">7. 准备物料标签、扎带、洁净袋</td><td>[　]是[　]否</td></tr>
<tr><td>检查人</td><td></td><td>复核人</td><td colspan="3"></td></tr>
<tr><td colspan="6">清场合格证副本(粘贴处)</td></tr>
</table>

续表

<table>
<tr><td>产品名称</td><td colspan="2"></td><td colspan="2">规格</td><td colspan="2"></td><td colspan="2">产品批号</td><td colspan="2"></td></tr>
<tr><td>操作间及编号</td><td colspan="6"></td><td colspan="2">生产批量</td><td colspan="2"></td></tr>
<tr><td colspan="11">生产记录</td></tr>
<tr><td colspan="3">签订实际填充重量</td><td colspan="8">填充重量：　　　　g/10 袋</td></tr>
<tr><td colspan="3">生产时间</td><td colspan="8">年　月　日　班　时　分——　时　分</td></tr>
<tr><td rowspan="2">物料接收</td><td colspan="2">桶号：</td><td colspan="5"></td><td>重量</td><td colspan="2">kg</td></tr>
<tr><td colspan="2">中间站操作人</td><td colspan="3"></td><td colspan="2">物料接收人</td><td colspan="3"></td></tr>
<tr><td rowspan="6">操作记录</td><td rowspan="5">产量情况</td><td>袋号</td><td></td><td></td><td></td><td></td><td></td><td></td><td></td><td></td></tr>
<tr><td>毛重</td><td></td><td></td><td></td><td></td><td></td><td></td><td></td><td></td></tr>
<tr><td>皮重</td><td></td><td></td><td></td><td></td><td></td><td></td><td></td><td></td></tr>
<tr><td>净重</td><td></td><td></td><td></td><td></td><td></td><td></td><td></td><td></td></tr>
<tr><td colspan="3">总净重</td><td colspan="2"></td><td colspan="2">总产量</td><td colspan="2"></td></tr>
<tr><td colspan="4">操作人</td><td colspan="2"></td><td colspan="2">工序负责人</td><td colspan="2"></td></tr>
<tr><td rowspan="3">物料汇总</td><td colspan="2">桶号</td><td colspan="8"></td></tr>
<tr><td colspan="2">总净重</td><td colspan="2">总产量</td><td>总袋数</td><td colspan="2">回收药总净重</td><td>汇总人</td><td colspan="2">质检员</td></tr>
<tr><td colspan="2"></td><td colspan="2"></td><td></td><td colspan="2"></td><td></td><td colspan="2"></td></tr>
<tr><td colspan="11">备注：本批产品待回收药重量：</td></tr>
<tr><td colspan="11">请验单粘贴处</td></tr>
</table>

附件2　××清场记录表（表2-1-4）

表2-1-4　×××清场记录表

<table>
<tr><td>产品名称</td><td></td><td>规格</td><td></td><td>产品批号</td><td></td></tr>
<tr><td>操作间名称/编号</td><td colspan="3"></td><td>生产批量</td><td></td></tr>
<tr><td>清场类型</td><td colspan="5">[　　]大清场　　[　　]小清场</td></tr>
<tr><td>清场要求</td><td colspan="5">1. 同品种当天生产结束、换批时进行小清场；大清场后超过有效期时进行小清场。
2. 同品种连续生产超过七天、换品种、停产三天以上执行大清场。
3. 小清场执行小清场操作，大清场执行大清场操作。
4. 执行操作在“是 ”前[ ]内打√，未执行操作在“否 ”前[ ]内打√</td></tr>
<tr><td colspan="6">清场记录</td></tr>
<tr><td colspan="4">清场操作内容</td><td colspan="2">清场记录</td></tr>
<tr><td colspan="4">1. 将制备的中间品移交中间站操作人转运至中间站</td><td colspan="2">[　　]是[　　]否</td></tr>
<tr><td colspan="4">2. 与后续产品无关的文件、记录移出</td><td colspan="2">[　　]是[　　]否</td></tr>
<tr><td colspan="4">3. 清除生产过程中产生的废弃物</td><td colspan="2">[　　]是[　　]否</td></tr>
<tr><td rowspan="2">4. 设备、工用具、容器等</td><td colspan="3">小清场：设备、设施台面上异物清理干净，再按照相关设备清洁操作规程进行清洁，工用具、容器等清洁，定置</td><td colspan="2">[　　]是[　　]否</td></tr>
<tr><td colspan="3">大清场：除小清场要求外，需对设备管道进行彻底清洁、消毒，定置</td><td colspan="2">[　　]是[　　]否</td></tr>
<tr><td rowspan="2">5. 生产环境</td><td colspan="3">小清场：门窗、工作台、凳和地面清洁至无可见残留物</td><td colspan="2">[　　]是[　　]否</td></tr>
<tr><td colspan="3">大清场：除小清场要求外，需对回风口、天花板、墙面、地漏进行彻底清洁、消毒，清洁顺序从上到下</td><td colspan="2">[　　]是[　　]否</td></tr>
<tr><td colspan="4">6. 生产设备和房间状态标识准确、清楚</td><td colspan="2">[　　]是[　　]否</td></tr>
<tr><td colspan="4">7. 清场结束后由班组长或质检员检查清场是否合格，检查合格签发《清场合格证》</td><td colspan="2">[　　]是[　　]否</td></tr>
<tr><td>清场结束时间</td><td colspan="5">[　　]年[　　]月[　　]日[　　]时[　　]分</td></tr>
<tr><td>清场人</td><td colspan="2"></td><td colspan="2">复核人</td><td></td></tr>
<tr><td colspan="6">清场合格证正本(粘贴处)</td></tr>
</table>

任务2-2　填写生产记录

学习目标

1. 能阐释批生产记录的编制原则；
2. 能阐释批生产记录的主要内容；
3. 能按照要求正确填写批生产记录；
4. 具有安全生产和精益求精的工匠精神与劳模精神。

任务分析

批生产记录是指用于记录每批药品的生产、质量检验和放行审核的所有文件记录，每批产品均应当有相应的批生产记录，可追溯该批产品的生产历史以及与质量有关的情况。批生产记录应当依据现行批准的工艺规程的相关内容制订。记录的设计应当避免填写差错。批生产记录的每一页均应当标注产品的名称、规格和批号，本任务主要是学习批生产记录的填写。

任务分组

见表2-2-1。

表 2-2-1　学生任务分配表

组号		组长		指导老师	
序号	组员姓名	任务分工			

知识准备

记录是反映实际生产活动实施结果的书面文件，药品生产的所有环节，从生产到检验到销售都要有记录可查证追溯。记录必须真实、完整，才可以体现生产过程中的实际情况。下面就记录在使用和填写时的一般要求进行总结。各企业在符合相关法律法规要求的前提下，可根据自身的实际情况做出相应的规定。

一、填写要求及示例

内容	GDP(良好文档管理规范)要求	举例
主体信息	统一使用黑色或蓝色不褪色的中性笔或钢笔书写内容，不得使用铅笔或圆珠笔，页面保持清洁，保证书写内容不可磨灭	—
	手写字迹应清晰、易辨别，防止混淆	—
	不能使用如“同上”、简写、标注箭头之类的填写方式	部门名称 质量部 → 文件发放号 01 02 领用人 张三 → 部门名称 同上 文件发放号 02 领用人 同上
	记录结果为选择项时，根据检查结果在对应项后打“√”，其余项不填写内容	是否收回文件 是☑ 否□
	应在任务执行完成后及时填写记录，不得提前或滞后填写	—
	应直接记录在GMP文件上，不得使用不受控的其他文本或纸片（如废纸、便利贴）记录后转抄誊录。记录如因破损等情况需重新誊写，则原有记录不得销毁，应当作为重新誊写记录的附件保存	—
空白填充	记录填写应内容齐全、数据完整，不得留有空白	—
	不适用填写的一个空格可直接画“/”	备注 /
	填写应内容齐全、数据完整，不得留有空白，不适用填写的多个空格或大面积空白处，可画一条对角线，在对角线旁手写“NA”或“N/A”，签名并注明日期	部门名称 文件发放号 领用人 部门名称 文件发放号 领用人 部门名称 文件发放号 领用人 NA 张三 2021.06.01

续表

内容	GDP（良好文档管理规范）要求	举例
签名	不能使用名字缩写或简写，所填名字应与本人合法身份证件相符，字迹应清晰可辨别	销毁人 ore 签名字迹不清楚 监销人 zS 签名使用缩写
	签名人员必须为熟练掌握所执行任务的人员或经培训合格的人员	—
	手写签名必须是个人独有的，不得伪造	—
	签名人员必须与实际操作执行人员一致，不得代签。 1. 若某岗位固定角色人员因特殊情况无法执行该操作，则可由符合资质的人员代为执行，签名时需填写本人姓名，并可在姓名后额外进行标注。 2. 若因操作位置限制等因素，该操作人员无法同步填写记录，则可由第二人同步填写记录，签名处应包含两人签名	例1： 某岗位固定角色人员：李四 实际操作人员：张三 签名：张三（代）+ 日期（根据实际填写要求确定是否填写日期） 例2： 操作人员：李四 同步记录人员：张三 签名：李四 + 日期；张三 + 日期（根据实际填写要求确定是否填写日期）
	不得以个人印章代替手写签名	—
日期	填写日期统一填写为：四位年份“.”+ 两位月份“.”+ 两位日期	如2017年1月1日，统一填写为“2017.01.01”
时间	以24h制形式记录时间。时、分、秒均采用两位数字格式	上午6:50，应填写为“06:50”；下午6:50，应填写为“18:50”
审批签名	填写信息应由没有执行填写任务的人审核/批准，签名并注明日期，以确保信息的准确性	—
副本	使用GMP文件副本时，需在副本文件的每一页上加盖或手写“该复印件与原件一致”字样，签名并注明日期（数量较多的时候可加盖骑缝章）	该复印件与原件一致 张三 2021.06.01
	针对可能会随着时间的推移而褪色的纸质打印件，例如热敏纸，应制作并保存此类打印件的真实副本，并带有操作人员的签名和日期	—
设备生成打印记录	设备或仪器等生成的数据信息，如果需要保存纸质记录，则打印出的纸质记录应有打印人员签名并注明日期，以确保可追溯性	—

二、修改要求及示例

<table>
<tr><th>项目</th><th>GDP（良好文档管理规范）要求</th><th>举例</th></tr>
<tr><td rowspan="4">修正填写信息</td><td>对于简单的填写错误，修正时应在错误信息处画一条线，保证原有信息清晰可辨，同时写上正确信息、更改理由，最后签名并注明修正日期</td><td>发放份数 | 638 639 数量确认错误 张三 2021.01.01 份</td></tr>
<tr><td>当文件空间对于修正内容有限时，可在错误信息画线处进行编号，签名并注明修正日期，然后转移至文件空白处链接编号，写好正确信息，同时写上更改理由，最后签名并注明修正日期</td><td>—</td></tr>
<tr><td>数据需更改时应整体画线，不能更改局部</td><td>1.错误：发放份数 | 6389 份
2.正确：发放份数 | 638 639 份</td></tr>
<tr><td>在情况许可下，建议由出错人自行修改错误</td><td>—</td></tr>
<tr><td rowspan="3">禁止使用的修正方式</td><td>禁止使用修正带/修正液、橡皮擦等工具遮盖错误信息</td><td>1.修正带：
2.修正液：
3.橡皮擦：</td></tr>
<tr><td>禁止多次在错误处画线，以免原始信息无法识别</td><td>部门名称 |</td></tr>
<tr><td>禁止在原错误信息上改写，如改写数字</td><td>D 4 8</td></tr>
<tr><td>勘误</td><td>对于已批准未生效或已生效的文件或记录，在复印或使用过程中发现打印内容有误时，经起草部门评估错误内容可以直接勘误，可由起草人在每一本的错误处画“—”后，填写正确文字、修改原因、姓名及日期，同时由 QA 签字确认后继续使用。涉及的所有分发号版本均需要修改。</td><td>—</td></tr>
</table>

三、安全及注意事项

（1）本岗位与其他岗位有关的批生产记录，应做到一致性、连贯性，不能前后矛盾。

（2）对批生产记录中不符合要求的填写方法，车间主任应监督填写人更正，其他人无权更改。

（3）批生产记录应做到整洁、完整、无污迹，严禁挪作他用。

（4）数据的修约应采用舍进机会相同的修约原则，即“四舍六入五留双”的原则。

引导问题：以下关于数据的记录哪项是错误的？请指出来。

2021.8.15	张三	李四
2021.9.10	张三	李四
21.9.1	张三	李四
2021/8/16	张三	李四

小提示

填写日期一律横写，年度应写全。如2017年2月10日，不能写成“17.2.10”或“17/10/2”。

任务实施

本任务以填写和修正的具体要求按表格展开，请判断以下说法是否正确并说明原因。

一、填写练习

内容	实例	结论（正确/错误）	原因
主体信息	QA：张三 QC：李四		

续表

<table>
<tr><th>内容</th><th>实例</th><th>结论（正确/错误）</th><th>原因</th></tr>
<tr><td rowspan="4">主体信息</td><td>清洁状态卡
已清洁
清洁日期： 年 月 日
有效期至： 年 月 日</td><td></td><td></td></tr>
<tr><td><table><tr><th>操作人</th><th>复核人</th></tr><tr><td>张三</td><td>李四</td></tr><tr><td>同上</td><td>李四</td></tr><tr><td>"　"</td><td>李四</td></tr><tr><td>ZS.</td><td>李四</td></tr></table></td><td></td><td></td></tr>
<tr><td><table><tr><th>5.1 相关人员依据以下要求进行检查</th><th>检查情况</th><th>检查人/日期</th><th>复核人/日期</th></tr><tr><td>5.1.1 墙与地面干净无尘。</td><td>合格☑ 不合格□</td><td rowspan="9">[illegible]
2021.05.28</td><td rowspan="9">[illegible]
2021.05.28</td></tr><tr><td>5.1.2 操作台与周围区域干净无尘。</td><td>合格☑ 不合格□</td></tr><tr><td>5.1.3 无与本次或本批无关的物料。</td><td>合格☑ 不合格□</td></tr><tr><td>5.1.4 确认操作间温度22.6℃湿度51.3%压差20.1Pa并且已经完成记录。</td><td>合格☑ 不合格□</td></tr><tr><td>5.1.5 工作中需要使用的设备处于良好的工作状态。</td><td>合格☑ 不合格□</td></tr><tr><td>5.1.6 工作中将使用的设备可以随时使用。</td><td>合格☑ 不合格□</td></tr><tr><td>5.1.7 筛网清洁完好。</td><td>合格☑ 不合格□</td></tr><tr><td>5.1.8 设备、仪表及秤已经校验和清洁，并在有效期内。</td><td>合格☑ 不合格□</td></tr><tr><td>5.1.9 公用器具以清洁消毒。</td><td>合格☑ 不合格□</td></tr></table></td><td></td><td></td></tr>
<tr><td><table><tr><th>操作人</th><th>QA</th></tr><tr><td>张三</td><td>李四</td></tr><tr><td>王五</td><td>李四</td></tr><tr><td>张三</td><td>李四</td></tr></table></td><td></td><td></td></tr>
<tr><td rowspan="2">空白填充</td><td><table><tr><th rowspan="3">物料名称</th><th rowspan="3">物料代码</th><th rowspan="3">物料批号</th><th rowspan="3">秤的编码</th><th colspan="9">称量记录</th><th rowspan="2">领料净重</th></tr><tr><th colspan="3">第一件</th><th colspan="3">第二件</th><th colspan="3">第三件</th></tr><tr><th>毛重</th><th>皮重</th><th>净重</th><th>毛重</th><th>皮重</th><th>净重</th><th>毛重</th><th>皮重</th><th>净重</th><th></th></tr><tr><td>马来酸阿伐曲泊帕</td><td>10015645</td><td>G220001</td><td>JJ-F0005</td><td>1.5632109</td><td>0.0139809</td><td>1.5492309</td><td>/</td><td>/</td><td>/</td><td>/</td><td>/</td><td>/</td><td>/</td></tr><tr><td>胶态二氧化硅</td><td>10004903</td><td>15004 2804</td><td>JJ-F0005</td><td>0.196019</td><td>0.085919</td><td>0.182219</td><td>/</td><td>/</td><td>/</td><td>/</td><td>/</td><td>/</td><td>/</td></tr><tr><td>乳糖 GranLac 140</td><td></td><td></td><td></td><td></td><td></td><td></td><td></td><td></td><td></td><td></td><td></td><td></td><td></td></tr></table></td><td></td><td></td></tr>
<tr><td><table><tr><td>部门名称</td><td></td><td></td><td></td><td></td><td></td></tr><tr><td>文件发放号</td><td></td><td></td><td></td><td></td><td></td></tr><tr><td>领用人</td><td></td><td></td><td></td><td></td><td></td></tr><tr><td>部门名称</td><td></td><td></td><td></td><td></td><td></td></tr><tr><td>文件发放号</td><td></td><td></td><td></td><td></td><td></td></tr><tr><td>领用人</td><td></td><td colspan="4">NA 张三 2021.06.01</td><td></td></tr><tr><td>部门名称</td><td></td><td></td><td></td><td></td><td></td></tr><tr><td>文件发放号</td><td></td><td></td><td></td><td></td><td></td></tr><tr><td>领用人</td><td></td><td></td><td></td><td></td><td></td></tr></table></td><td></td><td></td></tr>
</table>

续表

内容	实例	结论（正确/错误）	原因
签名	部　长：		
	部门 项目经理：　日　期：2023.07.13 部　长：　日　期：2023.07.13 所　长：　日　期：2023.07.13 质量保障部：　日　期：2023.07.14 审批： 项目负责人：　日　期：2023年07月17日 生产技术部经理：　日　期：2023年07月17日		
	签名人员必须与实际操作执行人员一致，不得代签。 1. 若某岗位固定角色人员因特殊情况无法执行该操作，则可由符合资质的人员代为执行，签名时需填写本人姓名，并可在姓名后额外进行标注； 2. 若因操作位置限制等因素，该操作人员无法同步填写记录，则可由第二人同步填写记录，签名处应包含两人签名		
	的《清场合格证（副本）》粘贴于次页　□已完成 □未完成 备注　张三 操作人　[印章]		
日期	2023.08.07（正确） 2023.8.7（错误） 23.08.07（错误）		
时间	配制起止时间：09:30—13:30　（正确） 配制起止时间：09:30—01:30　（错误） 配制起止时间：　9:30—13:30　（错误）		
审批签名	填写信息应由没有执行填写任务的人审核/批准，签名并注明日期，以确保信息的准确性		

续表

内容	实例	结论(正确/错误)	原因
副本	使用GMP文件副本时，需在副本文件的每一页上加盖或手写“该复印件与原件一致”字样，签名并注明日期(数量较多的时候可加盖骑缝章)		
	针对可能会随着时间的推移而褪色的纸质打印件，例如热敏纸，应制作并保存此类打印件的真实副本，并应带有操作人员的签名和日期		
设备生成打印记录	设备或仪器等生成的数据信息，如果需要保存纸质记录，则打印出的纸质记录应有打印人员签名并注明日期，以确保可追溯性		

二、修改练习

内容	实例	结论(正确/错误)	原因
修正填写信息	页码：4/6 ~~M230807035~~ M230807025 笔误 张三 2023.08.07 人员签名 操作人		
	淋洗配液罐一次，向配液罐中投入处方量的间苯三酚二水合物，搅拌0.5h以上 ~~加入注射用水定容至处方总重量(29.90～30.51kg)~~，定容后通入冷却水将 ①张三 2023.08.07 10~20℃，~~搅拌频率不变，搅拌不少于20min后关闭搅拌~~、进行中间产品取样检 ②张三 2023.08.07 ④过滤：将要液经一级五寸0.22μmPTFE材质滤芯过滤经缓冲罐至罐装线 3bar，过滤温度10～20℃，过滤灌装过程中从配液罐顶空充入二氧化碳，缓冲 碳对药液进行保护。 ⑤罐装：罐装前向安瓿瓶中预充二氧化碳，将药液灌装至5ml中硼硅玻 目标罐装量4.2ml，要求每支装量不少于4ml，向安瓿顶空充入二氧化碳，熔 ①……勘误，张三 2023.08.07 QA 2023.08.07 ②……勘误，张三 2023.08.07 QA 2023.08.07		
	页码：3/6 M230807 035/025 笔误 张三 2023.08.07 人员签名		
	1.送灌结束时间：01 时 50 分 操作人：王五 2.关闭灌顶氮气时间：01 时 51 分 注射用水冲洗配制罐电导率：0.9/us/cm 0.89 笔误 李四 2023.08.07 1. 配液灌已处理 (√) 操作人： 2. 花液管道已处理 (√)		
禁止使用的修正方式	1.送灌开始时间：01 时 30 分 操作人：李四 2.过滤器压力读数： 四级 0.26 bar 五级 0.125 bar 符合规定 (√)		

续表

内容	实例	结论（正确/错误）	原因
禁止使用的修正方式	页码：4/6 M230807035 笔误 张三 2023.08.07 人员签名 操作人：		
	6.送入稀配时间：09 时 11 分~ 09 时 28 分 搅拌时间：09 时 30 分~ 09 时 49 分 7.初测 pH 值： 加冰醋酸：4000 ml 加酸后搅拌时间： 10 时 00 分~ 10 时 25 分		
勘误	500ml 300ml 勘误 李四 2023.08.07 产 QA 2023.08.07 操		

评价反馈

项目名称	评价内容	评价标准	自评	互评	师评
专业能力考核项目 70%	核对批生产记录表格的完整性	1. 批生产记录随操作过程及时填写，不允许事前先填或事后补填，填写内容应真实；20 分 2. 填写批生产记录应字迹清晰、工整，不允许用铅笔填写，尽量使用同一色泽笔填写；20 分 3. 批生产记录不得随意撕毁或任意涂改，如确需更改，应在更改处画一横线后在旁边重新填写并签名，并保持原填写内容可辨认，不得用刀或橡皮更正；20 分 4. 填写日期一律横写，年度应写全。如 2017 年 2 月 10 日，不能写成“17.2.10”或“17/10/2”；10 分			
职业素养考核项目 30%	穿戴规范、整洁；5 分				
	无无故迟到、早退、旷课现象；5 分				
	积极参加课堂活动，按时完成引导问题及笔记记录；10 分				
	具有团队合作、与人交流能力；5 分				
	具有安全意识、责任意识、服务意识；5 分				
总分					

课后作业

简述在生产记录填写中主体信息填写的具体要求。

小拓展

智能制造，助力医药产业快速发展

为贯彻落实《中华人民共和国国民经济和社会发展第十三个五年规划纲要》和《中国制造2025》，指导医药工业加快由大到强的转变，工信部等六部门联合印发《医药工业发展规划指南》——智能制造。该指南提出大力提升医药生产过程自动化、信息化水平，推动制造执行系统（MES）在生产过程中的应用，整合集成各环节数据信息，实现对生产过程自动化控制，建成一批智能制造示范车间。

整个MES是通过计算机化系统的手段，一般由设备层、控制层、业务管理及运营管理组成，其将原有的工艺规程、生产记录转化为生产流程，然后将流程中的动作拆解到具体操作行为，达成一种动态的合规。同时通过流程化的管理，分析筛查出生产过程中的异常，并将异常情况进行总结后，进一步优化、持续改善生产流程，提升产品质量。整个流程设计的最终呈现形式为电子批记录。电子批记录可实时、准确、完整地记录整个批次的生产过程，包括：产品基础信息、备注信息、物料使用信息、记录审核信息等内容。

任务2-3　生产标识

学习目标

1.能核对设备、操作间的标签标识内容与批生产指令的一致性；

2.能检查设备、容器具及生产现场的清场合格标识；

3.能识读生产现场常用状态标识和含义；

4.具有安全生产和精益求精的工匠精神与劳模精神。

任务分析

根据GMP要求，生产车间应建立生产现场状态标识管理规程，以便规范操作，保证设备、物料等能反映正确的状态，防止差错、混淆。如生产设备应当有明显的状态标识，标明设备编号和内容物（如名称、规格、批号等）；没有内容物的应当标明清洁状态。本任务主要是学习生产车间常见生产标识的识读。

任务分组

见表2-3-1。

表2-3-1 学生任务分配表

<table>
<tr><td>组号</td><td></td><td>组长</td><td></td><td>指导老师</td><td></td></tr>
<tr><td>序号</td><td>组员姓名</td><td colspan="4">任务分工</td></tr>
<tr><td></td><td></td><td colspan="4"></td></tr>
<tr><td></td><td></td><td colspan="4"></td></tr>
<tr><td></td><td></td><td colspan="4"></td></tr>
<tr><td></td><td></td><td colspan="4"></td></tr>
<tr><td></td><td></td><td colspan="4"></td></tr>
<tr><td></td><td></td><td colspan="4"></td></tr>
<tr><td></td><td></td><td colspan="4"></td></tr>
</table>

知识准备

容器、设备或设施所用标识应当清晰，标识的格式应当经企业相关部门批准。除在标识上使用文字说明外，还可采用不同的颜色区分被标识物的状态（如待验、合格、不合格或已清洁等）。

1. 设备生产状态

正在运行：绿色标有“运行”字样；正在检修：黄色标有“正在检修”字样；停用待修：红色标有“待修”字样。

2. 容器清洁状态

清洁：绿色标有“清洁合格”字样；待清洁：黄色标有“待清洁”字样；盛有物料：绿色标有“容器盛有物料”字样，并标明内容物品名、规格、批号、数量、操作人等。

3. 物料状态

合格：绿色标有“合格”字样；待检：黄色标有“待检”字样；不合格：红色标有“不合格”字样。

4.生产状态标识

（1）指示车间生产　生产前按要求填好生产状态标识，并将门上的已清洁“清洁状态标识”牌换为“生产状态标识”，以表明此房间和设备的生产状态，并应在其上注明工序名、产品名称、规格、批号、批量、生产日期等内容。

各工序或房间正在生产作业时，生产的操作间及设备由班组长在各设备明显处挂好设备状态标识牌，内容包括工序、品名、批号、批量、生产日期、操作人等，并于生产结束立即取下，更换新的标识牌。其标识不得妨碍生产操作。

（2）生产设备　应由设备维修人员定期检修，对有故障等待维修的设备应有待修状态标识，内容包括设备型号、主要故障、维修责任人等，检修期间由设备维修人员挂“待修停用”标识牌；检修合格后，挂上“完好”标识牌；运行时由操作人员挂上“运行”标识牌；生产过程的日常维修，挂上“正在维修”标识牌。不合格的设备应搬出生产区，未搬出前应有明显的状态标识，要标明停用设备型号、停用日期、停用原因。

（3）容器、设备　清洁状态的标识牌应由清洁人员在清洁工作完成后，挂“清洁合格”标识牌于容器、设备指定位置，并标明有效期。生产结束后挂上“待清洁”标识牌。

（4）物料类别和完成生产工序　物料摆放或生产工序的操作人员及时悬挂标识牌，并于物料转移完毕后，由操作人员及时取下，车间中间站的所有物料、中间体要按待验、合格，分别挂黄牌、绿牌，并分别摆放在黄线区、绿线区，不合格品要放在不合格品存放间，并按不合格品管理规定处理。成品点收后放在仓库待验黄线区用黄围栏围好，挂待验黄牌，检验合格后办入库手续并换绿色围栏，挂合格绿牌。

5.清洁状态标识

车间各岗位清场卫生情况应有状态标识，清场后，QA检查合格，发“清场合格证”，并挂上绿色“清场合格”标识牌；若不合格，挂上红色“清场不合格”标识牌。用于指示存放废弃物的容器上应挂上黄色“废弃物”标识牌。

6.设备的状态标识

所有使用设备除有统一编号外，每一设备都要有便于辨别的设备状态标识。不论在生产状态还是停产状态，每台生产设备都应挂好设备状态标识牌。

设备状态通常有以下四种情况：运行（表明此设备正在进行生产操作）；完好（表明生产已结束，设备未运行且无故障）；停用（表明设备未运行，有故障且未检修）；检修（表明设备有故障且正在进行维修）。

设备状态标识牌中除设备状态经常变化外，其他项目相对固定；当设备状态改变时，设备状态项目可由操作工用水性油墨笔填写。所有设备状态标识牌应挂于设备不易脱落的明显部位，且不得影响操作。

7.管道标识

管道内容物及流向由带颜色的箭头标示。不同颜色用于识别管道内流体的种类和状态。箭头方向用于识别管道内流体的流向。

8.卫生状态标识

在生产操作结束后，操作工取下门上的生产状态标识，及时挂上“清洁状态标识”注明未清洁，表明此房间及其设备、工器具和容器未清洁，不能使用。

操作工按照清场规程进行清洁后，填写清洁状态标识。经QA人员检查合格后，发给清场合格证或清场合格证明性文件，操作工将未清洁的清洁状态标识换为已清洁状态标识。挂于房间门上，表示此房间及其设备、工器具和容器已清洁，可以使用。操作工按设备状态标识管理规程，挂好设备状态标识牌。

表2-3-2所列为常用状态标识牌。

表2-3-2　常用状态标识牌

标识名称	示意图
生产状态标识	清洁状态标志 未清洁，不可用（ ）：　已清洁，可使用（ ） 工序/房间： 清洁日期： 清洁有效期至： 清 洁 人： 备　　注： 生产状态标志 生产工序： 房间编号： 产品名称： 产品批号： 规　　格： 操 作 人： QA责任人： 生产日期：
卫生状态标识牌	清洁状态卡 已清洁 清洁日期：　年　月　日　时 有效期至：　年　月　日　时 清洁状态卡 待清洁

续表

标识名称	示意图
物料状态标识牌	**退库标识卡** 物料名称: 退库车间: 物料代码: 退库人: 规格: 退库日期: 接收批号: 再次发料人: 剩余数量: 发料日期: **已脱包物料标识卡** 物料名称/规格: 物料代码: 数量: 批号: 生产厂家: 有效期至: 操作人: 脱包时间: **已领用物料标识卡** 物料名称/规格: 物料代码: 数量: 批号: 生产厂家: 有效期至: 操作人: 领料时间:
设备状态标识牌	设备状态卡 正在检修 设备状态卡 完好 设备状态卡 停用 设备状态卡 运行

续表

标识名称	示意图
设备状态标识牌	清洁状态卡 已清洁 清洁日期：　年　月　日　时 有效期至：　年　月　日　时 清洁状态卡 待清洁

任务实施

依据 1+X 药物制剂职业等级证书考试（初级）——颗粒剂生产规范进行。

识读生产标识及要求

序号	步骤	操作方法及说明	质量要求
1	核对设备、操作间的标签标识内容与批生产指令的一致性	（1）实训使用主要设备、操作间应贴标签标识或以其他方式标明生产中的产品或物料名称、规格和批号，如有必要，还应标明生产工序。核对设备、操作间的标签标识内容与批生产指令的一致性	标签标识符合 GMP 规定
		（2）容器、设备或设施所用标识应清晰明了，标识的格式经企业部门批准。除在标识上使用文字说明外，还可采用不同颜色区分被标识物的状态（如待检、合格、不合格或已清洁等）	
2	检查设备、容器具及生产现场的清场合格标识	（1）清洁人员清洁工作完成后，挂“已清洁”标识牌于容器、设备指定位置，并标明有效期	严格按照 SOP 完成操作，完成生产指令中生产任务
		（2）QA 验收合格后挂上“清洁合格”标识牌	
		（3）生产结束后挂上“待清洁”标识牌	
		（4）生产前各工序岗位应有专人负责检查设备、容器具及生产现场的清场合格标识	
3	清洁和清场	（1）生产的产品移交至中间站，填写中间站进出台账	应符合 GMP 清场与清洁要求，记录应及时准确、真实完整
		（2）生产操作人员按 GMP 规定进行生产后清场操作，填写清场记录并签名	
		（3）QA 检查，复核确认准确无误后签名，发放清场合格证，清场合格证正本粘贴至清场记录单，清场合格证副本放至生产现场	

评价反馈

<table>
<tr><th>项目名称</th><th>评价内容</th><th>评价标准</th><th>自评</th><th>互评</th><th>师评</th></tr>
<tr><td rowspan="3">专业能力考核项目
70%</td><td>核对设备、操作间的标签标识内容与批生产指令的一致性
20分</td><td>1. 容器、设备或设施所用标识清晰；5分
2. 标识的格式经企业相关部门批准；5分
3. 用不同的颜色区分被标识物的状态（如待检、合格、不合格或已清洁等）；10分</td><td></td><td></td><td></td></tr>
<tr><td>检查设备、容器具及生产现场的清场合格标识
30分</td><td>1. 用于指示容器、设备清洁状态的标识牌应由清洁人员在清洁工作完成后，挂“清洁合格”标识牌于容器、设备指定位置，并标明有效期；15分
2. 生产结束后挂上“待清洁”标识牌；5分
3. 生产前各工序岗位应有专人负责检查设备、容器具及生产现场的清场合格标识；10分</td><td></td><td></td><td></td></tr>
<tr><td>清场
20分</td><td>1. 正确填写中间站进出台账；5分
2. 填写清场记录并签名；8分
3. 清场合格证正本粘贴至清场记录单；5分
4. 清场合格证副本放至生产现场；2分</td><td></td><td></td><td></td></tr>
<tr><td rowspan="5">职业素养考核项目
30%</td><td colspan="2">穿戴规范、整洁；5分</td><td></td><td></td><td></td></tr>
<tr><td colspan="2">无无故迟到、早退、旷课现象；5分</td><td></td><td></td><td></td></tr>
<tr><td colspan="2">积极参加课堂活动，按时完成引导问题及笔记记录；10分</td><td></td><td></td><td></td></tr>
<tr><td colspan="2">具有团队合作、与人交流能力；5分</td><td></td><td></td><td></td></tr>
<tr><td colspan="2">具有安全意识、责任意识、服务意识；5分</td><td></td><td></td><td></td></tr>
<tr><td colspan="3">总分</td><td></td><td></td><td></td></tr>
</table>

课后作业

1. 列举生产中常见的标识及分类。

2. 简述状态标识在生产中的目的及意义。

项目3 散剂制备

任务3-1 粉碎、过筛、混合操作

学习目标

1. 能正确说出散剂制备的工艺流程；
2. 能规范操作高速万能粉碎机完成粉碎操作；
3. 能规范操作槽型混合机完成混合操作；
4. 能规范操作振动筛完成过筛操作；
5. 具有安全生产的质量意识及精益求精的工匠精神。

任务分析

散剂系指原料药物与适宜的辅料经粉碎、筛分、均匀混合制成的干燥粉末状制剂。散剂可分为口服散剂和局部用散剂。散剂除了作为药物剂型直接应用于患者外，制备散剂的粉碎、过筛、混合等操作也是其他剂型如颗粒剂、胶囊剂、混悬剂等制备的基本技术。本任务主要学习粉碎、过筛、混合操作。

任务分组

见表3-1-1。

表3-1-1 学生任务分配表

组号		组长		指导老师	
序号	组员姓名	任务分工			

知识准备

一、散剂制备的工艺流程

见图3-1-1。

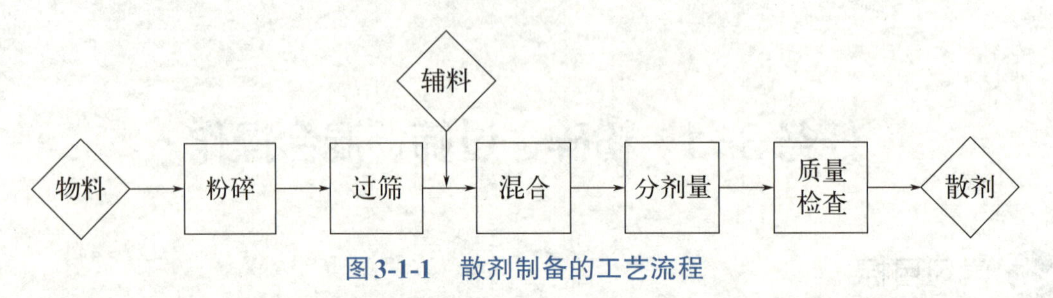

图3-1-1　散剂制备的工艺流程

一般情况下，在进行粉碎之前，固体物料需要进行前处理，以满足粉碎所需的粒度和干燥程度等要求。对于化学药品，通常需要对原料进行干燥处理；而对于中药材，则需要根据其性质进行洗净、干燥、粗碎等处理。

二、粉碎

粉碎是指利用机械力将大块固体药物破碎成小颗粒或细粉的过程。通过粉碎，药物的表面积增加，有助于促进药物的溶解和吸收，提高生物利用度。此外，粉碎后的药物颗粒变小，有利于各种成分的均匀混合，便于制备各种剂型。

制剂生产中根据物料的性质、粉碎度要求、物料多少等选择不同的粉碎方法。主要粉碎方法有干法粉碎、湿法粉碎、单独粉碎、混合粉碎、低温粉碎等（表3-1-2）。

表3-1-2　粉碎的方法

粉碎方法	特点及应用
单独粉碎	一种药物单独进行粉碎的操作方法。一般需单独粉碎的药物为：①氧化性药物与还原性药物；②贵重药物；③毒性药物；④刺激性大的药物
混合粉碎	是指两种或两种以上药物放在一起同时粉碎的操作方法。处方中某些药物的性质及硬度相似时可一起粉碎
干法粉碎	是指药物经干燥处理（一般含水量少于5%）后再粉碎的方法。是药物制剂生产中常用的粉碎方法
湿法粉碎	是指在粉碎过程中加入适量水或其他液体进行研磨粉碎的方法，又称为“加液研磨法”。此法可减少粉尘飞扬及物料的黏附性，包括加液研磨法和水飞法
低温粉碎	是指低温条件下进行粉碎的方法。此法利用物料在低温时脆性增加，韧性与延展性降低，提高粉碎效果。适用于常温下难以粉碎或熔点低及热敏性物料的粉碎

三、过筛

过筛是借助不同孔径的药筛将粗粉和细粉进行分离的操作。过筛的目的是将粉碎后的物料按细度大小加以分等，以保证药粉的均匀度。

1.药筛分等

见表3-1-3。

表3-1-3 《中国药典》(2020年版)规定的药筛规格和筛目对照

筛号	筛孔内径(平均值)	目号	筛号	筛孔内径(平均值)	目号
一号筛	2000μm±70μm	10目	六号筛	150μm±6.6μm	100目
二号筛	850μm±29μm	24目	七号筛	125μm±5.8μm	120目
三号筛	355μm±13μm	50目	八号筛	90μm±4.6μm	150目
四号筛	250μm±9.9μm	65目	九号筛	75μm±4.1μm	200目
五号筛	180μm±7.6μm	80目			

2.粉末分等

药粉的分等是根据能通过相应规格的药筛而定的。《中国药典》(2020年版)规定了六种粉末规格（表3-1-4）。

表3-1-4 《中国药典》(2020年版)粉末等级标准

筛号	分等标准
最粗粉	指能全部通过一号筛，但混有能通过三号筛不超过20%的粉末
粗　粉	指能全部通过二号筛，但混有能通过四号筛不超过40%的粉末
中　粉	指能全部通过四号筛，但混有能通过五号筛不超过60%的粉末
细　粉	指能全部通过五号筛，并含能通过六号筛不少于95%的粉末
最细粉	指能全部通过六号筛，并含能通过七号筛不少于95%的粉末
极细粉	指能全部通过八号筛，并含能通过九号筛不少于95%的粉末

四、混合

混合系指两种或两种以上组分均匀混合的操作。混合的目的是使各组分在制剂中分布均匀，含量均一。表3-1-5所列为常用混合方法。

表3-1-5 常用混合方法

混合方法	特点及应用
搅拌混合	是指将药物粉末放在适宜大小的容器中搅拌均匀，多用于物料初步混合
研磨混合	是指将药粉放在乳钵等研磨器具中共同研磨的混合操作，适用于少量特别是结晶性药物的混合
过筛混合	是指将药粉先初步混合，再通过适宜孔径的药筛使之混合均匀的操作

引导问题1：制剂生产时混合方法是否得当，会直接影响混合效果。当药物色泽相差较大时，应如何混合？

____

____

小提示

影响混合均匀的因素

（1）各组分的比例　药物的组分量相差过大时，不易混合均匀，应采用等量递加法（又称配研法）进行混合。操作时先用量大的组分饱和容器，然后倒出，取量小的组分再加等体积的量大组分混合，混匀后再加与混合物等体积的量大的药粉混合，如此倍量增加至全部混合均匀。

（2）各组分的密度　各组分的密度相差较大时，一般将密度小的组分先放入混合容器中，再加入密度大的组分混合均匀，以避免轻质组分浮于上部或飞扬，重者组分沉于底部导致混合不均匀。

（3）各组分的色泽　各组分色泽相差较大时，应将色深的组分先置于混合容器中，再加等量色浅的药物研匀，直至混合均匀，称为**“套色法”**。

任务实施

一、生产前准备

（1）F-100型高速万能粉碎机、CH-10型槽型混合机、WQS型振动筛；

（2）待粉碎、过筛物料；

（3）粉碎机、混合机、振动筛安全操作规程。

二、散剂制备关键操作过程及要求

（一）粉碎操作

序号	步骤	操作方法及说明	质量要求
1	生产前检查	（1）检查环境，确定温度、相对湿度是否符合规定	按D级洁净区生产人员进出标准操作规程进入操作区，依次完成检查，并做好检查记录填写
		（2）检查高速万能粉碎机各部紧固件是否松动，并将前盖把手锁紧	
		（3）检查高速万能粉碎机是否安放平稳	
		（4）检查机器内腔是否清理干净，按照物料粉碎度要求装上所需目数的筛片	

续表

序号	步骤	操作方法及说明	质量要求
2	粉碎操作	(1)更换设备状态标识	① 试车时应注意机器是否有异常杂音，以便及时停车检查； ② 粉碎物必须保持干燥，不宜粉碎潮湿和油脂含量过高的物料； ③ 生产过程中若出现满腔死机时，应立刻断电停车，清理掉腔内的多余物料再开车使用
		(2)在出料口处安装接物布袋。关闭前盖，锁紧盖前把手 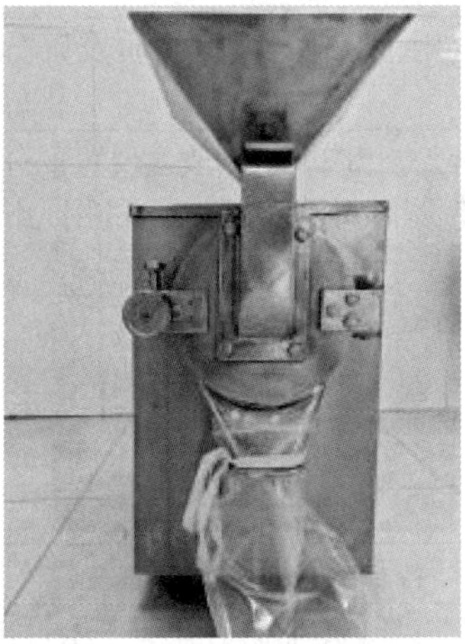	
		(3)插上电源，启动机器，空车运转 2min，以便判断有无故障 	
		(4)复核物料品名、批号，打开前盖，投入需粉碎的干燥物料	
		(5)启动机器，粉碎物料	
		(6)粉碎结束后，停机，将粉碎后的细粉按物料进出站程序送交中间站，挂设备待清洁状态牌	
		(7)填写相关记录(生产过程实时填写)	
3	清场	(1)清洁清场：打开粉碎机，将收料袋、筛网等移入水槽内冲洗干净，干燥，备用；并用洁净的专用擦布蘸取温水分别将粉碎机物料进口、粉碎机内腔、物料出口反复擦拭至洁净，再用洁净的干毛巾将上述各部位擦干，最后用 75% 的乙醇溶液擦拭清洁	符合 GMP 清场与清洁要求
		(2)更换设备状态标识牌	
		(3)生产操作人员填写清场记录并签名，复核人员复核并签名	

（二）过筛操作

序号	步骤	操作方法及说明	质量要求
1	生产前检查	检查设备是否良好，观察振动筛的振动是否平衡，保证运动件无撞击和摩擦的地方	
2	过筛操作	（1）更换设备状态标识	① 筛网孔径和物料粒径要求一致，并检查筛网是否破损； ② 橡皮垫圈应密封良好，空转运行应良好； ③ 操作时严格遵守WQS型振动筛操作规程
		（2）振动筛使用前，根据被筛物质及筛分标准选用适宜规格的筛网	
		（3）把筛网底盘与相应的筛网放入仪器平台上，再把筛分头放在顶部，用锁紧螺母锁紧，两侧面的用力情况应一致 	
		（4）安装完毕后，开机试运行	
		（5）设备运转正常后，加入物料，开始过筛操作，过筛过程中检查筛网是否有异常	
		（6）生产结束，停机，将生产中所有物料按物料进出站程序送交中间站，挂设备待清洁状态牌	
		（7）填写相关记录（生产过程中实时填写）	
3	清场	（1）清洁清场：用小毛刷和浅色抹布清洁振动筛内部，用深色抹布擦拭振动筛外部及操作台	
		（2）更换设备状态标识牌	
		（3）生产操作人员填写清场记录并签名，复核人员复核并签名	

（三）混合操作

序号	步骤	操作方法及说明	质量要求
1	生产前检查	（1）检查电器是否正常，机器是否运转灵活	
		（2）检查混合槽及搅拌桨内是否擦洗干净	
2	混合操作	（1）更换设备状态标识，取下混合机上“已清洁”状态标识，换上“运行中”标识	① 操作时严格遵守CH-10型槽型混合机操作规程； ② 严禁在机器运转时，在机器内加入硬物
		（2）启动主电动机使搅拌桨运转5min，如无故障方可投料生产 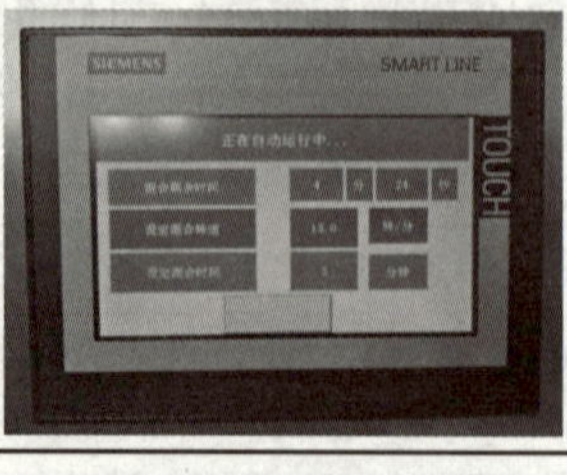	

续表

序号	步骤	操作方法及说明	质量要求
2	混合操作	(3)装料：使料筒口处于最高位置，打开进料端盖板，加料。加料量控制在料筒容积的50%以内，加料完毕后，盖上盖板并紧固	
		(4)混合：开启转动电机，混合后停机	
		(5)出料：放好接料容器，点动出料按钮，使料筒进口端处于最低位置，出料	
		(6)生产结束，关掉电源，将生产中所有物料按物料进出站程序送交中间站分剂量包装	
		(7)填写相关记录(生产过程中实时填写)	
3	清场	(1)清场：按岗位操作规程规定进行清洁清场	
		(2)更换设备状态标识牌	
		(3)生产操作人员填写清场记录并签名，复核人员复核并签名	

三、粉碎、过筛、混合操作过程中出现的问题及解决办法

引导问题2：请写出本组散剂生产过程中出现的问题及解决办法。

问题：____

____

解决办法：______________________________________

____

评价反馈

项目名称	评价内容	评价标准	自评	互评	师评
专业能力考核项目 70%	粉碎操作 25分	1. 正确完成药品生产前检查工作；3分 2. 能正确安装并调试粉碎机；4分 3. 能按标准操作规程完成粉碎操作；5分 4. 粉碎后的物料粒度符合工艺要求；5分 5. 正确交接中间产品至中间站；2分 6. 如实及时填写生产记录；1分 7. 正确填写设备使用记录；1分 8. 正确更换状态标识；1分 9. 清洁设备并处理残留物料；1分 10. 正确填写清场记录；1分 11. 正确粘贴清场副本于记录上；1分			
	过筛操作 25分	1. 正确完成药品生产前检查工作；3分 2. 能根据被筛物质及筛分标准选用适宜规格的筛网；2分 3. 能正确安装并调试振动筛；4分 4. 能按照标准操作规程完成过筛操作；5分 5. 能判断过筛过程中筛网是否有异常；2分 6. 正确交接中间产品至中间站；2分 7. 如实及时填写生产记录；1分 8. 正确填写设备使用记录；1分 9. 正确更换状态标识；1分 10. 清洁设备并处理残留物料；1分 11. 正确填写清场记录；1分 12. 正确粘贴清场副本于记录上；2分			
	混合操作 20分	1. 正确完成药品生产前检查工作；3分 2. 能按照标准操作规程完成装料；3分 3. 能按照标准操作规程完成混合操作；2分 4. 能按照标准操作规程完成出料；2分 5. 正确交接中间产品至中间站；2分 6. 能准确判断物料是否混合均匀；2分 7. 如实及时填写生产记录及设备使用记录；2分 8. 正确更换状态标识；1分 9. 清洁设备并处理残留物料；1分 10. 正确填写清场记录；1分 11. 正确粘贴清场副本于记录上；1分			
职业素养考核项目 30%	穿戴规范、整洁；5分				
	无无故迟到、早退、旷课现象；5分				
	积极参加课堂活动，按时完成引导问题及笔记记录；10分				
	具有团队合作、与人交流能力；5分				
	具有安全意识、责任意识、服务意识；5分				
总分					

课后作业

益元散

【处方】滑石600g；甘草100g；朱砂30g。

请结合《中国药典》2020年版规定，写出益元散制备的工艺流程。

任务3-2 散剂质量检查

学习目标

1. 能正确描述散剂质量检查项目；
2. 能规范操作电子天平，完成散剂粒度、外观均匀度、装量差异检查，并正确判断检查结果；
3. 能分析散剂粒度、外观均匀度、装量差异不合格原因；
4. 能按照GMP要求完成散剂质量检查操作的清场和清洁；
5. 具有一丝不苟和实事求是的求真精神。

任务分析

散剂是指原料药物或与适宜的辅料经粉碎、均匀混合制成的干燥粉末状制剂。散剂的质量检查项目包括：粒度、外观均匀度、水分、干燥失重、装量差异、装量、无菌、微生物限度。本任务要求掌握散剂粒度、外观均匀度、装量差异检查方法。

任务分组

见表3-2-1。

表3-2-1 学生任务分配表

组号		组长		指导老师	
序号	组员姓名	任务分工			

知识准备

一、粒度检查

粒度是指颗粒大小，供制散剂的原料药物均应粉碎、过筛。除另有规定外，口服用散剂为细粉，儿科用和局部用散剂应为最细粉。粒度检查能反映散剂粉末是否达到规定细度、是否均一，粒度是影响散剂质量和疗效的因素之一。

化学药局部用散剂和用于烧伤或严重创伤的中药局部用散剂及儿科用散剂须进行粒度检查。

引导问题1： 精密称定某化学药散剂10g,过筛，通过七号筛的粉末重量为9g，请问该散剂的质量是否合格？

小提示

粒度检查：取供试品10g，精密称定，照粒度和粒度分布测定法（2020版《中国药典》三部通则0982单筛分法）测定。化学药散剂通过七号筛（中药通过六号筛）的粉末重量，不得少于95%。

二、外观均匀度检查

散剂的外观检查可以查看散剂是否吸潮，散剂混合是否均匀等。散剂常由几种粉末混合在一起，混合不充分则会出现色泽不一致的情况，也会导致散剂有效物质含量不均匀，影响疗效。同时由于散剂表面积增大，容易吸潮，进而可影响散剂的稳定性和疗效。因此，散剂应干燥、疏松、混合均匀、色泽一致。

引导问题2： 如何进行散剂的外观均匀度检查呢？

小提示

取供试品适量，置光滑纸上，平铺约$5cm^2$，将其表面压平，在明亮处观察，应色泽均匀，无花纹与色斑。

三、装量差异检查

装量差异是药物制剂均匀性指标之一，所谓装量差异就是药品单独重量与批次平均重量（或标示重量）的差值不能够超过一定的限度。凡规定检查含量均匀度的化学药和生物制品散剂，一般不再进行装量差异的检查。

引导问题3：现对一批单剂量散剂（化学药）进行装量差异检查，最小包装标示净含量为1.0g/袋。称得最重的一袋为1.2g，请问该批散剂是否合格？

____

____

____

小提示

单剂量包装的散剂，照下述方法检查，应符合规定。检查法除另有规定外，取供试品10袋（瓶），分别精密称定每袋（瓶）内容物的重量，求出内容物的装量与平均装量。每袋（瓶）装量与平均装量相比较[凡有标示装量的散剂，每袋（瓶）装量应与标示装量相比较]，按表3-2-2中的规定，超出装量差异限度的散剂不得多于2袋（瓶），并不得有1袋（瓶）超出装量差异限度的1倍。

表3-2-2　中药、化学药及生物制品的装量差异限度

平均装量或标示装量	装量差异限度(中药、化学药)	装量差异限度(生物制品)
0.1g及0.1g以下	±15%	±15%
0.1g以上至0.5g	±10%	±10%
0.5g以上至1.5g	±8%	±7.5%
1.5g以上至6.0g	±7%	±5%
6.0g以上	±5%	±3%

任务实施

一、质量检查前准备

（1）某化学药散剂。

（2）7号药筛（筛下配有密合的接收容器）、筛盖、电子天平、光滑纸、玻璃板、毛刷。

二、散剂质量检查操作过程及要求

<table>
<tr><th>序号</th><th>项目</th><th>操作方法及说明</th><th>质量要求</th></tr>
<tr><td>1</td><td>质量检查前准备</td><td>(1)检查环境，确定温度、相对湿度是否符合规定；
(2)检查物料是否在有效期内，检查电子天平的检验合格证是否在期限内；
(3)检查电子天平是否清洁、完好；
(4)按照万分之一天平标准操作规程预热半小时准备；
(5)电子天平调整至水平状态(通过调整电子天平调平脚座将气泡移至圆圈以内即为水平) </td><td></td></tr>
<tr><td rowspan="6">2</td><td rowspan="6">粒度检查</td><td>(1)精密称定10g散剂，记录重量，关闭电子天平</td><td rowspan="6">严格按照SOP完成生产操作任务</td></tr>
<tr><td>(2)称好的散剂置7号药筛内(筛下配有密合的接收容器)，加上筛盖 </td></tr>
<tr><td>(3)按水平方向旋转振摇药筛至少3min，并不时在垂直方向轻叩药筛</td></tr>
<tr><td>(4)取筛下接收容器中的粉末，称定重量</td></tr>
<tr><td>(5)计算通过筛网粉末的百分率</td></tr>
<tr><td>(6)根据2020版《中国药典》标准判断散剂粒度是否合格</td></tr>
<tr><td rowspan="5">3</td><td rowspan="5">外观均匀度检查</td><td>(1)取散剂适量(0.2～0.5g)</td><td rowspan="5">严格按照SOP完成生产操作任务</td></tr>
<tr><td>(2)置光滑纸上，平铺约5cm^2</td></tr>
<tr><td>(3)用玻璃板将其表面压平</td></tr>
<tr><td>(4)将表面压平的散剂移至亮处观察</td></tr>
<tr><td>(5)判定结果</td></tr>
</table>

续表

序号	项目	操作方法及说明	质量要求
4	装量差异检查	（1）取10袋散剂，分别精密称定，记录数据	严格按照SOP完成生产操作任务
		（2）开启每袋散剂封口，倒出内容物，并用毛刷刷干净，再分别精密称定每一包装（空袋）的重量，记录数据	
		（3）计算出每袋散剂内容物的重量，并与标示量相比较	
		（4）根据装量差异限度判定是否合格	
5	清洁	（1）清洁：用小毛刷清洁电子天平秤盘，用浅色抹布擦拭电子天平内部，用深色抹布擦拭电子天平外部及操作台。 （2）更换设备状态标识牌。 （3）复核：QA对清场情况进行复核，复核合格后发放清场合格证（正本、副本）	符合GMP清场与清洁要求

三、散剂质量检查操作过程中出现的问题及解决办法

引导问题4：请写出本组散剂质量检查过程中出现的问题及解决办法。

问题：______

______

______

______

解决办法：______

______

______

______

评价反馈

项目名称	评价内容	评价标准	自评	互评	师评
专业能力考核项目70%	质量检查前准备9分	1. 正确检查环境，确定温度、相对湿度；6分 2. 正确检查复核设备状态标识；3分			
	粒度检查23分	1. 取样量符合要求；1分 2. 正确调整天平为水平状态并开机预热；2分 3. 正确精密称定待检测散剂；5分 4. 正确过筛；5分 5. 正确称定通过筛网的粉末；2分 6. 正确计算通过筛网粉末的百分率；2分 7. 正确判断结果；2分 8. 正确填写粒度检查相关记录；2分 9. 正确清洁；2分			
	外观均匀度检查17分	1. 取样量符合要求；1分 2. 正确铺平散剂；2分 3. 正确用玻璃板压平散剂；3分 4. 正确将散剂移到亮处；2分 5. 正确观察散剂；3分 6. 正确判断结果；2分 7. 正确填写外观均匀度检查相关记录；2分 8. 正确清洁；2分			
	装量差异检查21分	1. 取样量符合要求；1分 2. 正确调整天平为水平状态并开机预热；2分 3. 正确精密称定每袋散剂(含包装)重量；5分 4. 正确倒出内容物，精密称定散剂空袋重量；4分 5. 正确计算装量差异；3分 6. 正确判断结果；2分 7. 正确填写装量差异检查相关记录；2分 8. 正确清洁；2分			
职业素养考核项目30%	穿戴规范、整洁；5分				
	无无故迟到、早退、旷课现象；5分				
	积极参加课堂活动，按时完成引导问题及笔记记录；10分				
	具有团队合作、与人交流能力；5分				
	具有安全意识、责任意识、服务意识；5分				
总分					

课后作业

1. 有哪些因素会造成散剂的粒度不合格？

2. 有哪些因素会造成散剂的外观均匀度不合格？

3. 有哪些因素会造成散剂的装量差异超过限度？

项目4　颗粒剂制备

任务4-1　制颗粒

学习目标

1. 能正确描述高速搅拌制粒机的结构组成与工作原理；
2. 能规范操作高速搅拌制粒机完成湿颗粒的制备；
3. 能正确根据药物的性质选择合适的制粒方法；
4. 能按照GMP要求完成制湿颗粒的清场和清洁；
5. 具有安全生产、精益求精的工匠精神。

任务分析

颗粒剂是指原料药物或药材提取物与适宜的辅料混合制成的具有一定粒度的干燥颗粒状制剂，是临床常用的固体剂型之一。高速搅拌制粒机是常用的制粒设备，其可同时完成原辅料干混、制软材、制湿颗粒的操作过程。本任务主要是学会使用高速搅拌制粒机完成湿颗粒的制备。

任务分组

见表4-1-1。

表4-1-1　学生任务分配表

组号		组长		指导老师	
序号	组员姓名	任务分工			

知识准备

药物对湿和热的稳定性不同，在选用制粒方法制备颗粒时，应根据药物对湿和热的性质加以选择。湿法制粒法是将粉末与适量的黏合剂或润湿剂混合，使粉末黏结而制成颗粒的方法；干法制粒法是将药物与辅料的粉末混合均匀后，通过特殊的设备压成薄片，再将其粉碎成大小合适的颗粒的方法。

一、制粒方法

制备具有一定形状与大小的颗粒，可根据使用设备的不同，将制备方法分为两类，即湿法制粒和干法制粒（见图4-1-1）。

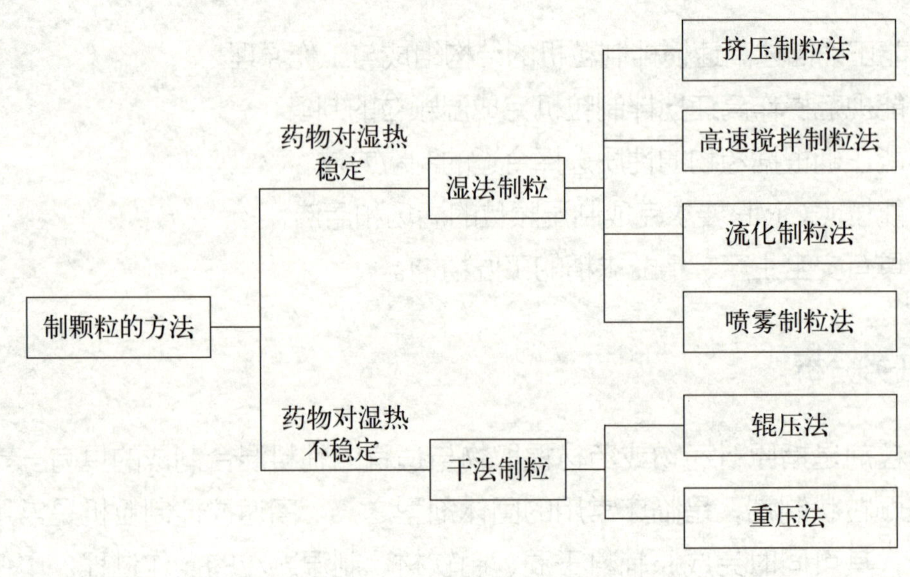

图4-1-1 制颗粒的方法

二、干燥

引导问题1：采用挤压制粒法和高速搅拌制粒法制备颗粒，制得的颗粒为湿颗粒，需对其进行干燥，常用的干燥方法有哪些？

小提示

常用的干燥方法：

（1）常压干燥　是在通常大气压下进行干燥的方法，包括烘干干燥和鼓式干燥。

（2）减压干燥（真空干燥）　是在密闭容器中通过抽气减压而进行干燥的方法。

（3）沸腾干燥（流化床干燥）　是利用热空气流使湿颗粒悬浮呈流态化，似“沸腾状”，热空气在湿颗粒间通过，在动态下进行热交换带走水汽而达到干燥目的的一种方法。

（4）喷雾干燥　是将浓缩至一定相对密度的药液通过喷雾器，喷射成雾状液滴，并与一定流速的干燥热气流进行快速热交换，使料液中的水分迅速蒸发得以干燥的方法。

（5）冷冻干燥　是将被干燥的液体物料冷冻成固体，在低温减压条件下利用冰的升华性质，使物料能够在低温下脱水干燥的方法。

（6）红外线干燥　是利用红外线辐射器产生的电磁波被物料吸收后直接转变为热能，使物料中水分受热汽化而干燥的一种方法。

三、高速搅拌制粒机的构造

高速搅拌制粒机是将原料药物与辅料进行干混，加入润湿剂或黏合剂进行制软材、制湿颗粒的设备。

引导问题2：高速搅拌制粒机的主机主要由机架及其附属物、__________、__________、__________、__________、__________、起重装置、电控箱组成。

小提示

以高速搅拌制粒机（SMG3.6.10）为例，高速搅拌制粒机主机主要由机架及其附属物、锅盖、搅拌及其传动装置、出料装置、搅拌锅、制粒刀及传动装置、起重装置、电控箱组成。锅盖上主要配有加液斗和过滤器等；搅拌及其传动装置主要由搅拌桨传送装置、滑块、动力装置组成，搅拌桨传送装置主要由联轴器、转轴、轴承座、气封环、压紧螺母、搅拌桨等组成；搅拌锅主要由锅体、出料装置连接座、连接法兰、搅拌气封座、制粒气封座、电机座等组成；制粒装置主要由压紧螺母、制粒刀、垫圈、转动轴、转动盘、气封环、气封座和联轴器等组成；出料装置主要由出料塞、出料斗、拉杆组成。

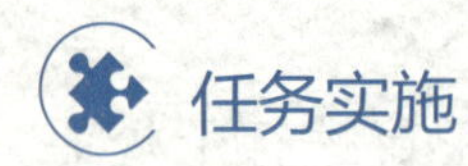

任务实施

一、生产前准备

（1）原料药物和辅料；

（2）SMG3.6.10高速搅拌制粒机；

（3）转运桶、接收袋、扎带。

二、高速搅拌制粒机操作过程及要求

<table>
<tr><th>序号</th><th>步骤</th><th>操作方法及说明</th><th>质量要求</th></tr>
<tr><td rowspan="5">1</td><td rowspan="5">生产前检查</td><td>(1)检查生产环境，确定温度、相对湿度是否符合规定</td><td rowspan="5">① 温度为18～26℃，相对湿度为45%～65%；
② 高速搅拌制粒机全部连接件的紧固程度符合要求；
③ 料缸和搅拌桨下无异物；
④ 总进气压力不低于0.6MPa</td></tr>
<tr><td>(2)检查物料的相关信息</td></tr>
<tr><td>(3)检查高速搅拌制粒机的设备状态标识 </td></tr>
<tr><td>(4)更换高速搅拌制粒机的设备状态标识</td></tr>
<tr><td>(5)检查各机械部分、电气按钮、开关各部分是否正常 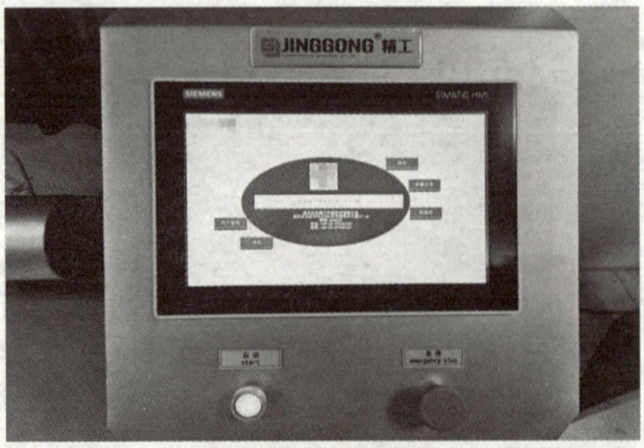</td></tr>
</table>

续表

序号	步骤	操作方法及说明	质量要求
1	生产前检查	（6）开启压缩空气，待压力范围稳定在0.6～0.7MPa 	
		（7）关闭容器密封盖及出料口，系紧除尘袋 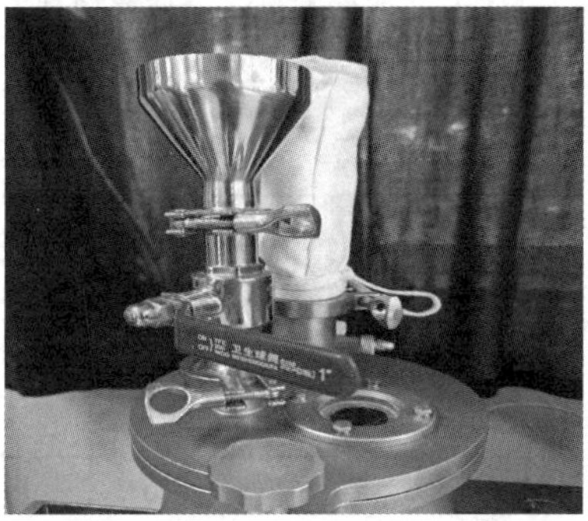	
		（8）根据批生产指令到中间站领取物料	
		（9）根据生产需要到工具间领取转运桶、接收袋、扎带	
2	生产	（1）按下绿色开机按钮，等待5s，进入主界面	① 严格按照SOP完成生产操作任务； ② 启动或运行高速搅拌制粒机时，如果发生不正常现象，应立即停机检查； ③ 记录应及时准确、真实完整
		（2）在登录框输入用户名和密码，进入系统，点击“操作”，进入操作界面	
		（3）设定制粒参数（搅拌转速、切刀转速、制粒时间），点击“容器密封”，待密封完成，点击“制粒”，空转，检查设备能否正常运行 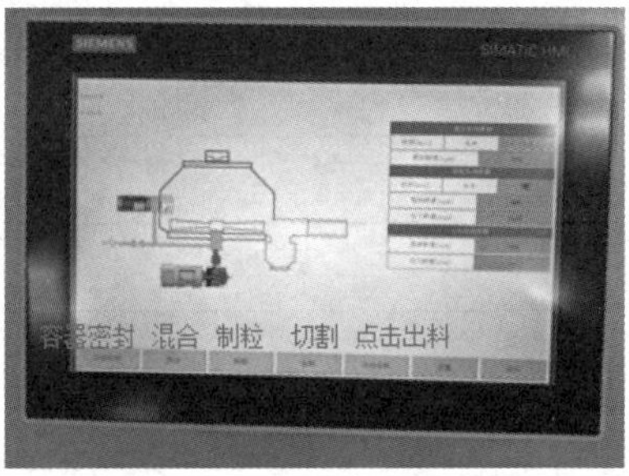	

续表

序号	步骤	操作方法及说明	质量要求
2	生产	(4)按工艺要求设定搅拌、制粒、出料的工艺参数	
		(5)打开上盖，检查制成的颗粒是否符合工艺要求	
		(6)关闭上盖，打开出料门，在容器密封状态下，点击“出料”或“点动出料”，搅拌桨停止转动约20s方能开启上盖	
		(7)出料完毕后，关闭出料口	
		(8)填写相关记录(操作过程中实时填写)	
		(9)生产的产品移交至中间站	
3	清洁和清场	(1)清洁高速搅拌制粒机：用浅色抹布蘸95%乙醇清洁搅拌锅，用深色抹布蘸95%乙醇清洁机器四周	符合GMP清场与清洁要求
		(2)复核：QA对清场情况进行复核，复核合格后发放清场合格证(正本、副本)	
		(3)填写清场记录(操作过程中实时填写)	
		(4)更换设备状态标识	

三、高速搅拌制粒机操作过程中出现的问题及解决办法

序号	故障现象	原因分析	排除方法
1	搅拌密封气压过低	气源故障	检查维修气源
		管路系统漏气	检查并重新连接
		气压传感器故障	更换
2	切刀密封气压过低	气源故障	检查维修气源
		管路系统漏气	检查并重新连接
		气压传感器故障	更换

引导问题3：请写出本组制粒过程中出现的问题及解决办法。

问题：

解决办法：

评价反馈

<table>
<tr><th>项目名称</th><th>评价内容</th><th>评价标准</th><th>自评</th><th>互评</th><th>师评</th></tr>
<tr><td rowspan="3">专业能力考核项目70%</td><td>生产前检查与准备15分</td><td>1. 正确检查物料；2 分
2. 正确检查生产车间的温度和相对湿度；2 分
3. 检查高速搅拌制粒机的设备状态标识；2 分
4. 正确更换设备状态标识；3 分
5. 正确检查高速搅拌制粒机设备；2 分
6. 中间站领取物料；2 分
7. 工具间领取工具等；2 分</td><td></td><td></td><td></td></tr>
<tr><td>生产过程40分</td><td>1. 打开电源，开机运行，机器无卡阻；4 分
2. 规范加料，不漏料；5 分
3. 物料干混符合要求；6 分
4. 正确加入润湿剂或黏合剂，检查软材符合要求等；6 分
5. 检查湿颗粒的制备符合要求；5 分
6. 物料袋标识填写正确；4 分
7. 扎带正确；5 分
8. 正确交接中间产品至中间站；5 分</td><td></td><td></td><td></td></tr>
<tr><td>清洁与清场15分</td><td>1. 正确清洁设备；5 分
2. 正确对生产车间进行清场；3 分
3. 正确更换设备状态标识；3 分
4. 正确填写清场记录；3 分
5. 粘贴清场副本于记录上；1 分</td><td></td><td></td><td></td></tr>
<tr><td rowspan="5">职业素养考核项目30%</td><td colspan="2">穿戴规范、整洁；5 分</td><td></td><td></td><td></td></tr>
<tr><td colspan="2">无无故迟到、早退、旷课现象；5 分</td><td></td><td></td><td></td></tr>
<tr><td colspan="2">积极参加课堂活动，按时完成引导问题及笔记记录；10 分</td><td></td><td></td><td></td></tr>
<tr><td colspan="2">具有团队合作、与人交流能力；5 分</td><td></td><td></td><td></td></tr>
<tr><td colspan="2">具有安全意识、责任意识、服务意识；5 分</td><td></td><td></td><td></td></tr>
<tr><td colspan="3">总分</td><td></td><td></td><td></td></tr>
</table>

课后作业

1. 高速搅拌制粒机制备颗粒，能完成哪些制粒步骤？

2. 高速搅拌制粒机制得的颗粒需要进行干燥吗？

任务4-2 整粒

学习目标

1. 能正确描述整粒机的结构组成与工作原理；
2. 能规范操作整粒机完成干颗粒的整理；
3. 能按照GMP要求完成整粒操作的清场和清洁；
4. 具有精益求精的工匠精神和劳模精神。

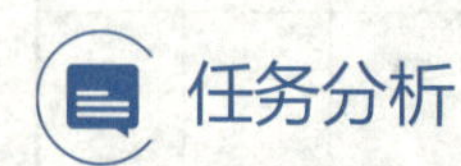

任务分析

湿颗粒在干燥过程中，由于某些颗粒可能发生粘连甚至结块，所以必须对干燥后的颗粒给予整粒，使结块、粘连的颗粒分散开，以获得具有一定粒度的均匀颗粒。整粒机是制药企业常用的设备之一，本任务主要是学会用整粒机完成整粒。

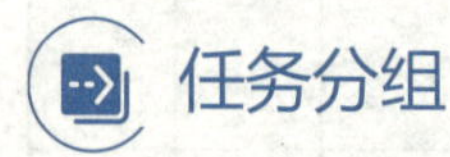

任务分组

见表4-2-1。

表4-2-1 学生任务分配表

组号		组长		指导老师	
序号	组员姓名	任务分工			

知识准备

为了保证药品的安全、有效，在制备颗粒时必须保证颗粒的均匀性，所以必须对干燥后的颗粒进行过筛整粒。生产上常用整粒机，实验室中常用药典筛。

整粒机的工作原理：物料由料斗进入机器工作腔时，旋转的回转刀对原料起旋流作用，并以离心力将颗粒甩向筛网板，同时由于回转刀旋转与筛网板之间的剪切作用，将物料整理成小颗粒，并经筛网孔排出，从而可获得均匀的颗粒。以整粒机（GZL-125）为例，整粒机的整机结构包括推车、立柱、传动机构、整粒机机头、电控柜、入料斗、出料斗、手动蝶阀（见图4-2-1）。

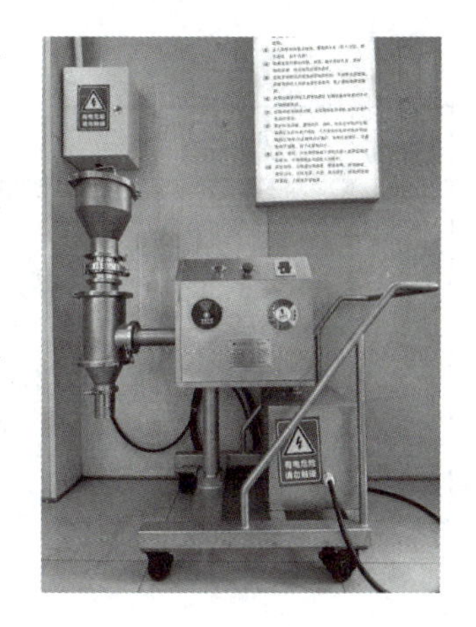

图4-2-1 GZL-125整粒机

任务实施

一、生产前准备

（1）干燥后的颗粒；

（2）GZL-125整粒机；

（3）转运桶、接收袋、扎带。

二、整粒机操作过程及要求

序号	步骤	操作方法及说明	质量要求
1	生产前检查	（1）检查生产环境，确定温度、相对湿度是否符合规定 （2）检查物料的相关信息 （3）检查整粒机的设备状态 （4）更换设备状态标识 （5）检查整粒机各机械部分、电气按钮、开关各部分是否正常 （6）关闭容器密封盖及出料口 （7）根据批生产指令到中间站领取物料 （8）根据生产需要到工具间领取转运桶、接收袋、扎带	① 温度为18～26℃，相对湿度为45%～65%； ② 整粒机全部连接件的紧固程度符合要求； ③ 筛网无异物
2	生产	（1）按下绿色开机按钮，设定整粒参数（转速、时间），点击“run”，空转，检查设备能否正常运行	① 严格按照SOP完成生产操作任务； ② 启动或运行整粒机时，如果发生不正常现象，应立即停机检查

续表

序号	步骤	操作方法及说明	质量要求
2	生产	(2)按工艺规定加入定量的物料，上料完毕后应清洁台面，关好上盖，将接料器放置在出料口，点击“run”，打开出料口手阀，待转速升至设置参数，用手阀控制物料的加入速度	
		(3)整粒结束，再按下“急停”按钮	
		(4)出料完毕后，关闭出料口 	
		(5)填写相关记录（操作过程中实时填写）	
		(6)生产的产品移交至中间站	
3	清洁和清场	(1)清洁整粒机：用浅色抹布蘸95%乙醇清洁整粒机机头和筛网，用深色抹布蘸95%乙醇清洁机器四周	符合GMP清洁与清场要求
		(2)复核：QA对清场情况进行复核，复核合格后发放清场合格证（正本、副本）	
		(3)填写清场记录（操作过程中实时填写）	
		(4)更换设备状态标识	

三、整粒机操作过程中出现的问题及解决办法

故障	原因或检查部位	消除方法
机器振动大	T形转换器损坏	更换或维修
	连接件松动	锁紧
有金属撞击声	回转刀与筛网	调整两者间隙
	筛网	如破损，请更换
	T形转换器松动	锁紧
颗粒不均匀	筛网	如破损，请更换

引导问题：请写出本组整粒过程中出现的问题及解决办法。

问题：

解决办法：

评价反馈

项目名称	评价内容	评价标准	自评	互评	师评
专业能力考核项目 70%	生产前检查与准备 15分	1. 正确检查物料；2分 2. 正确检查生产温度和相对湿度；2分 3. 正确检查整粒机的设备状态标识；2分 4. 正确更换整粒机的设备状态标识；3分 5. 正确检查整粒机设备；2分 6. 中间站领取物料；2分 7. 工具间领取工具等；2分			
	生产过程 40分	1. 打开电源，开机运行，机器无卡阻；4分 2. 规范加料，不漏料；6分 3. 接收器使用、放置合适；5分 4. 手阀控制物料的加入速度；5分 5. 检查整粒后的颗粒符合要求；5分 6. 正确填写物料袋标识；3分 7. 正确扎带；5分 8. 正确交接中间产品至中间站；2分 9. 正确填写相关记录；5分			
	清场与记录 15分	1. 正确清洁设备；5分 2. 正确对生产车间进行清场；3分 3. 正确更换设备状态标识；3分 4. 正确填写清场记录；3分 5. 粘贴清场副本于记录上；1分			
职业素养考核项目 30%	穿戴规范、整洁；5分				
	无无故迟到、早退、旷课现象；5分				
	积极参加课堂活动，按时完成引导问题及笔记记录；10分				
	具有团队合作、与人交流能力；5分				
	具有安全意识、责任意识、服务意识；5分				
总分					

课后作业

1. 使用整粒机进行干颗粒的整理，干颗粒应何时加入整粒机？
2. 整粒机空转时，机器振动大，请说出检查的部位及解决办法。

任务4-3　颗粒剂质量检查

学习目标

1. 能正确说出颗粒剂的质量检查项目；
2. 能按照GMP要求规范操作颗粒剂的粒度检查；
3. 能按照GMP要求规范操作颗粒剂的装量差异检查；
4. 具有质量第一的质量意识和精益求精的工匠精神。

任务分析

为了保证颗粒剂的安全性、有效性、均一性和稳定性，在颗粒剂完成制备后需要对其质量进行检查。颗粒剂的质量检查项目包括粒度、装量差异、溶化性、微生物限度等，本任务主要学会颗粒剂的粒度检查、装量差异检查。

任务分组

见表4-3-1。

表4-3-1　学生任务分配表

组号		组长		指导老师	
序号	组员姓名	任务分工			

知识准备

颗粒剂的粒度既不宜过大，也不宜过小，因此需采用“双筛分法”对颗粒剂的粒度进行检查。受包装机及颗粒流动性的影响，包装好的每袋颗粒剂的重量维持在一定范围内，则颗粒剂的装量差异就是合格的。

一、双筛分法

1.双筛分法

双筛分法取单剂量包装的5袋（瓶）或多剂量包装的1袋（瓶），称定重量，置该剂型或品种项下规定的上层（孔径大的）药筛中（下层的筛下配有密合的接收容器），保持水平状态过筛，左右往返，边筛动边拍打3min。取不能通过大孔径筛和能通过小孔径筛的颗粒及粉末，称定重量，计算其所占比例（%）。

引导问题1：双筛分法中，较大的颗粒不能通过____________________、较小的颗粒能通过____________________。

小提示

除另有规定外，按《中国药典》粒度与粒度分布测定法中的“双筛分法”进行检查。不能通过一号筛和能通过五号筛的总和不得超过供试量的15%。

2.双筛分法中药典筛的安装

从下到上的安装顺序是：接收器→五号筛→一号筛→筛盖。

二、颗粒剂的装量差异检查

颗粒剂装量上限和下限的计算：为保证同一批次生产的颗粒剂的安全性和有效性，允许其装量在以平均装量或标示装量为标准的基础上，上下浮动一定的重量，从而维持装量的相对稳定。颗粒剂的装量上限=标示装量（平均装量）+标示装量（平均装量）×装量差异限度；颗粒剂的装量下限=标示装量（平均装量）-标示装量（平均装量）×装量差异限度。

引导问题2：若进行某颗粒剂的装量差异检查，其标示装量为3g/袋，则其装量的范围是多少？

颗粒剂的装量上限=____________________________

颗粒剂的装量下限=____________________________

小提示

颗粒剂的装量差异限度

平均装量或标示装量	装量差异限度
1.0g及1.0g以下	±10%
1.0g以上至1.5g	±8%
1.5g以上至6g	±7%
6g以上	±5%

颗粒剂装量差异检查的结果判断：超出装量差异限度的颗粒剂不多于2袋，并不得有1袋超出装量差异限度1倍。

任务实施

一、生产前准备

（1）单剂量包装的颗粒剂；

（2）一号筛、五号筛、筛盖、接收器；

（3）万分之一的电子天平；

（4）称量皿、毛刷。

二、颗粒剂的质量检查操作过程及要求

序号	步骤	操作方法及说明	质量要求
1	质检前准备	(1)检查生产环境，确定温度、相对湿度是否符合规定	① 环境温度应控制在10～30℃，相对湿度应在35%～80%； ② 电子天平调平以气泡移至圆圈以内即为水平； ③ 其他检查项均符合要求
		(2)检查物料的相关信息	
		(3)检查万分之一电子天平检定合格证是否在期限内	
		(4)检查万分之一电子天平的状态标识	
		(5)调整电子天平处于水平状态	
		(6)在电子天平预热半小时后进行校准	

续表

序号	步骤	操作方法及说明	质量要求
2	粒度检查	（1）更换设备状态标识	
		（2）将药典筛按照双筛分法进行安装，从下至上：接收器→五号筛→一号筛→筛盖  筛盖 一号筛 五号筛 接收器	① 正确安装双筛分法药典筛，以及正确进行颗粒剂粒度检查； ② 正确判断颗粒剂粒度检查结果
		（3）取单剂量包装的5袋（瓶）或多剂量包装的1袋（瓶），称定重量	
		（4）将称定重量后的供试品置一号筛中 	
		（5）保持水平状态过筛，左右往返，边筛动边拍打3min	
		（6）取不能通过一号筛和能通过五号筛的颗粒及粉末，称定重量，计算其所占比例（%） 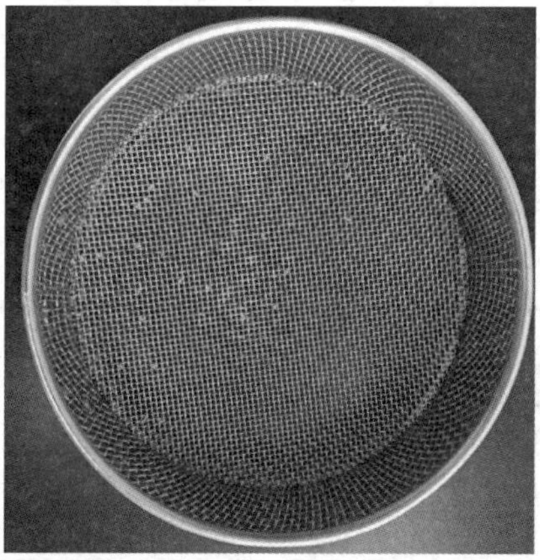 未通过一号筛的颗粒	

续表

序号	步骤	操作方法及说明	质量要求
2	粒度检查	 通过五号筛的颗粒	
		（7）填写批生产记录	
3	装量差异检查	（1）更换设备状态标识	①正确进行颗粒剂装量差异检查操作； ②正确判断颗粒剂装量差异检查结果
		（2）取供试品，除去包装，用称量勺将物料舀入称量瓶，用细毛刷彻底刷干净袋内物料，并转移至称量瓶，精密称定每袋内容物的重量 	
		（3）颗粒剂装量上下限的计算：按规定的平均装量或标示装量 ± 平均装量或标示装量 × 装量差异限度，求出允许装量范围	
		（4）颗粒剂装量差异检查结果判断：超出重量差异限度的颗粒剂不多于2袋，并不得有1袋超出装量差异限度1倍	
		（5）填写批生产记录	
4	清洁	（1）清洁电子天平和药典筛	符合GMP清洁要求
		（2）更换设备状态标识	

评价反馈

项目名称	评价内容	评价标准	自评	互评	师评
专业能力考核项目70%	质量检查前准备15分	1. 正确检查环境，确定温度、相对湿度；3分 2. 正确检查物料的相关信息；3分 3. 正确检查设备状态标识；3分 4. 正确检查仪器的检定合格证；3分 5. 正确调整电子天平至水平状态，预热并校准；3分			

续表

项目名称	评价内容	评价标准	自评	互评	师评
专业能力考核项目70%	粒度检查25分	1. 正确安装双筛分法药典筛；5分 2. 粒度检查取样袋数正确；5分 3. 双筛分法操作正确；6分 4. 筛分时间充足；4分 5. 颗粒剂粒度检查结果判断正确；5分			
	装量差异检查25分	1. 正确选用空称量瓶，并去皮；5分 2. 装量差异检查取样袋数正确；5分 3. 取出颗粒无损耗；5分 4. 称量正确；5分 5. 颗粒剂装量差异检查结果判断正确；5分			
	清洁5分	1. 正确清洁；3分。 2. 更换设备状态标识；2分			
职业素养考核项目30%	穿戴规范、整洁；5分				
	无无故迟到、早退、旷课现象；5分				
	积极参加课堂活动，按时完成引导问题及笔记记录；10分				
	具有团队合作、与人交流能力；5分				
	具有安全意识、责任意识、服务意识；5分				
总分					

 课后作业

1. 颗粒剂粒度检查的方法是什么？

2. 已知颗粒剂标示量为10g/袋，装量差异限度为±5%，请列出该颗粒剂装量的上下限计算公式，并计算。

项目5　片剂制备

任务5-1　用单冲压片机压片

学习目标

1. 能正确描述单冲压片机的结构组成与工作原理；
2. 能规范操作单冲压片机完成片剂压制成型；
3. 能判别压片过程中出现的常见问题并分析原因；
4. 能按照GMP要求完成压片操作的清场和清洁；
5. 具有安全生产、精益求精的工匠精神和劳模精神。

任务分析

片剂是指原料药与适宜的辅料混匀压制而成的圆片状或异形片状的固体制剂，是临床常用的固体剂型之一。单冲压片机是常用的小型压片机，其压片过程可分为填料、压片和出片三个步骤，压片是靠上冲对下冲的挤压完成的。本任务主要是学会使用单冲压片机完成片剂压制。

任务分组

见表5-1-1。

表5-1-1　学生任务分配表

组号		组长		指导老师	
序号	组员姓名	任务分工			

知识准备

要制备符合质量要求的片剂，用于压片的颗粒或粉末必须具备三大要素：①流动性好，能使流动、充填等粉体操作顺利进行，可降低片重差异；②可压性好，以防止出现裂片、松片等不良现象；③润滑性好，片剂不粘冲，可得到完整、光洁的片剂。

一、片剂制备方法

片剂的制备方法按照制备工艺不同分为两种，即制粒压片法和直接压片法（见图5-1-1）。

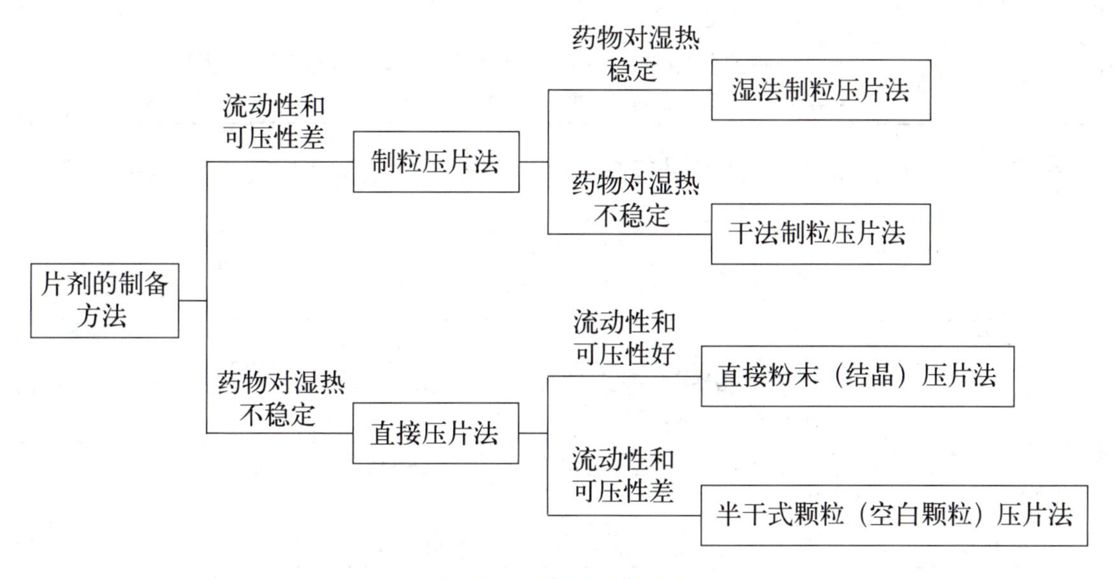

图5-1-1　片剂制备方法

二、片剂辅料

片剂由原料药和辅料两部分组成。辅料是指在片剂处方中除主药以外的所有附加物的总称。

（1）填充剂　常用的有淀粉、糊精、糖粉、乳糖、微晶纤维素（MCC）等。

（2）润湿剂与黏合剂　常用润湿剂为纯化水、乙醇；常用黏合剂为淀粉浆、糖粉、糖浆、纤维素衍生物等。

（3）崩解剂　系指能促进片剂在胃肠液中快速崩解成细小粒子的辅料。除了缓控释片、口含片、咀嚼片、舌下片等有特殊要求的片剂外，一般均需加入崩解剂（见表5-1-2）。

表 5-1-2 常用崩解剂

名称	特点及应用
干淀粉	吸水性较强且具有一定的膨胀性，适用于水不溶性或微溶性药物的崩解，对易溶性药物的崩解作用差，为经典崩解剂
羧甲基淀粉钠（CMS-Na）	具有良好的吸水性和膨胀性，适用于不溶性药物、水溶性药物，既可用于湿法制粒压片，也可用于粉末直接压片
低取代羟丙纤维素（L-HPC）	孔隙率和比表面积较大，吸水速率和吸水量大，既可用于湿法制粒压片，也可用于粉末直接压片
交联羧甲基纤维素钠（CCNa）	水中溶胀不溶解，具有较好的崩解作用，但与干淀粉合用崩解作用降低
交联聚维酮（PVPP）	流动性良好，有极强的吸湿性，在水中可迅速溶胀，崩解效果好
泡腾崩解剂	常由枸橼酸或酒石酸等酸和碳酸氢钠或碳酸钠等碱组成，遇水产生 CO_2 气体，可使片剂迅速崩解
表面活性剂	靠润湿作用使水分迅速渗透到固体制剂内部，加速片剂的崩解和溶出，常作为崩解辅助剂

（4）润滑剂　润滑剂的作用包括润滑作用、助流作用及抗黏附作用，常用润滑剂见表5-1-3。

表 5-1-3 常用润滑剂

名称	特点及应用
硬脂酸镁	为疏水性润滑剂，黏着性好，助流性差，用量一般为 0.1%～1%，用量过大片剂不易崩解或裂片
微粉硅胶	不溶于水，亲水性强，有良好的流动性、可压性、主流性，可用于粉末直接压片
滑石粉	不溶于水，抗黏性、助流性好，常与硬脂酸镁合用

三、片重计算

引导问题1：某片剂中主药每片含量为0.2g，测得颗粒中主药的百分含量为50%，求片重应为多少。

引导问题2：欲制备每片含四环素0.25g的片剂，按50万片处方投料，共制得干颗粒178.9kg，在压片前加入润滑剂硬脂酸镁2.5kg，求片重应是多少。

小提示

（1）按主药含量计算片重　压片前对颗粒中主药的实际含量进行测定，然后计算片重：

$$片重=\frac{每片主药含量（标示量）}{测得的颗粒中主药含量（\%）}$$

（2）按干颗粒总重计算片重　根据生产中实际投料量与预定片剂个数计算片重：

$$片重=\frac{干颗粒重+压片前加入的辅料量}{应压总片数}$$

数字资源 5-1
单冲压片机操作视频

四、单冲压片机的构造

压片机是将各种颗粒状或粉末状物料通过特定的模具压制成片剂的设备。

引导问题3：单冲压片机的结构一般包括__________、__________、__________；其中冲模装置包括__________、__________、__________、__________。

引导问题4：单冲压片机如何调节片重和片剂的硬度？

____

____

____

小提示

以单冲压片机TDP-1.5T为例，单冲压片机的构造由三部分组成，即加料装置、冲模装置、调节器。加料装置包括加料斗和饲料器。冲模装置包括上冲头和下冲头、模圈（中模）、冲模台板。调节器包括出片调节器（上调节器）、片重调节器（下调节器）和压力调节器。出片调节器（上调节器）用于调节下冲头上升的高度；片重调节器（下调节器）用于调节下冲头下降的深度，进而调节片重；压力调节器可使上冲头上下移动，调节压力的大小，调节片剂的硬度。单冲压片机的产量一般为80～100片/min，适用于新产品试制或小量生产。

拓展

多冲旋转式压片机ZP35B型

制药企业生产制备素片主要采用旋转式压片机进行压制，以多冲旋转式压片机ZP35B型为例进行介绍。ZP35B型旋转式压片机由加料装置、压力调节装置、转台结构、上导轨机构、下导轨和计量装置、传动部件、外罩部件、调节手轮装置、电控装置组成（见图5-1-2）。

数字资源5-2
旋转式压片机
压片视频

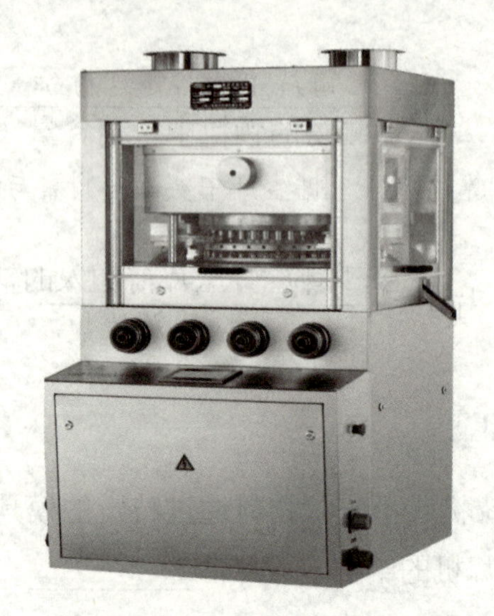

图5-1-2　ZP35B型旋转式压片机

任务实施

一、生产前准备

（1）总混后颗粒；

（2）TDP-1.5T单冲压片机、电子天平；

（3）TDP-1.5T单冲压片机标准操作规程。

二、单冲压片机操作过程及要求

序号	步骤	操作方法及说明	质量要求
1	生产前检查	(1)检查生产环境，确定温度、相对湿度是否符合规定	① 温度为18～26℃，相对湿度为45%～65%；② 检查项均符合要求；③ 符合GMP对生产前设备的状态及清洁状态要求
		(2)检查物料的相关信息	
		(3)检查单冲压片机的设备状态标识	
		(4)更换单冲压片机的设备状态标识	
		(5)根据批生产指令到中间站领取物料	
		(6)根据生产需要到工具间领取转运桶、接收袋、扎带	

续表

序号	步骤	操作方法及说明	质量要求
2	安装与调试	(1)安装下冲：旋松下冲固定螺钉，转动手轮使下冲芯杆升到最高位置，把下冲杆插入下冲芯杆的孔中，注意使下冲杆的缺口斜面对准下冲紧固螺钉，并要插到底，最后旋紧下冲固定螺钉	上下冲头进入模圈时均无碰撞或摩擦，方为安装合格
		(2)安装模圈：旋松模圈固定螺钉，把模圈拿平，放入模圈台板的孔中固定，使下冲进入模圈的孔中，按到底。放模圈时须注意把模圈水平放入，以免歪斜放入时卡住，损坏孔壁 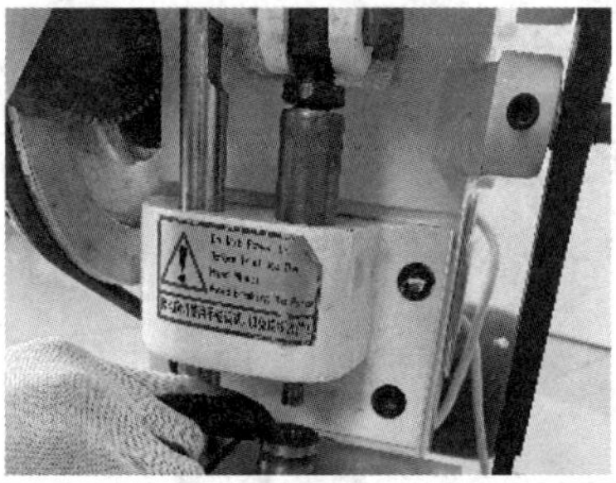	
		(3)安装上冲：旋松上冲紧固螺母，把上冲插入上冲芯杆的孔中，要插到底，用扳手卡住上冲杆下部的六方螺母，旋紧上冲紧固螺母	
		(4)检查：转动手轮，使上冲缓慢下降进入模圈孔中，观察有无碰撞或摩擦现象。若发生碰撞或摩擦则调整模圈台板的位置，使上冲进入模圈孔中，再旋紧模圈台板固定螺钉 	
		(5)装加料斗、饲粉器	
		(6)调试：压片机安装妥当后，加入颗粒，先用手摇转轮试压数片。药片初步成型后取样10～20片，称其片重，调节片重调节器，使压出的片重与设计片重相等，同时调节压力调节器，使压出的片剂有一定的硬度	

续表

序号	步骤	操作方法及说明	质量要求
2	压制素片	(1)加料前复核品名、批号	① 严格按照SOP完成生产操作任务； ② 启动或运行压片机时，如果发生不正常现象，应立即停机检查
		(2)插上电源，启动机器	
		(3)操作过程中，每15min检查一次片重；根据实际情况进行压力、片厚、充填量的调节	
		(4)将压好的片装入套有塑料袋的桶内，密封；填写标签并贴在桶上	
		(5)压片结束后，挂上“待清洁”标识，完成物料平衡 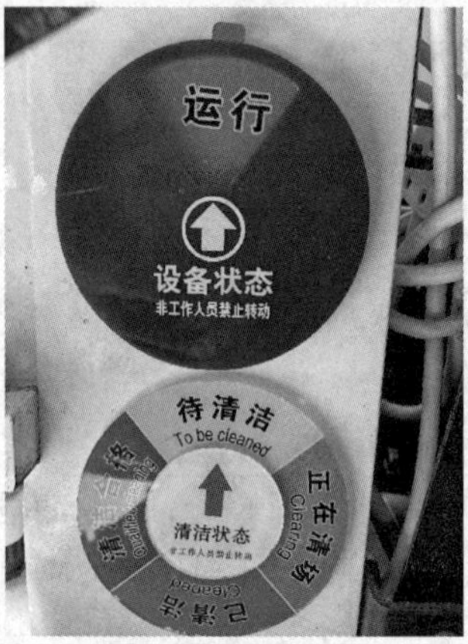	
		(6)填写相关记录(操作过程中实时填写)	
		(7)生产的产品移交至中间站	
3	清洁和清场	(1)清洁压片机：用95%乙醇清洗上下冲，冲孔、刮料器及转台表面至无药粉残留，用纯化水擦洗机器四周，用布擦干	符合GMP清场与清洁要求 数字资源5-3 模具的清洗和保养视频
		(2)复核：QA对清场情况进行复核，复核合格后发放清场合格证	
		(3)填写清场记录(操作过程中实时填写)	
		(4)更换设备状态标识 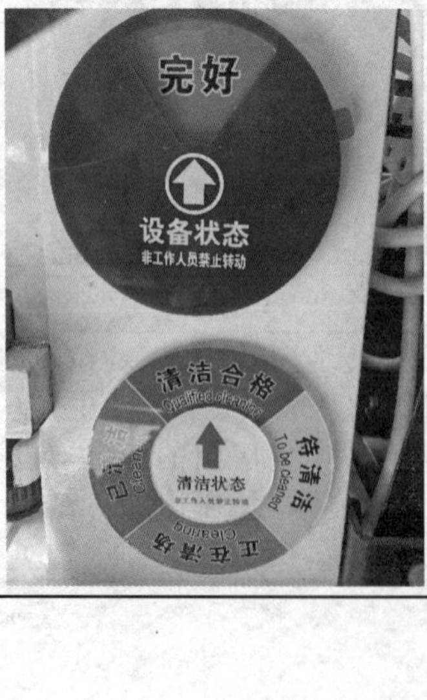	

三、压片过程常见问题及解决办法

见表5-1-4。

表5-1-4 压片过程中常见问题及解决办法

问题	主要原因	解决办法
裂片	① 黏合剂用量不足或黏性差，颗粒不均匀，细粉过多； ② 压力过大，车速过快； ③ 冲头与冲模圈不符； ④ 颗粒中的油类成分多，使黏合力降低； ⑤ 颗粒的含水量过多，结晶水失去多； ⑥ 药物本身具弹性	① 选择适当的黏合剂，重新制粒； ② 降低压力，减慢车速； ③ 更换冲头、模圈； ④ 加吸收剂； ⑤ 喷入适量稀乙醇或与含水量多的颗粒掺和压片； ⑥ 加糖粉增加黏性、降低弹性
松片	① 黏合剂或润滑剂用量不足或黏性差，颗粒松，细粉多； ② 颗粒的含水量过多，结晶水失去多； ③ 压力过小	① 选择适当黏合剂，重新制粒； ② 喷入适量稀乙醇或与含水量多的颗粒掺和压片； ③ 增大压力
粘冲	① 颗粒的含水量过多，车间湿度大； ② 润滑剂的用量不足或混合不匀； ③ 冲头粗糙或不净	① 继续干燥，降低空间湿度； ② 加大润滑剂的用量，充分混匀； ③ 更换冲头
崩解迟缓	① 崩解剂的用量不足； ② 润滑剂的用量过大； ③ 黏合剂的黏性过强，颗粒太硬； ④ 压力过大	① 加大崩解剂的用量； ② 减少润滑剂的用量或换用； ③ 降低黏合剂的用量或换用； ④ 降低压力
片重差异超限	① 颗粒的流动性不好，大小不均匀； ② 冲头与模孔的吻合性不好； ③ 加料斗的装量时多时少	① 重新制粒； ② 更换冲头、模圈； ③ 停车、检修

引导问题5：请写出本组压片过程中出现的问题及解决办法。

问题：______________________________

____

____

____

解决办法：______________________________

____

____

____

评价反馈

项目名称	评价内容	评价标准	自评	互评	师评
专业能力考核项目70%	生产前检查与准备10分	1. 正确检查物料；2分 2. 正确检查生产温度和相对湿度；2分 3. 正确检查单冲压片机的设备状态标识；2分 4. 正确更换单冲压片机的设备状态标识；2分 5. 模具间（区）领取模具、压片工具等；2分			
	安装与调试25分	1. 安装前用75%乙醇擦拭冲模与压片机转台；2分 2. 正确选用清洁布；1分 3. 正确使用工具旋松中模紧固螺丝，拆卸上下冲嵌轨等；1分 4. 工作转台转动方向正确；1分 5. 正确安装中模；4分 6. 正确安装上冲；4分 7. 正确安装下冲；4分 8. 上下冲安装过程手不触碰冲头；1分 9. 安装顺序无误；2分 10. 冲模安装完毕嵌轨、螺钉正确归位；1分 11. 正确安装配件（加料斗、出片槽等）；2分 12. 手轮正确转动机器，机器无卡阻；2分			
	生产过程25分	1. 打开电源，开机运行，机器无卡阻；2分 2. 规范加料，不漏料；3分 3. 试压阶段片重、片重差异符合要求；4分 4. 正确收集试压与残留物料、不合格药片等；3分 5. 正确收集合格品并填写标识；3分 6. 收集袋称量、标识、扎带正确；5分 7. 正确交接中间产品至中间站；5分			
	清场与记录10分	1. 正确清洁设备；3分 2. 正确对生产车间进行清场；2分 3. 正确更换设备状态标识；1分 4. 正确填写清场记录；3分 5. 粘贴清场副本于记录上；1分			
职业素养考核项目30%	穿戴规范、整洁；5分				
	无无故迟到、早退、旷课现象；5分				
	积极参加课堂活动，按时完成引导问题及笔记记录；10分				
	具有团队合作、与人交流能力；5分				
	具有安全意识、责任意识、服务意识；5分				
总分					

课后作业

1. 在下图中填写单冲压片机的结构。

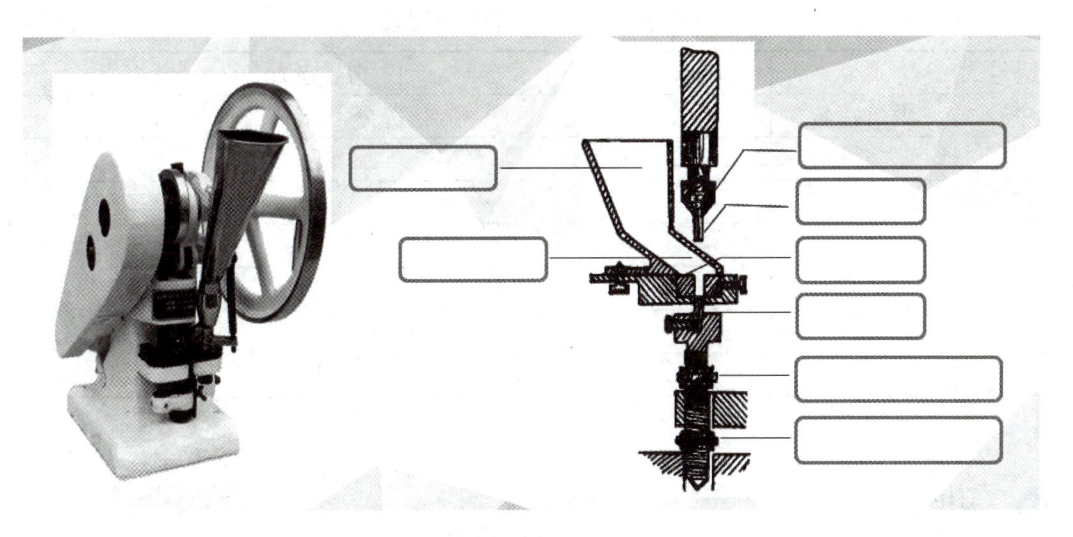

2. 压片前，应向物料中加入何种辅料？

任务5-2 片剂包衣

学习目标

1. 能正确选择糖包衣工艺流程中的包衣料；
2. 能规范操作荸荠式包衣机完成片剂糖包衣；
3. 能按照GMP要求完成包衣操作的清场和清洁；
4. 具有安全生产意识、质量第一意识及精益求精的工匠精神。

任务分析

包衣是指在特定设备中按特定工艺将糖料或其他能成膜的材料涂覆在药物固体制剂的外表面，使其干燥后成为紧密黏附在表面的一层或数层不同厚薄、不同弹性的多功能均匀保护层的制剂工艺。根据包衣材料性质的不同，片剂的包衣可分为包糖衣、薄膜包衣两大类。本次任务主要是学会使用滚转包衣法对素片进行包糖衣。

任务分组

表 5-2-1 学生任务分配表

组号		组长		指导老师	
序号	组员姓名	任务分工			

知识准备

一、包衣的目的

（1）提高美观度。包衣层中可着色，最后抛光，可显著改善片剂的外观。

（2）提高药物的稳定性。包衣具有防潮、避光、隔绝空气、阻断易挥发性成分挥发散失等作用。

（3）掩盖药物不良臭味。具有苦味、腥味的药物可包糖衣，如盐酸小檗碱片、氯霉素片等。

（4）控制药物释放部位。易在胃液中因酸性或胃酶破坏，以及对胃有刺激性并影响食欲，甚至引起呕吐的药物都可包肠溶衣，使其在胃中不溶，而在肠中溶解。

（5）避免药物的配伍变化。包衣可使有配伍变化的药物隔离，可将两种有化学性配伍禁忌的药物分别置于片芯和衣层，或制成多层片等。

（6）控制药物的释放速率。通过包衣可制成药物的缓释片等。

（7）采用不同颜色的包衣，可增加对药物的识别能力，提高用药的安全性。

二、包衣的方法

（1）滚转包衣法（锅包衣法） 是目前最常用的包衣方法，可用于糖衣片、薄膜衣片以及肠溶包衣等。滚转包衣法是通过使片剂在包衣锅中做滚转运动，使包衣材料一层层均匀黏附于片剂表面形成包衣的方法。包括普通滚转包衣法、埋管包衣法、高效锅包衣法等。

（2）流化包衣法 是将包衣液以雾化状态悬浮于一定流速空气中的片剂表面，以加热的空气使片剂表面溶剂挥发形成包衣的方法。

（3）压制包衣法 是指用压片机将包衣材料直接压制到片芯上形成包衣的方法。是目前较新的一种包衣方法。

三、荸荠式包衣机构造及工作原理

荸荠式包衣机是最基本、最常用的滚转式包衣设备。以荸荠式包衣机BY-100型为例，荸荠式包衣机的基本结构为：底座、立柱、包衣锅、托盘、电吹风、齿轮减速器、调速器。荸荠式包衣机（BY-100型）的结构特征：①本机锅体倾斜角为30°，为包衣抛光的最佳仰角；②采用齿轮作为传动的终端输出，具有运转平稳的特点；③热风干燥装置采用电吹风来加热。

荸荠式包衣机的工作原理：通过锅体顺时针旋转，使片芯在锅内翻滚，同时喷入包衣液，通过滑移摩擦研磨，使其在全部片芯上均匀分布，并向锅内通以热风，除去片剂表层水分，最后得到合格的包衣药片。

四、糖衣片的包衣材料与包衣过程

糖衣片是指用蔗糖为主要包衣材料制成的包衣片。

引导问题1：简述糖包衣的工艺流程。

____

____

____

引导问题2：糖包衣中包隔离层的作用是什么？常用的包衣材料是什么？

____

____

____

小提示

糖包衣的包衣材料与包衣过程

（1）包隔离层：是在片芯外包一层起隔离作用的水不溶性材料衣层。常用包衣材料为Ⅳ号丙烯酸树脂、玉米朊、邻苯二甲酸醋酸纤维素（CAP）。

（2）包粉衣层：将片芯边缘的棱角包圆的衣层，其作用为消除棱角。常用包衣材料为滑石粉及糖浆。

（3）包糖衣层：是在粉衣层外用蔗糖包一层蔗糖衣，以使其表面光滑、细腻。一般包8～15层。常用包衣材料为蔗糖水溶液。

（4）有色糖衣层：在糖衣层表面用加入适宜色素的蔗糖溶液包有色糖衣层，以增加美观，便于识别。常用包衣材料为有色糖浆。

（5）打光：是指在糖衣外涂上极薄的蜡层，使药片更光滑、美观，兼有防潮作用。常用材料为川蜡。

任务实施

一、生产前准备

（1）素片、配置好的包衣液；

（2）BY-100型荸荠式包衣机；

（3）BY-100型荸荠式包衣机标准操作规程。

二、荸荠式包衣机操作过程及要求

序号	步骤	操作方法及说明	质量要求
1	生产前检查	（1）检查环境，确定温度、相对湿度是否符合规定； （2）检查荸荠式包衣机全部连接件的紧固程度，检查是否已清洁合格； （3）从中间站领取检验合格的素片； （4）检查物料是否在有效期内	设备贴有完好、已清洁合格标识，物料贴有放行标识
2	生产	（1）更换设备状态标识 （2）插上电源，启动控制器上的开关，顺时针方向旋开主机开关，空车运转2min，以便判断有无故障	①试运行时应注意机器无异常杂音； ②严格按照SOP完成操作，完成生产指令中的生产任务

续表

序号	步骤	操作方法及说明	质量要求
2	生产	(3)将素片放入包衣锅内	
		(4)将调好的包衣液徐徐注入锅内搅和，调整好转速	
		(5)启动电吹风：根据物料自选加热挡位（二挡）	
		(6)待素片外表面全部均匀裹上包衣液，并干燥后，即可停机取出	
		(7)包衣结束后，将包衣好的糖衣片装入密封袋中，填写好物料标签，挂设备待清洁状态牌	
		(8)填写生产相关记录（操作过程实时填写）	
3	清洁和清场	(1)清洁包衣锅：用95%乙醇清洗包衣锅内表面，用布擦干；再进行包衣锅外表面的清洁	符合GMP清场与清洁要求
		(2)清洁台面：用95%乙醇清洁，用布擦干	
		(3)更换设备状态标识牌	
		(4)生产操作人员填写清场记录并签名，复核人员复核确认准确无误后签名	

评价反馈

项目名称	评价内容	评价标准	自评	互评	师评
专业能力考核项目70%	生产前检查10分	1. 正确检查环境，确定温度、相对湿度；2分 2. 正确检查复核设备状态标识；2分 3. 中间站领取物料；2分 4. 检查物料有效期；1分 5. 检查荸荠式包衣机全部连接件的紧固程度，检查荸荠式包衣机内表面、外部等是否清洁；3分			
	包衣操作50分	1. 正确更换设备状态卡；2分 2. 打开电源，开机运行，机器无卡阻；7分 3. 规范加料，不漏料；10分			

续表

项目名称	评价内容	评价标准	自评	互评	师评
专业能力考核项目70%	包衣操作50分	4. 转速调试合适；5分 5. 正确启动电吹风，使包衣片快速干燥、不粘连而细腻；10分 6. 糖衣厚度合适；5分 7. 正确收集试包衣与残留物料、不合格药片等；2分 8. 正确收集合格品并填写标识；4分 9. 收集袋称量、标识、扎带正确；5分			
	清场与记录10分	1. 正确更换状态标识；2分 2. 清除设备残留物料；2分 3. 清洁地面、台面；1分 4. 正确填写中间站台账；2分 5. 如实及时填写糖包衣记录、设备使用记录；2分 6. 正确填写清场记录；1分			
职业素养考核项目30%	穿戴规范、整洁；5分				
	无无故迟到、早退、旷课现象；5分				
	积极参加课堂活动，按时完成引导问题及笔记记录；10分				
	具有团队合作、与人交流能力；5分				
	具有安全意识、责任意识、服务意识；5分				
总分					

课后作业

1. 请写出BY-100型荸荠式包衣机的结构

（1）________________；（2）________________；（3）________________；

（4）________________；（5）________________；（6）________________；

（7）________________。

2. 简述包衣的目的。

任务5-3 片剂质量检查

学习目标

1. 能明确片剂质量检查的项目并阐述各项检测的原理；

2. 能规范操作万分之一电子天平、硬度仪及脆碎度仪完成片剂相应质量检查项目的检测并正确判断结果；

3. 能分析片剂重量差异、硬度及脆碎度不合格的原因；

4. 具有一丝不苟和实事求是的求真精神。

任务分析

为了保证片剂的安全性、有效性、均一性和稳定性，在片剂完成制备后需要对其质量进行检查。片剂的质量检查项目包括重量差异、硬度、脆碎度、崩解时限等。本任务主要是学会片剂的重量差异检查、硬度检查及脆碎度检查。

任务分组

见表5-3-1。

表5-3-1　学生任务分配表

组号		组长		指导老师	
序号	组员姓名	任务分工			

知识准备

一、重量差异检查

重量差异是指按照规定称量方法测得片剂每片的重量与平均片重之间的差异程度。片剂在生产过程中，由于颗粒的均匀度和流动性，以及工艺、设备和管理等原因，每片片剂的重量会存在差异。片重的差异会造成各片之间主药含量的差异，因此重量差异检查是控制片剂均匀性、保证临床用药剂量准确性和安全性的快速、简便的检查方法。

糖衣片的片芯应检查重量差异并符合规定，包糖衣后不再检查重量差异。薄膜衣片应在包薄膜衣后检查重量差异并符合规定。凡规定检查含量均匀度的片剂，一般不再进行重量差异检查。

引导问题1： 取某药片20片，称得平均片重为0.50g，最重的片重为0.56g，请问该药品质量是否合格？

小提示

重量差异检查法，应取供试品20片，精密称定总重量，求得平均片重后，再分别精密称定每片的重量，每片重量与平均片重相比较，超出重量差异限度的不得多于2片，并不得有1片超出限度1倍（表5-3-2）。

表5-3-2 不同片重或标示片重的重量差异限度

平均片重或标示片重	重量差异限度
0.30g以下	±7.5%
0.30g及0.30g以上	±5%

二、硬度检查

片剂的硬度是指采用机械动力对片剂施以挤压直至破碎，片剂承受的最大力值。它是片剂药品质量的重要指标，涉及片剂的外观质量和内在质量。片剂应有足够的硬度，以免在包装、运输等过程中破碎或被磨损，以保证剂量准确，但当硬度过大时，会在一定程度上影响片剂的崩解度和释放度。

引导问题2： 可以用什么仪器测定片剂的硬度？其原理是什么？

小提示

片剂的硬度通常采用硬度仪进行测定。测定时，将被测药品放置于仪器的测试平台上，位于探头与测试平台之间。启动仪器后，探头自动移动，对被测药品施加挤压力，压力传感器将信号传递至显示屏上显示出硬度数值。随着压力逐渐变大，硬度数字将随之逐渐增大。当被测药品被挤压破损时，硬度显示数字达到最大，即为被测药品的硬度值。

三、脆碎度检查

片剂的脆碎度是指片剂在受到震动或摩擦之后容易引起碎片、顶裂或破裂等的程度，反映片剂的抗磨损抗震动能力，也是片剂质量标准检查的重要项目，通常用损失重量与原始样品重量的百分比来表示。

引导问题3：可以如何模拟片剂在运输过程中受到的震动和摩擦？

____

____

____

____

____

小提示

脆碎度检查时片重为0.65g或以下者取若干片，使其总重约为6.5g；片重大于0.65g者取10片。用吹风机吹去片剂脱落的粉末，精密称重，置圆筒中，转动100次，设置转速为（25±1）r/min。取出，同法除去粉末，精密称重，减失重量不得超过1%，且不得检出断裂、龟裂及粉碎的片。本试验一般仅做1次。如减失重量超过1%时，应复测2次、3次的平均减失重量不得超过1%，并不得检出断裂、龟裂及粉碎的片。

$$脆碎度=\frac{检测前的重量-检测后的重量}{检测前的重量}\times100\%$$

任务实施

一、质量检查前准备

（1）压制好的素片；

（2）万分之一电子天平、硬度仪、脆碎度仪、称量瓶、镊子、吹风机。

二、片剂质量检查操作过程及要求

序号	步骤	操作方法及说明	质量要求
1	质检前检查	(1)检查生产环境，确定温度、相对湿度是否符合规定； (2)检查物料的相关信息； (3)检查万分之一电子天平、硬度仪、脆碎度仪的检定合格证是否在有效期内； (4)检查万分之一电子天平、硬度仪、脆碎度仪的状态标识； (5)调整电子天平处于水平状态； (6)在电子天平预热半小时后进行校准	① 环境温度应控制在10～30℃，相对湿度在35%～80%； ② 电子天平的调平以气泡移至圆圈以内即为水平； ③ 其他检查项均符合要求
2	重量差异检查	(1)更换设备状态标识	① 取样量应为20片； ② 称量过程中严禁移动电子天平； ③ 应关闭天子天平的所有玻璃窗，待数字稳定后再读数； ④ 记录应及时准确、真实完整
		(2)取称量纸置于电子天平，按TARE键去皮 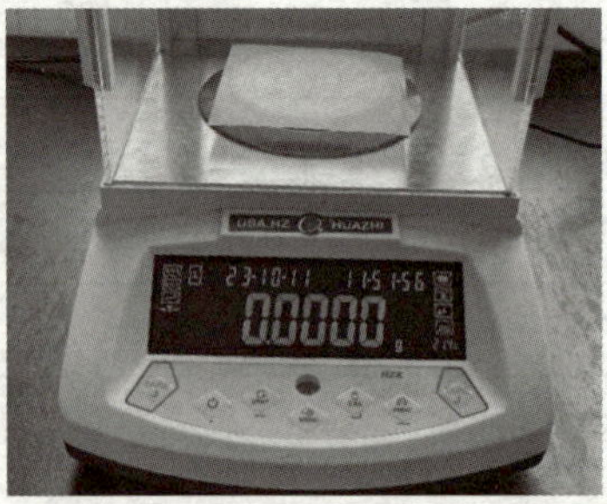	
		(3)取20片素片置于称量纸之上，精密称定总重量并记录 	
		(4)采用递减称量法，分别精密称定每片重量并记录，之后关闭电子天平 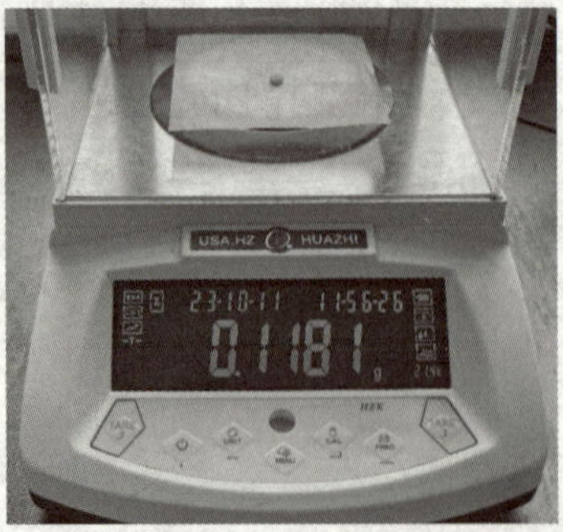	
		(5)根据片剂重量差异限度判断是否合格	
		(6)填写相关记录(操作过程中实时填写)	

续表

序号	步骤	操作方法及说明	质量要求
3	硬度检查	(1)更换设备状态标识	① 取样量应为6片; ② 严格按照SOP完成生产操作任务; ③ 记录应及时准确、真实完整
		(2)打开硬度仪电源开关进入操作界面，根据测量药片直径大小，设定两个压头之间的间距	
		(3)选择操作模式为连续运行。按下“确认”键开始，根据屏幕提示覆盖上次实验数据，电机回到初始位置，进入测量状态	
		(4)将药片平放入两压头之间，药片压碎后压头自动回退，屏幕显示当前数值，按下“确认”键，仪器又处于测量状态。每次压片后可用毛刷清理残留碎片，并记录结果 	
		(5)取6片药片往复进行操作，得出平均值	
		(6)药片测完后按下“退出”键，记录并统计各项数据结果后，关闭电源	
		(7)根据片剂硬度要求判断是否合格(如有可疑数据应按规定进行取舍)	
		(8)填写相关记录(操作过程中实时填写)	
4	脆碎度检查	(1)更换设备状态标识	① 取样量应为10片; ② 称量过程中严禁移动电子天平; ③ 应关闭天子天平的所有玻璃窗，待数字稳定后再读数; ④ 记录应及时准确、真实完整
		(2)打开片剂脆碎度测定仪，设置转速为25r/min，设置运行圈数为100，设置旋转方向为单方向	
		(3)取10片药片，用吹风机吹去脱落粉末并观察其外观形状	
		(4)精密称定总重量并记录	
		(5)将已称重的药品放置于轮鼓中，盖上轮鼓盖，套上转轴，拧紧螺母，按[启动]键开始 	

续表

序号	步骤	操作方法及说明	质量要求
4	脆碎度检查	(6)待仪器停止转动后，用小毛刷将轮鼓中的药品全部取出，用吹风机吹去脱落粉末，精密称重并记录	
		(7)根据片剂脆碎度计算公式计算出结果并判断是否合格	
		(8)填写相关记录(操作过程中实时填写)	
5	清洁	(1)清洁电子天平、硬度仪和脆碎度测定仪	符合GMP清洁要求
		(2)更换设备状态标识	

三、片剂质量检查过程中出现的问题及解决办法

引导问题4：请写出本组片剂质量检查过程中出现的问题及解决办法。

问题：____

解决办法：____

评价反馈

项目名称	评价内容	评价标准	自评	互评	师评
专业能力考核项目70%	质检前检查11分	1. 正确检查环境，确定温度、相对湿度；2分 2. 正确检查物料的相关信息；2分 3. 正确检查设备状态标识；2分 4. 正确检查仪器的检定合格证；2分 5. 正确调整电子天平至水平状态，预热并校准；3分			

续表

项目名称	评价内容	评价标准	自评	互评	师评
专业能力考核项目70%	重量差异检查22分	1. 正确更换设备状态标识；1分 2. 取样量符合要求；1分 3. 正确使用天平精密称定每片重量并记录；10分 4. 正确计算重量差异；3分 5. 正确判断结果；2分 6. 正确填写重量差异检查相关记录；3分 7. 正确清洁；1分 8. 正确更换设备状态标识；1分			
	硬度检查16分	1. 正确更换设备状态标识；1 2. 取样量符合要求；1分 3. 正确设置设备参数；1分 4. 正确摆放药片完成硬度测量；6分 5. 正确判断结果；2分 6. 正确填写硬度检查相关记录；3分 7. 正确清洁；1分 8. 正确更换设备状态标识；1分			
	脆碎度检查21分	1. 正确更换设备状态标识；1分 2. 取样量符合要求；1分 3. 正确调整天平为水平状态并开机预热；2分 4. 正确检查药片性状；1分 5. 正确使用天平精密称定药片总重量并记录；2分 6. 正确打开脆碎度仪并设置设备参数；1分 7. 正确拆装轮鼓并装入药片；1分 8. 正确使用吹风机吹去粉末；1分 9. 正确计算脆碎度；4分 10. 正确判断结果；2分 11. 正确填写脆碎度检查相关记录；3分 12. 正确清洁；1分 13. 更换设备状态标识；1分			
职业素养考核项目30%	穿戴规范、整洁；5分				
	无无故迟到、早退、旷课现象；5分				
	积极参加课堂活动，按时完成引导问题及笔记记录；10分				
	具有团队合作、与人交流能力；5分				
	具有安全意识、责任意识、服务意识；5分				
总分					

课后作业

1. 有哪些因素会造成片剂重量差异超限？

2. 有哪些因素会造成片剂的硬度不合格？

3. 有哪些因素会造成片剂的脆碎度不合格？

项目6 胶囊剂制备

任务6-1 硬胶囊的填充

学习目标

1. 能正确描述手工胶囊填充板的结构组成；
2. 能规范操作手工胶囊填充板完成硬胶囊的填充；
3. 能按照GMP要求完成硬胶囊填充的清场和清洁；
4. 具有耐心细致的工作态度和爱岗敬业的劳模精神。

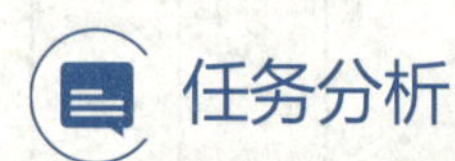

任务分析

胶囊剂是指将药物填充于空心硬质胶囊或密封于软质囊材中制成的固体制剂，是临床常用的剂型之一，其品种数量仅次于片剂和注射剂。胶囊剂按硬度可分为硬胶囊和软胶囊，按溶解与释放特性可分为肠溶胶囊、缓释胶囊和控释胶囊等。硬胶囊是将药物（包括药材粉末或提取物）或加辅料制成均匀的粉末或颗粒，填充于硬质空心胶囊中制成的。本任务主要是学会使用胶囊填充板填充药物。

任务分组

见表6-1-1。

表6-1-1 学生任务分配表

组号		组长		指导老师	
序号	组员姓名	任务分工			

知识准备

胶囊剂主要供口服，也可以用于直肠、阴道或植入等，具有掩味、提高药物的稳定性及生物利用度、可弥补其他固体制剂的不足、可延缓或定位释放药物等优点。但因制备囊材的主要原料是明胶（具有水溶性），所以部分药品不宜制成胶囊剂：①药物的水溶液或稀乙醇溶液，可使胶囊壁溶胀或溶解；②易溶性药物和小剂量的刺激性药物，由于胶囊壳溶解后，迅速释药，可使药物局部浓度过高而加剧对胃黏膜的刺激；③易风化性药物，可使胶囊壁软化；④吸湿性强的药物，可使胶囊壁脆裂。

硬胶囊的一般制备工艺流程见图6-1-1。

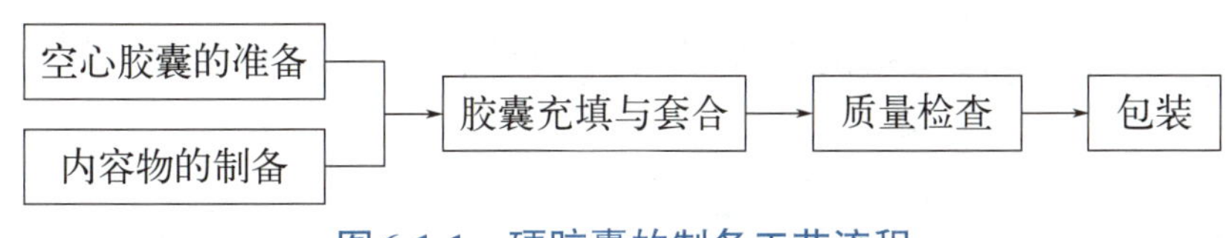

图6-1-1 硬胶囊的制备工艺流程

一、空心胶囊的准备

空心胶囊呈圆筒状，质硬且有弹性，由可套合或锁合的囊帽和囊体两节组成，分为透明（两节均不含遮光剂）、半透明（仅一节含遮光剂）及不透明（两节均含遮光剂）三种。制备空心胶囊的主要原料为明胶。明胶具有脆碎性，弹性较差，为了增加空胶囊的坚韧性与可塑性，提高其质量，可适当加入羧甲基纤维素钠、山梨醇、甘油等作增塑剂；可加入蔗糖或蜂蜜以增加硬度和矫味；可加入色素增加美观和便于识别；还可加入羟苯酯类化合物以防腐等。

引导问题1：空心胶囊的大小有哪些规格？

____

____

小提示

空心胶囊的大小规格用号码表示。市售的硬胶囊一般有八种规格，即000、00、0、1、2、3、4和5号，其中000号最大、5号最小，较常用的是0～5号空心胶囊。由于药物填充多用容积控制，而各种药物的密度、晶型、细度以及剂量不同，所占的体积也不同，故必须选用适宜大小的空心胶囊，空心胶囊的选择可通过试装来决定。

二、内容物的制备

可根据药物性质和临床需要制备成不同形式的内容物。

（1）粉末　若单纯药物粉末能满足填充要求，一般将药物粉碎至适宜细度，加适宜辅料（如稀释剂、助流剂等）混合均匀后直接填充。粉末是最常见的胶囊内容物。

（2）颗粒　即将一定量的药物加适宜的辅料（如稀释剂、崩解剂等）制成颗粒。粒度比一般颗粒剂细，一般为小于40目的颗粒，颗粒也是较常见的胶囊内容物。

（3）小丸　将药物制成普通小丸、速释小丸、缓释小丸、控释小丸或肠溶小丸单独填充或混合后填充，必要时加入适量空白小丸做填充剂。

（4）其他　将原料药物制成包合物、固体分散体、微囊或微球填充；或将药物制成溶液、混悬液、乳状液等采用特制灌囊机填充于空心胶囊中，必要时密封。

三、胶囊的填充

填充应在温度25℃左右、相对湿度45%～55%的环境中进行，以保持胶囊壳有合适的硬度、韧性、脆性，保证胶囊充填的质量。小剂量药品可用胶囊填充板填充。

引导问题2：胶囊填充板由哪些部件构成，各自有什么作用？

____

____

____

____

____

小提示

一套胶囊填充板包括排列板、帽板、中间板、体板、压粉板和刮粉板六个组成部分。体板主要是用于放置胶囊体及填充药物，帽板是用于放置胶囊帽，排列板可以使胶囊体和胶囊帽落入对应的板内，中间板起到衔接体板和帽板的作用，压粉板可以促使胶囊帽和胶囊体套合，刮粉板可以使药物填充均匀。

大规模生产时采用全自动胶囊填充机填装药物，其主要结构包括机架、胶囊回转台、胶囊送进机构、胶囊分离机构、粉剂填充机构、颗粒填充机构、废胶囊剔除机构、胶囊封合机构、成品胶囊排出机构等。由于每一个机构的操作工序均需要占用一定的时间，因此，一般将主工作盘设计成间歇转动的运动方式，通过传动系统将运动传递给各机构，完成胶囊填充，具体操作工序见图6-1-2。

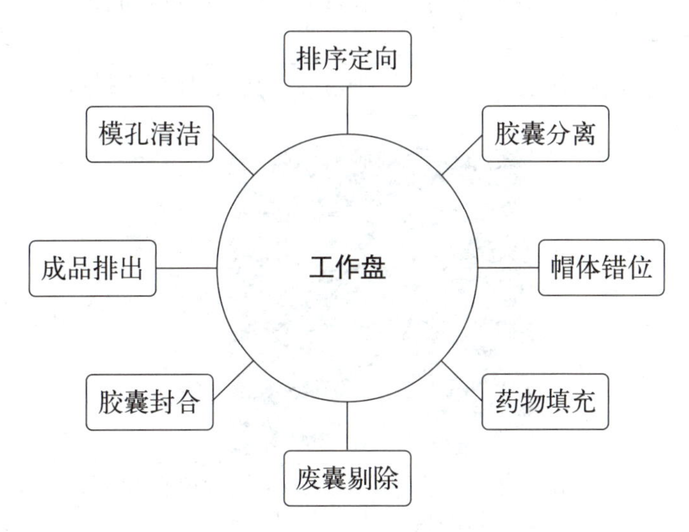

图6-1-2　全自动胶囊填充机填装药物操作工序

任务实施

一、生产前准备

（1）总混后的颗粒、空胶囊壳；

（2）胶囊填充板、药典筛、纱布。

二、胶囊填充板填充操作过程及要求

序号	步骤	操作方法及说明	质量要求
1	生产前检查	(1)检查生产环境，确定温度、相对湿度是否符合规定； (2)检查物料的相关信息； (3)检查胶囊填充板、药典筛、纱布的状态标识	①环境温度应控制在18～26℃，相对湿度在45%～65%； ②检查项均符合要求

续表

<table>
<tr><th>序号</th><th>步骤</th><th>操作方法及说明</th><th>质量要求</th></tr>
<tr><td rowspan="8">2</td><td rowspan="8">生产</td><td>（1）更换设备状态标识</td><td rowspan="8">① 产量：不少于100粒；
② 生产的胶囊应外观完整、光洁，无药粉附着；
③ 记录应及时准确、真实完整</td></tr>
<tr><td>（2）将空胶囊分离为上、下两节，剔除破裂胶囊体，并分别放置</td></tr>
<tr><td>（3）将排列板置于体板上，对齐后将胶囊体置于排列板之上 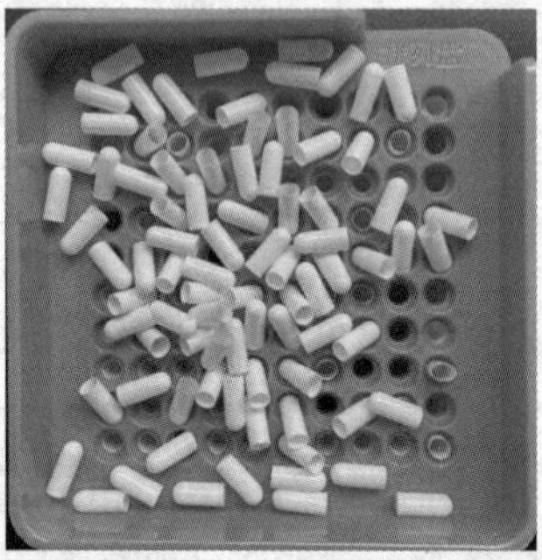</td></tr>
<tr><td>（4）挡住排列板出料口，轻轻振动，将胶囊体填满体板，保持其胶囊口与面板模孔处于同一平面</td></tr>
<tr><td>（5）拿下排列板，检查胶囊体填进体板的情况，将空缺位置填满，如出现胶囊体倒置在体板内，另取胶囊帽将其吸出并重新放置。之后倾出多余胶囊体 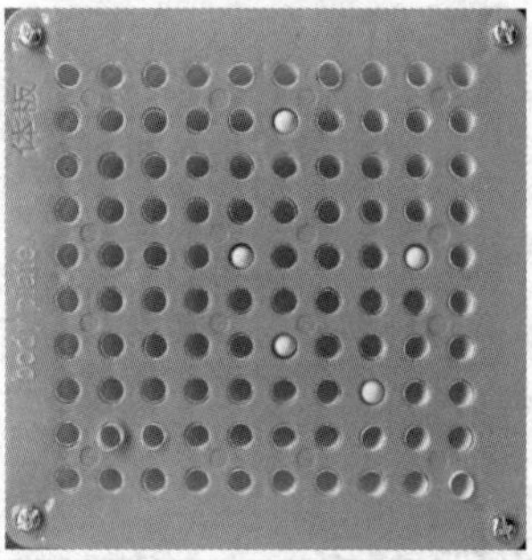</td></tr>
<tr><td>（6）将排列板置于帽板上，把胶囊帽置于排列板上</td></tr>
<tr><td>（7）挡住排列板出料口，轻轻振动，将胶囊帽填满帽板</td></tr>
<tr><td>（8）拿下排列板，检查胶囊帽填进帽板的情况，将空缺位置填满，如出现胶囊帽倒置在帽板内，另取胶囊体将其吸出并重新放置。之后倾出多余胶囊帽 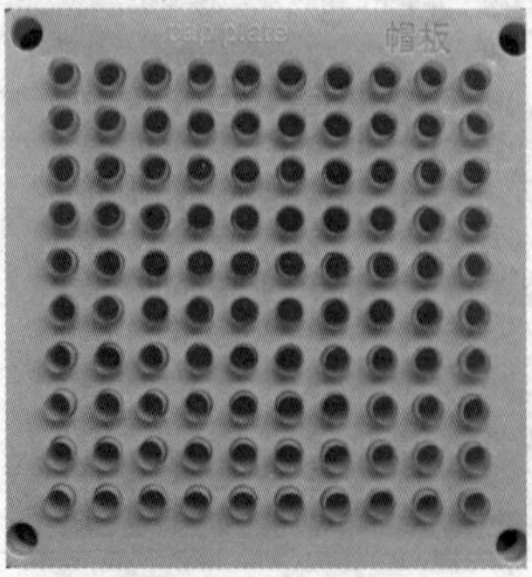</td></tr>
</table>

续表

序号	步骤	操作方法及说明	质量要求
2	生产	(9)将挡粉板置于体板上，加入颗粒，多次用刮粉板将颗粒刮满胶囊体并振荡。之后取下排列板，将体板上多余的颗粒倾出 	
		(10)将中间板扣在帽板上，然后翻转 180°，再放置于体板上并对准 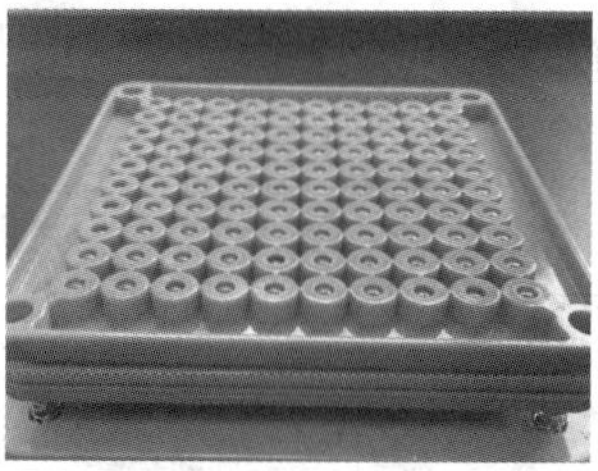	
		(11)用手均匀轻轻按压帽板，待胶囊帽口与胶囊体口稍微结合，再将压粉板置于帽板上均匀使劲向下压到底 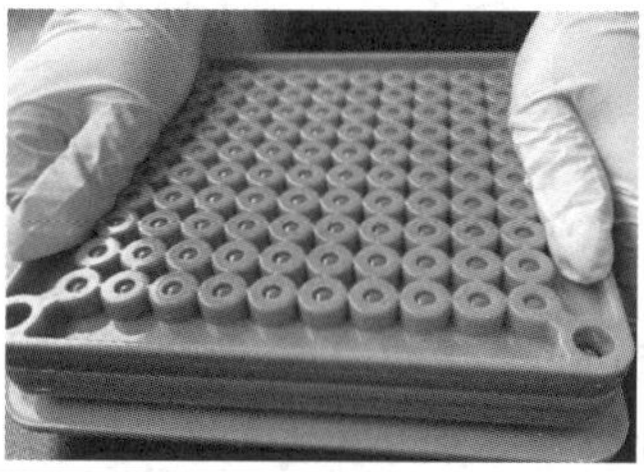	
		(12)取出帽板和中间板，将装好的胶囊倒入筛里，筛除多余的药粉 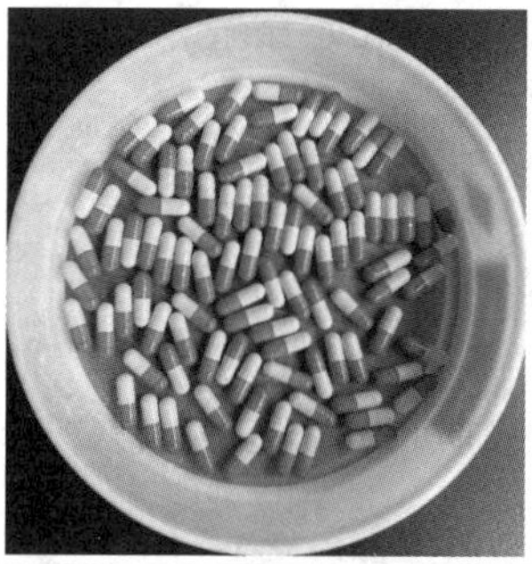	
		(13)用干净的纱布包好胶囊，用手轻轻搓擦，以拭去胶囊表面的药粉	

续表

序号	步骤	操作方法及说明	质量要求
2	生产	(14)将胶囊装入密封袋中，填写好物料标签	
		(15)生产的产品移交至中间站	
		(16)填写相关记录(操作过程中实时填写)	
3	清洁和清场	(1)清洁清场：用95%乙醇清洗胶囊填充板表面，用浅色抹布擦干；用深色抹布擦拭操作台	符合GMP清场与清洁要求
		(2)更换设备状态标识	
		(3)复核：QA对清场情况进行复核，复核合格后发放清场合格证(正本、副本)	
		(4)填写清场记录(操作过程中实时填写)	

三、硬胶囊填充过程中出现的问题及解决办法

引导问题3：请写出本组硬胶囊填充过程中出现的问题及解决办法。

问题：______________________________

____

解决办法：______________________________

____

____

评价反馈

项目名称	评价内容	评价标准	自评	互评	师评
专业能力考核项目70%	生产前检查8分	1. 正确检查环境，确定温度、相对湿度；2分 2. 正确检查设备状态标识；3分 3. 正确检查物料的相关信息；3分			
	生产过程52分	1. 正确更换设备状态标识；2分 2. 正确分离胶囊体和胶囊帽并检查；5分 3. 正确填充体板；5分 4. 正确填充帽板；5分 5. 正确填充药物；5分 6. 正确套合胶囊；5分 7. 正确过筛；5分 8. 正确收集破损胶囊体与残留物料、不合格硬胶囊等；5分 9. 正确收集合格品并填写标识；5分 10. 正确交接中间产品至中间站；5分 11. 正确填写相关记录；5分			

续表

项目名称	评价内容	评价标准	自评	互评	师评
专业能力考核项目70%	清场与记录10分	1. 正确更换设备状态标识；2分 2. 正确处理设备残留物料；1分 3. 清洁地面、台面；1分 4. 正确填写清场记录；5分 5. 粘贴清场副本于记录上；1分			
职业素养考核项目30%	穿戴规范、整洁；5分				
	无无故迟到、早退、旷课现象；5分				
	积极参加课堂活动，按时完成引导问题及笔记记录；10分				
	具有团队合作、与人交流能力；5分				
	具有安全意识、责任意识、服务意识；5分				
总分					

课后作业

1. 请写出胶囊填充板的结构。

（1）____________；（2）____________；（3）____________；

（4）____________；（5）____________；（6）____________。

2. 请写出胶囊填充板填充药物的工艺流程。

任务6-2　软胶囊的制备

学习目标

1. 能正确描述滚模式软胶囊机的结构组成；
2. 能正确设置滚模式软胶囊机的各项参数；
3. 能规范操作滚模式软胶囊机完成软胶囊的制备；
4. 能按照GMP要求完成软胶囊填充的清场和清洁；
5. 具有安全生产和精益求精的工匠精神。

任务分析

软胶囊是指将一定量的液体原料药物直接密封，或将固体原料药物溶解或分散在适宜的辅料中制备成溶液、混悬液、乳状液或半固体，密封于软质囊材中的胶囊剂。本任务主要是学会使用滚模式软胶囊机制备软胶囊。

任务分组

见表6-2-1。

表6-2-1 学生任务分配表

组号		组长		指导老师	
序号	组员姓名	任务分工			

知识准备

一、囊材与内容物的要求

软质囊材一般由明胶、甘油或其他适宜的药用辅料单独或混合制成，其与硬胶囊的主要区别是其中加入了较多的增塑剂，以保证软胶囊具有可塑性强、弹性大的特点。增塑剂常用甘油、山梨醇或者两者的混合物，增塑剂的用量与软胶囊成品的软硬度有关，增塑剂比例大则成品柔软，反之就会变得坚硬，一般干增塑剂：水：甘油=1 ：1 ：（0.4 ～ 0.6）。配制时，将按比例称好的囊材置于适当的容器中，让明胶充分溶胀，混匀后加热至70 ～ 80℃，搅拌溶解，静置保温1 ～ 2h，待泡沫上浮后，除去容器中的气泡，过滤，保温待用。

软胶囊中可填装各种油类、对明胶无溶解作用的液体药物及药物溶液，液体药物含水量不应超过5%，可以填装药物混悬液、半固体和固体。

二、制备方法

软胶囊的制备方法包括压制法和滴制法两种。滴制法制成的软胶囊呈圆球形而无缝，故又称为无缝胶丸，此法具有设备简单、投资少、几乎不产生废胶、成本低等特点，但不适合单剂量大的药物。压制法制成的软胶囊中间有缝，故又称为有缝胶丸，该法具有产量大、自动化程度高、成品率高、剂量准确等优点，目前被广泛应用。

压制法制备软胶囊是先由明胶与甘油、水等溶解而成的胶液制备成厚薄均匀的胶带，再将药液置于两片胶带之间，最后用钢模压制即得软胶囊剂。其制备工艺流程见图6-2-1。

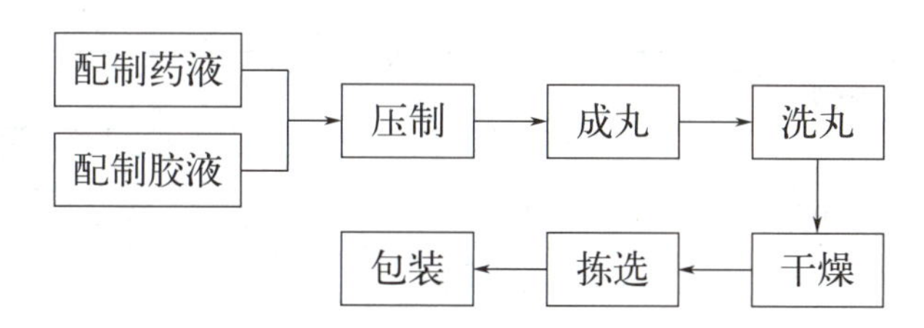

图6-2-1 压制法制备软胶囊的工艺流程

根据设备的不同，压制法软胶囊机可分为滚模式软胶囊机和平板模式软胶囊机。常见的是滚模式软胶囊机，其全自动生产线由溶胶系统、配料系统、主机压丸系统、干燥系统和网胶回收系统（见图6-2-2）五部分构成。

图6-2-2 滚模式软胶囊机

引导问题1：滚模式软胶囊机的主机由哪些组成部分？

____

____

____

小提示

滚模式软胶囊机的主机主要包括制胶带机构和滚压制囊机构两个部分。制胶带机构包括左右明胶盒、插接式电加热棒、厚度调节板、胶带鼓轮、胶带传送滚轴和油辊；滚压制囊机构包括药液储槽、填充泵、楔形注入器（喷体)、插接式电加热棒、滚模及下丸器。

引导问题2：滚模式软胶囊机是如何压制软胶囊的？

____

____

____

____

____

____

____

____

小提示

滚模式软胶囊机在工作时，制备好的胶液在洁净压缩空气的作用下分别经左右保温输胶管达到两侧的明胶盒。明胶液通过明胶盒下方的开口，依靠自身重力涂布于胶带鼓轮上后冷却定型成一定厚度的胶带。随后胶带在导杆和传送滚轴的作用下被送入两滚模与楔形注入器之间。同时，药液由填充泵经导管进入楔形注入器内，借助填充泵的压力药液被喷入滚模上的两胶带之间。药液的温度使胶带发生形变填满滚模凹槽，此时两条胶带因填充满药液呈两个半囊形。当滚模因连续转动从凹槽转至对应凸起对合处时，在机械压力下两侧胶带被挤压黏结，两个半囊形合成一个胶囊将药液包封其内，剩余的胶带被切断分离成胶网。形成的胶囊在下丸器的作用下依次落入导向斜槽内，由输送机送至干燥转笼处进行干燥定型。

任务实施

一、生产前准备

（1）配制好的胶液与料液；

（2）滚模式软胶囊机、胶皮测厚仪、电子天平、称量纸。

二、滚模式软胶囊机制备软胶囊操作过程及要求

<table>
<tr><th>序号</th><th>步骤</th><th>操作方法及说明</th><th>质量要求</th></tr>
<tr><td>1</td><td>生产前检查</td><td>(1)检查环境，确定温度、相对湿度是否符合规定；
(2)检查物料的相关信息；
(3)检查设备状态标识；
(4)检查电子天平和胶皮测厚仪的检定合格证是否在期限内，调平天平并预热；
(5)检查滚模的规格是否符合要求，检查滚模是否缺角、磨损，配件（变换齿轮、楔形喷体、分流板、各种密封垫子）是否与滚模配套；
(6)检查主机润滑油箱和胶皮润滑油箱内的液态石蜡油位是否符合要求，检查供料泵壳体内液态石蜡是否充足；
(7)检查左右滚模刻线是否对准，喷体与模具、喷药与合缝应协调； 
(8)检查进料管和回料管是否连接完好 </td><td>① 环境温度应控制在 18～26℃，相对湿度在 45%～65%；
② 电子天平的调平以气泡移至圆圈以内即为水平；
③ 其他检查项均符合要求</td></tr>
</table>

续表

<table>
<tr><th>序号</th><th>步骤</th><th>操作方法及说明</th><th>质量要求</th></tr>
<tr><td rowspan="5">2</td><td rowspan="5">生产</td><td>（1）更换设备状态标识</td><td rowspan="5">① 试压时开始填写记录，内容包括设备所有参数及软胶囊装量；
② 生产过程中应不间断检查模具是否错位；
③ 药品的数量、质量应符合要求</td></tr>
<tr><td>（2）打开主机控制面板，设置药液料斗保温温度为30～40℃，胶液温度设置为55～65℃，鼓轮水温设置为15～22℃，喷体温度设置为38～58℃，转速设置为2.5～5.5r/min 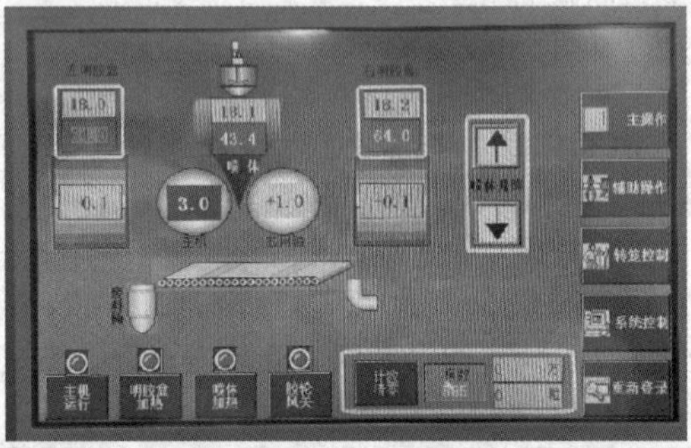</td></tr>
<tr><td>（3）点击主操作界面“明胶盒加热”；点击辅助操作界面“制冷系统”“上料斗加热”“伴热带加热”，开启胶皮润滑系统开关和拉网轴开关</td></tr>
<tr><td>（4）将胶液保温桶的出料口用胶管与主机明胶盒连接，并在胶管外包裹加热套，连接左右展布箱，连接加热管温度传感器；将药液保温桶的出料口用胶管与主机料斗连接 </td></tr>
<tr><td>（5）调整主机两侧明胶盒的前板，使其与胶皮轮完全接触，即间隙为0 </td></tr>
</table>

续表

序号	步骤	操作方法及说明	质量要求
2	生产	(6)待温度升高，达到设置温度，开启压缩空气(0.03～0.08MPa)，打开胶液阀门，使胶液缓慢流入展布箱，调节好展布箱前板间隙，使胶液均匀输出	
		(7)点击“开机”，启动主机、左右润滑系统。观察左右润滑轮，应由轻质液体石蜡润滑胶皮	
		(8)将两条胶皮分别送入机头两侧传动轴和油滚轴，经导向轴后进入两滚模之间，再通过下丸器两六方轴间和拉网轴间的间隙，使胶皮进入剩胶桶 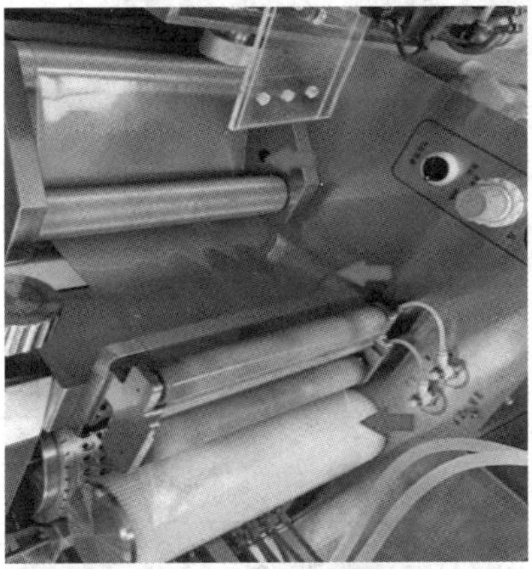 	
		(9)点击喷体“↓”键，下降喷体 	

续表

序号	步骤	操作方法及说明	质量要求
2	生产	（10）用胶皮测厚仪测量左右两边胶皮厚度及均匀度，根据结果调整胶皮厚度至0.7～1.0mm，且均匀度应一致 	
		（11）将气动夹模开关旋至“加压”位置，使左右滚模贴合，调整前后气缸压力旋钮（0.2～0.3MPa），至胶囊从滚模间顺利切断为宜。将气动夹模开关旋至“加压”位置，推回供料板组合上的开关杆，使喷体喷液	
		（12）检查试压的含石蜡的软胶囊接缝、丸型是否符合要求	
		（13）调节料桶上减压阀（0.03～0.06MPa），使料液进入主机料斗内，待石蜡完全排出，关闭喷体，将气动夹模开关旋至“复位”位置	
		（14）当喷体升温达到设定温度后，将气动夹模开关旋至“加压”位置，推回供料板组合上的开关杆，使喷体喷液	
		（15）检查试压的含药物的软胶囊接缝、丸型、装量差异、胶皮厚度是否符合要求	
		（16）正式生产，完成软胶囊压制不少于300粒	
		（17）停机时，先关闭喷体，再关闭压缩空气和保温桶出胶阀门，关闭制冷系统，最后关闭输胶管和左右展布箱的加热系统	
		（18）生产的产品移交至干燥室	
		（19）填写相关记录（操作过程中实时填写）	
3	清洁和清场	（1）用热布擦洗滚模，用酒精喷洗模具；用20℃清水清洗输药管道后装入液体石蜡加以保护	符合GMP清场与清洁要求
		（2）拆下明胶盒和输胶管道，用90℃热水清洗	
		（3）将保温桶、周转容器、工用器具清洗干净	
		（4）对生产场地的地面、回风口、地漏、顶棚等进行清洁	

续表

序号	步骤	操作方法及说明	质量要求
3	清洁和清场	(5)更换设备状态标识	
		(6)复核：QA对清场情况进行复核，复核合格后发放清场合格证(正本、副本)	
		(7)填写清场记录(操作过程中实时填写)	

三、压制软胶囊过程常见问题分析及解决办法

问题	主要原因	解决办法
胶丸形状不对称	两侧胶膜厚度不一致	校正两侧胶膜厚度使其一致
滚模对线错位	机头后面对线机构未锁紧	重新校对滚模同步并将螺钉锁紧
胶膜粘在鼓轮上	鼓轮温度过高或胶液温度过高	降低鼓轮温度
胶丸畸形	①胶膜太薄； ②环境温度低，注入器温度不适宜； ③内容物流动性差； ④内容物温度高； ⑤滚模模腔未对齐	①调节胶膜厚度； ②调节环境温度和注入器温度； ③改善内容物流动性； ④改善内容物温度； ⑤重新校对滚模同步
胶丸封口破裂	①胶膜太厚； ②注入器温度太低； ③滚模模腔未对齐； ④环境温度过高或湿度太大	①降低胶膜厚度 ②升高注入器温度 ③重新校对滚模同步 ④降低环境温度或湿度
胶丸中有气泡	①料液过稠夹有气泡； ②供液管路密封不严； ③注入器变形或位置不正； ④明胶盒内硅胶管损坏	①排除料液中气泡； ②更换密封配件； ③更换或调整注入器； ④更换明胶盒内硅胶管
胶丸接缝太宽、不平、张口或重叠	①滚模损坏或注入器损坏； ②供料泵喷注定时不准； ③滚模模腔未对齐； ④滚模压力小	①更换滚模或注入器； ②重新校准喷注同步； ③重新校对滚模同步； ④调节压紧模具手轮

引导问题3：请写出本组压制软胶囊过程中出现的问题及解决办法。

问题：____

____

____

解决办法：____

____

____

评价反馈

<table>
<tr><th>项目名称</th><th>评价内容</th><th>评价标准</th><th>自评</th><th>互评</th><th>师评</th></tr>
<tr><td rowspan="3">专业能力考核项目
70%</td><td>生产前检查与准备
10分</td><td>1. 正确检查环境，确定温度、相对湿度；2分
2. 正确检查设备状态标识；1分
3. 正确检查物料的相关信息；1分
4. 正确检查量具合格证及有效期；2分
5. 正确调平天平并预热；2分
6. 正确检查滚模、润滑油、进料管和回料管；2分</td><td></td><td></td><td></td></tr>
<tr><td>生产过程
50分</td><td>1. 正确更换设备状态标识；2分
2. 正确连接输胶管道与输液管道；4分
3. 正确设置各项参数；4分
4. 正确操作控制面板开机；3分
5. 正确调整明胶盒前板；4分
6. 正确引导胶皮通过完整路径进入剩胶桶内；4分
7. 正确调整喷体位置；2分
8. 正确测量并判断胶皮厚度是否符合要求；2分
9. 正确加压和复位滚模；4分
10. 正确开关喷体；4分
11. 正确检查并判断试压软胶囊是否合格；4分
12. 正确停机；4分
13. 正确收集合格品并填写标识；2分
14. 正确交接中间产品至中间站；2分
15. 正确填写相关记录；5分</td><td></td><td></td><td></td></tr>
<tr><td>清场与记录
10分</td><td>1. 正确更换设备状态标识；1分
2. 正确清洗模具、滚模与输液管道；3分
3. 正确拆洗明胶盒与输胶管道；2分
4. 正确处理设备残留物料；1分
5. 清洁地面、台面；1分
6. 正确填写清场记录；1分
7. 粘贴清场副本于记录上；1分</td><td></td><td></td><td></td></tr>
<tr><td rowspan="5">职业素养考核项目
30%</td><td colspan="2">穿戴规范、整洁；5分</td><td></td><td></td><td></td></tr>
<tr><td colspan="2">无无故迟到、早退、旷课现象；5分</td><td></td><td></td><td></td></tr>
<tr><td colspan="2">积极参加课堂活动，按时完成引导问题及笔记记录；10分</td><td></td><td></td><td></td></tr>
<tr><td colspan="2">具有团队合作、与人交流能力；5分</td><td></td><td></td><td></td></tr>
<tr><td colspan="2">具有安全意识、责任意识、服务意识；5分</td><td></td><td></td><td></td></tr>
<tr><td colspan="3">总分</td><td></td><td></td><td></td></tr>
</table>

课后作业

1. 请写出滚模式软胶囊压制机主机的结构。

（1）____________；（2）____________；（3）____________；（4）____________；

（5）____________；（6）____________；（7）____________；（8）____________；
（9）____________；（10）____________；（11）____________。

2. 请写出利用滚模式软胶囊压制机制备软胶囊的工艺流程。

任务 6-3　胶囊剂质量检查

学习目标

1. 能明确胶囊剂质量检查的项目并阐述操作流程；

2. 能规范操作万分之一电子天平、崩解仪完成胶囊剂相应质量检查项目的检测并正确判断结果；

3. 能分析胶囊剂重量差异、崩解时限不合格的原因；

4. 具有耐心、细心的职业素养。

任务分析

胶囊剂应整洁，不得有黏结、变形、渗漏或囊壳破裂等现象，应无异臭。除此以外，还应符合《中国药典》（2020 年版）四部制剂通则中胶囊剂的各项要求。其质量检查项目包括水分检查、装量差异检查、崩解时限检查、微生物限度检查等。本任务主要是掌握胶囊剂装量差异和崩解时限检查方法。

任务分组

见表 6-3-1。

表 6-3-1　学生任务分配表

组号		组长		指导老师	
序号	组员姓名	任务分工			

一、装量差异检查

胶囊剂在生产过程中，由于空胶囊容积、粉末的流动性以及工艺、设备等原因，可引起胶囊剂内容物装量的差异。为了控制各粒装量的一致性，保证用药剂量的准确，需对胶囊剂进行装量差异的检查。凡规定检查含量均匀度的胶囊剂可不进行装量差异检查。

引导问题1：取某胶囊剂20粒，称得平均装量为0.20g，最重的片重为0.24g，请问该胶囊剂质量是否合格？

____

____

小提示

装量差异检查法，取供试品20粒（中药取10粒），分别精密称定重量，倾出内容物（不得损坏囊壳），硬胶囊囊壳用小刷或其他适宜的用具拭净；软胶囊或内容物为半固体或液体的硬胶囊囊壳用乙醚等易挥发性溶剂洗净，置通风处使溶剂挥尽，再分别精密称定囊壳重量，求出每粒内容物的装量与平均装量。每粒装量与平均装量相比较（有标示装量的胶囊剂，每粒装量应与标示装量比较），超出装量差异限度的不得多于2粒，并不得有1粒超出限度1倍（表6-3-2）。

表6-3-2　胶囊剂的装量差异限度

平均装量或标示装量	装量差异限度
0.30g以下	±10%
0.30g及0.30g以上	±7.5%（中药±10%）

二、崩解时限检查

崩解系指口服固体制剂在规定条件下全部崩解溶散或成碎粒，除不溶性包衣材料或破碎的胶囊壳外，应全部通过筛网；如有少量不能通过筛网，但已软化或轻质上浮且无硬芯者，可认为符合规定。

胶囊剂的崩解是药物溶出及被人体吸收的前提，而囊壳常因囊材的质量、久贮或与药物接触等原因，影响溶胀或崩解。因此胶囊剂需检查崩解时限。凡规定检查溶出度或释放度的胶囊剂，可不进行崩解时限检查。

引导问题2：如何判断胶囊剂的崩解时限是否合格？

____

____

____

小提示

崩解时限检查法，硬胶囊或软胶囊，除另有规定外，取供试品6粒，采用升降式崩解仪（化药胶囊如漂浮于液面，可加挡板；中药胶囊加挡板）进行检查。检查时，将不锈钢管固定于支架上，浸入1000mL杯中，杯内盛有温度为37℃±1℃的水约900mL，调节水位高度使不锈钢管最低位时筛网在水面下15mm±1mm。启动仪器后，硬胶囊应在30min内全部崩解；软胶囊应在1h内全部崩解，以明胶为基质的软胶囊可改在人工胃液中进行检查。如有1粒不能完全崩解，应另取6粒复试，均应符合规定。

肠溶胶囊，除另有规定外，取供试品6粒，按上述装置与方法，先在盐酸溶液（9→1000）中不加挡板检查2h，每粒的囊壳均不得有裂缝或崩解现象；然后将吊篮取出，用少量水洗涤后，每管加入挡板，再按上述方法，改在人工肠液中进行检查，1h内应全部崩解。如有1粒不能完全崩解，应另取6粒复试，均应符合规定。

任务实施

一、质量检查前准备

（1）制备好的硬胶囊、软胶囊；

（2）万分之一电子天平、小毛刷、LB-2D崩解时限测定仪。

二、胶囊剂质量检查操作过程及要求

序号	步骤	操作方法及说明	质量要求
1	质检前检查	(1)检查环境，确定温度、相对湿度是否符合规定； (2)检查物料的相关信息； (3)检查万分之一电子天平、崩解仪的检定合格证是否在有效期内； (4)检查万分之一电子天平、崩解仪的状态标识； (5)调整电子天平处于水平状态； (6)在电子天平预热半小时后进行校准	①环境温度应控制在10～30℃，相对湿度在35%～80%； ②电子天平的调平以气泡移至圆圈以内即为水平； ③其他检查项均符合要求

续表

<table>
<tr><th>序号</th><th>步骤</th><th>操作方法及说明</th><th>质量要求</th></tr>
<tr><td rowspan="7">2</td><td rowspan="7">装量差异检查</td><td>(1)更换设备状态标识</td><td rowspan="7">① 取样量为20粒；
② 称量过程中严禁移动电子天平；
③ 应关闭天子天平的所有玻璃窗，待数字稳定后再读数；
④ 记录每粒胶囊及其空胶囊壳重量时应注意对应关系；
⑤ 记录应及时准确、真实完整</td></tr>
<tr><td>(2)取称量纸置于电子天平上，按TARE键去皮</td></tr>
<tr><td>(3)取20粒硬胶囊，分别精密称定每粒重量并记录 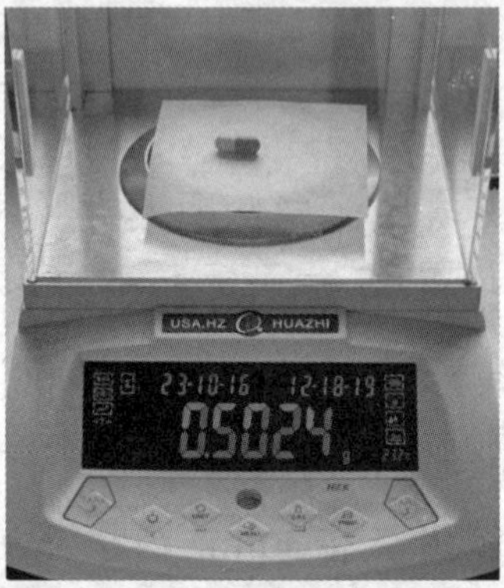</td></tr>
<tr><td>(4)倾出内容物，用小毛刷将胶囊壳擦拭净</td></tr>
<tr><td>(5)分别精密称定每粒空胶囊的重量并记录 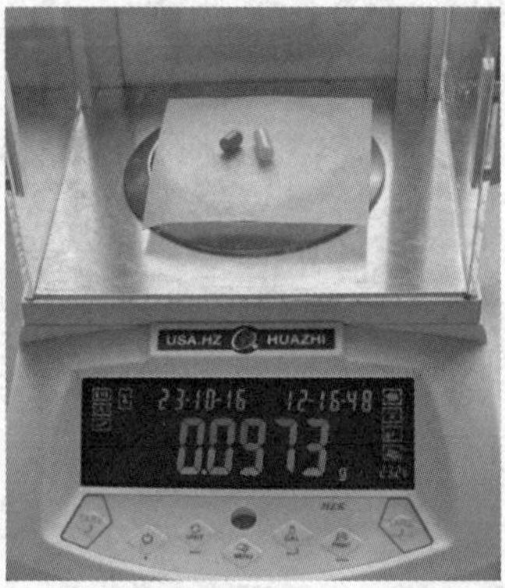</td></tr>
<tr><td>(6)根据硬胶囊装量差异限度判断是否合格</td></tr>
<tr><td>(7)填写相关记录(操作过程中实时填写)</td></tr>
<tr><td rowspan="2">3</td><td rowspan="2">崩解时限检查</td><td>(1)更换设备状态标识</td><td rowspan="2">① 吊篮位置和水位高度应符合要求；
② 放入挡板时应注意将切面小的那一面向上；
③ 在水温达到测定要求后方可将吊篮悬挂于水中；
④ 记录应及时准确、真实完整</td></tr>
<tr><td>(2)将两支1000mL的烧杯放入崩解仪，将吊篮悬挂于支架上，调节吊篮位置使其下降至低点时筛网距烧杯底部25mm </td></tr>
</table>

续表

序号	步骤	操作方法及说明	质量要求
3	崩解时限检查	(3)向崩解仪中加入适量自来水，打开崩解仪电源开关，机器进入待机状态，点击“设置”，将温度设置为37℃，开始加热	
		(4)向烧杯中加入纯化水，调节水位高度使吊篮上升至高点时筛网在水下面15mm处，吊篮顶部不可浸没于溶液中 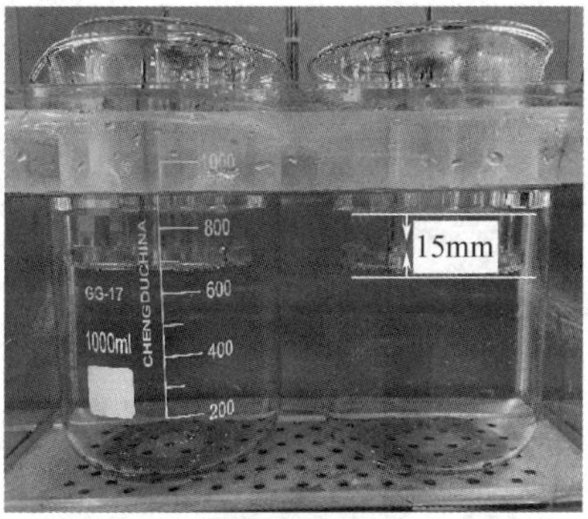	
		(5)取出吊篮，分别将6粒硬胶囊和6粒软胶囊放入两个吊篮中，并放入挡板 	
		(6)设置两个烧杯所在吊篮位置的时间参数，测定硬胶囊设置为30min，测定软胶囊设置为60min	
		(7)待温度到达(37±1)℃时，将分别装有硬胶囊和软胶囊的吊篮悬挂于吊篮杆上，并向下推动吊篮杆，使吊篮没入烧杯中 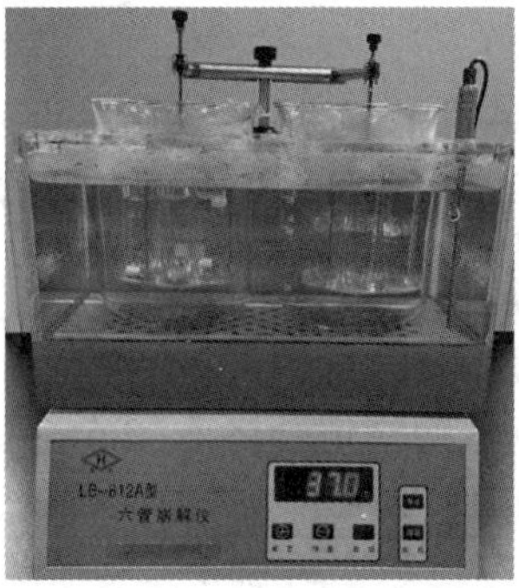	

续表

序号	步骤	操作方法及说明	质量要求
3	崩解时限检查	(8)点击启动，崩解仪开始工作	
		(9)观察胶囊在吊篮中的状态，记录完全崩解的时间	
		(10)根据胶囊剂崩解时限要求判断是否合格	
		(11)填写相关记录(操作过程中实时填写)	
4	清洁	(1)清洁：用小毛刷清洁电子天平秤盘，用浅色抹布擦拭电子天平内部，用深色抹布擦拭电子天平外部及操作台；清洗烧杯和吊篮	符合 GMP 清洁要求
		(2)更换设备状态标识	

三、胶囊剂质量检测过程中出现的问题及解决办法

引导问题3：请写出本组硬胶囊与软胶囊在质量检查过程中出现的问题及解决办法。

问题：

解决办法：

评价反馈

项目名称	评价内容	评价标准	自评	互评	师评
专业能力考核项目 70%	质检前检查 11分	1. 正确检查环境，确定温度、相对湿度；2 分 2. 正确检查物料的相关信息；2 分 3. 正确检查设备状态标识；2 分 4. 正确检查仪器的检定合格证；2 分 5. 正确调整电子天平至水平状态，预热并校准；3 分			

续表

<table>
<tr><th>项目名称</th><th>评价内容</th><th>评价标准</th><th>自评</th><th>互评</th><th>师评</th></tr>
<tr><td rowspan="2">专业能力考核项目
70%</td><td>装量差异检查
31分</td><td>1. 正确更换设备状态标识；1分
2. 取样量符合要求；1分
3. 正确调整天平为水平状态并开机预热；2分
4. 正确精密称定每粒胶囊重量并记录；5分
5. 正确倾出内容物并用毛刷拭净胶囊壳；5分
6. 正确精密称定每粒胶囊壳重量并记录；5分
7. 正确计算每粒胶囊的装量；5分
8. 正确判断结果；2分
9. 正确填写装量差异检查相关记录；3分
10. 正确清洁；1分
11. 正确更换设备状态标识；1分</td><td></td><td></td><td></td></tr>
<tr><td>崩解时限检查
28分</td><td>1. 正确更换设备状态标识；1分
2. 取样量符合要求；1分
3. 吊篮高度符合要求；4分
4. 崩解仪及烧杯中加水量符合要求；3分
5. 正确设置设备参数；5分
6. 胶囊与挡板放入顺序正确；2分
7. 正确放置烧杯；2分
8. 启动崩解温度判断正确；1分
9. 正确记录完全崩解时间；2分
10. 正确判断结果；2分
11. 正确填写崩解时限检查相关记录；3分
12. 正确清洁；1分
13. 正确更换设备状态标识；1分</td><td></td><td></td><td></td></tr>
<tr><td rowspan="5">职业素养考核项目
30%</td><td colspan="2">穿戴规范、整洁；5分</td><td></td><td></td><td></td></tr>
<tr><td colspan="2">无无故迟到、早退、旷课现象；5分</td><td></td><td></td><td></td></tr>
<tr><td colspan="2">积极参加课堂活动，按时完成引导问题及笔记记录；10分</td><td></td><td></td><td></td></tr>
<tr><td colspan="2">具有团队合作、与人交流能力；5分</td><td></td><td></td><td></td></tr>
<tr><td colspan="2">具有安全意识、责任意识、服务意识；5分</td><td></td><td></td><td></td></tr>
<tr><td colspan="3">总分</td><td></td><td></td><td></td></tr>
</table>

课后作业

1. 有哪些因素会造成硬胶囊装量差异超限？

2. 有哪些因素会造成胶囊剂的崩解时限不合格？

项目7 丸剂制备

任务7-1 泛制法制丸

学习目标

1. 能正确描述丸剂的分类及水丸制备的工艺流程；
2. 能规范操作包衣锅完成丸剂的制备；
3. 能按照GMP要求完成清场和清洁；
4. 具有锲而不舍、追求卓越的工匠精神。

任务分析

丸剂是指将药材的粉末或者提取物加适宜的辅料（主要是润湿剂或者黏合剂）制成的球形或者类球形制剂，如水丸、蜜丸、水蜜丸、浓缩丸等。常见的制备丸剂的方法有塑制法和泛制法。泛制法又称泛丸法，是指在适宜的设备中交替加入药材粉末与辅料（润湿剂）进行润湿、连续翻滚，使药丸逐层变大的一种制丸方法，该方法主要适用于水丸、水蜜丸、糊丸、浓缩丸等的制备。本任务主要是学会使用包衣锅完成水丸的制备。

任务分组

见表7-1-1。

表7-1-1 学生任务分配表

<table>
<tr><td>组号</td><td></td><td>组长</td><td></td><td>指导老师</td><td></td></tr>
<tr><td>序号</td><td>组员姓名</td><td colspan="4">任务分工</td></tr>
<tr><td></td><td></td><td colspan="4"></td></tr>
<tr><td></td><td></td><td colspan="4"></td></tr>
<tr><td></td><td></td><td colspan="4"></td></tr>
<tr><td></td><td></td><td colspan="4"></td></tr>
</table>

知识准备

一、丸剂的分类

中药丸剂的种类很多，不同丸剂药粉的粉碎细度对丸剂的质量至关重要，一般采用细粉或最细粉。丸剂按照辅料不同来分类可分为水丸、蜜丸、水蜜丸、糊丸、浓缩丸等，见表7-1-2。

表7-1-2　丸剂的分类

种类	概念及特点
水丸	饮片细粉以水（或者根据制法用黄酒、醋、稀药汁和糖液等）为润湿剂或者黏合剂制成的丸剂称为水丸。水丸制备时一般不加入其他的赋形剂，故水丸中含药量较高。如防风通圣丸、香砂六君丸等
蜜丸	饮片细粉以炼蜜（炼制的蜂蜜）为黏合剂制成的丸剂称为蜜丸。根据大小将蜜丸分为大蜜丸（每丸重量≥0.5g）和小蜜丸（每丸重量<0.5g）。如安宫牛黄丸等
水蜜丸	饮片细粉以炼蜜（炼制的蜂蜜）和水为黏合剂制成的丸剂称为水蜜丸。水蜜丸体积较小，易于吞服。如苏合香丸等
糊丸	饮片细粉以面糊、米糊为黏合剂制成的丸剂称为糊丸。如人丹等
浓缩丸	饮片或部分饮片提取浓缩后，与适宜辅料或其余饮片细粉，以水、蜂蜜或蜂蜜和水为黏合剂制成的丸剂称为浓缩丸。根据黏合剂不同分为浓缩水丸、浓缩蜜丸、浓缩水蜜丸。如六味地黄丸等

二、丸剂常用辅料

丸剂常用的辅料有润湿剂、黏合剂或吸收剂等。

（1）润湿剂　常用的润湿剂有水、酒、醋、水蜜等，其中水是应用最广、最常见的润湿剂，水本身不具有黏性，但是水能润湿溶解药物中的黏液质、淀粉、糖、胶质等，药物被润湿后可产生黏性，这样即能泛制成丸。

（2）黏合剂　常用的黏合剂有蜂蜜、米糊、面糊等，其中蜂蜜有较好的黏合作用，并兼有润燥、止痛、解毒的功效，是应用较广的黏合剂（详见任务7-2塑制法制丸）。

（3）吸收剂　将处方中出粉率高的药材制成细粉，作为浸出物或挥发油的吸收剂，可避免或减少其他辅料的用量。常用的吸收剂为药物细粉，此外，还有惰性无机物如氢氧化铝凝胶粉、碳酸镁等。

三、泛制法制丸的工艺流程

泛制法是制备丸剂常见的方法之一，其工艺流程见图7-1-1。

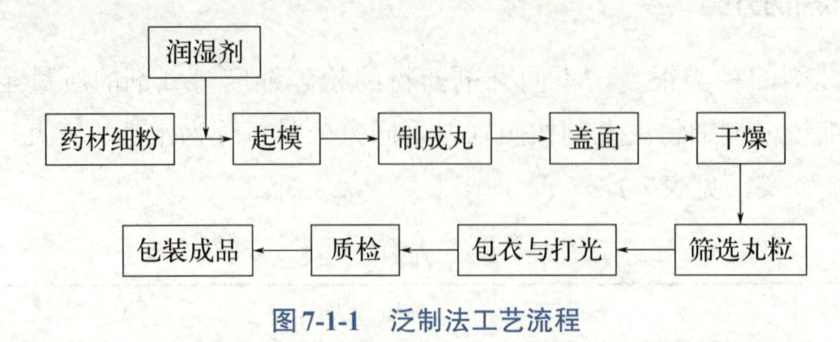

图7-1-1 泛制法工艺流程

四、泛制法制丸设备介绍

泛制法制丸常用设备为包衣锅（见图7-1-2）。设备主要由锅体、电机、减速器、加热器、温度控制器等组成。在工作时，将药粉置于包衣锅中，用喷雾器将润湿剂喷入锅中，启动机器，锅体开始旋转，使药粉均匀润湿，形成细小颗粒，继续转动，成为丸模，再反复加润湿剂和药粉，丸模体积逐渐增大，直至丸粒达到规定大小。

图7-1-2 包衣锅

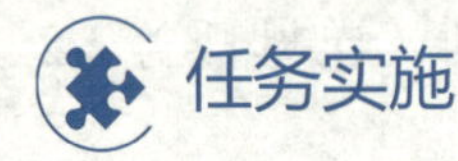

任务实施

一、生产前准备

（1）药材、辅料的准备与处理；

（2）包衣锅、搪瓷盘、电子天平。

二、泛制法制丸的操作过程及要求

序号	步骤	操作方法及说明	质量要求
1	生产前检查	(1)检查物料相关信息; (2)检查电子天平是否调平; (3)检查电子天平检定合格证是否在期限内; (4)检查包衣锅、搪瓷盘等设备状态	包衣锅内无异物
2	生产过程	(1)将处方中的药材细粉混合均匀	① 药材粉末需混合均匀; ② 成丸要求外观圆整光滑、坚实且致密，大小适宜符合要求; ③ 盖面加入的药材要使用最细粉; ④ 盖面后的丸剂要求圆整光洁、紧密且色泽一致
		(2)按生产要求设置参数。将少许药材细粉置于包衣锅内，旋转包衣锅的同时将水或者其他的润湿剂喷入，使药材细粉之间相互黏结形成小颗粒 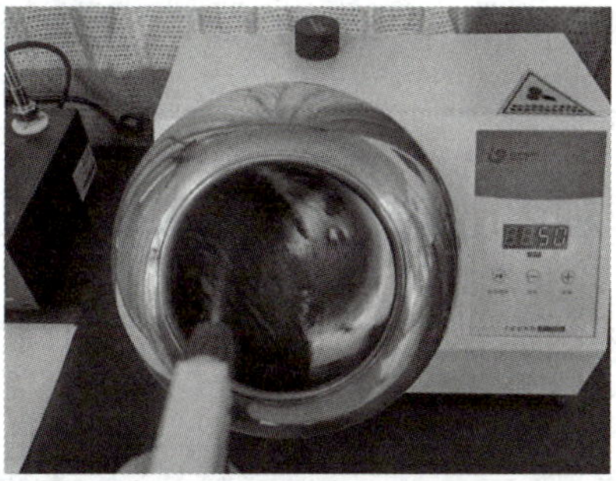	
		 (3)继续喷入适量水，撒粉，并且不断翻滚转动，细小颗粒体积逐层增大而形成直径为0.5～1mm的圆球形小颗粒，完成丸剂起模	
		(4)将所得圆球形小颗粒进行筛分，即得丸模	
		(5)将筛分出来的丸模放置于包衣锅内，开启包衣锅	
		(6)与上述起模方法一样，即反复进行加入水或者其他润湿剂润湿、撒药粉等操作使丸粒体积逐层增大，直至形成大小适合的丸剂，再根据需求去掉过大或过小的丸粒 	

续表

序号	步骤	操作方法及说明	质量要求
2	生产过程	(7)将筛分好的成丸置于包衣锅内，再加入药材最细粉或清水，继续滚动至丸粒圆整、丸面光洁、表面致密、色泽一致	
		(8)将制得的丸粒装入密封袋中，填写好标签	
		(9)生产的产品移交至中间站，填写相关记录	
3	清洁和清场	(1)清洁包衣锅、搪瓷盘等器材。清洁实验操作台及场地； (2)更换设备状态标识； (3)复核：QA对清场情况进行复核，复核合格后发放清场合格证	符合GMP清场与清洁要求

三、泛制法制丸操作过程中出现的问题及解决办法

引导问题：请写出本组泛制法制丸过程中出现的问题及解决办法。

问题：______________________________________

解决办法：__________________________________

评价反馈

项目名称	评价内容	评价标准	自评	互评	师评
专业能力考核项目70%	生产前检查与准备20分	1. 药材粉末、辅料的准备与处理；5分 2. 检查物料的相关信息；2分 3. 准备包衣锅、搪瓷盘、电子天平等器材；5分 4. 检查电子天平是否调平；3分 5. 检查电子天平检验合格证是否在期限内；2分 6. 检查包衣锅是否完好与洁净，检查搪瓷盘等是否干净整洁；3分			
	生产过程40分	1. 能正确启动并使用包衣锅；5分 2. 起模制得适宜的丸模；10分 3. 所制成丸外观圆整光滑、坚实致密、大小适合；10分 4. 成丸经过盖面后丸面光洁、色泽一致；6分			

续表

项目名称	评价内容	评价标准	自评	互评	师评
专业能力考核项目70%	生产过程40分	5. 正确筛选出丸粒圆整、大小均匀、剂量准确的丸粒；6分 6. 正确填写过程交接单、中间站台账；1分 7. 正确填写制备丸剂相关记录；2分			
	清洁和清场10分	1. 清洗生产器材；2分 2. 整理并清洁实验操作台；2分 3. 清洁地面；2分 4. 正确更换状态标识；2分 5. 正确填写清场记录；2分			
职业素养考核项目30%	穿戴规范、整洁；5分				
	无无故迟到、早退、旷课现象；5分				
	积极参加课堂活动，按时完成引导问题及笔记记录；10分				
	具有团队合作、与人交流能力；5分				
	具有安全意识、责任意识、服务意识；5分				
总分					

课后作业

1. 泛制法制丸常加入的辅料有哪些？

2. 简述泛制法制丸过程中的注意事项。

思政育人

牢记古训，用心制药

“北京大工匠”谢锡昌，出生于1964年，1988年进入北京同仁堂制药厂从事制剂工作，2018年被评为东城区即同仁堂手工泛制水丸非遗传承人。中药丸剂是中华文明的瑰宝，在保障民生中发挥着非常重要的作用。随着科技的发展，大多数中药制剂都靠机器生产，手工泛制水丸已少有人会，而谢锡昌作为北京市同仁堂手工泛制水丸非遗传承人，有着精湛的技艺。他说：想要做好水泛丸，就得用心用脑且不惜力。2022年暑假，来自马里和卢旺达的留学生们向谢锡昌学习水泛丸的制作，他们体验到水泛丸的制作工具简单，但操作时间却长达几个小时，操作过程也有难度，需要深厚的精湛的技艺以及良好的体力与耐力，并充分感受到水泛丸背后的工匠精神。泛制水丸的过程看似枯燥，然而沉淀下来的却是一代代工匠人传承下来的锲而不舍、追求卓越、精益求精的精神。

任务7-2　塑制法制丸

学习目标

1. 能正确描述搓丸板的结构组成及工艺流程；
2. 能规范使用搓丸板完成蜜丸的制备；
3. 能按照GMP要求完成清场和清洁；
4. 具有严谨、求实及坚持不懈的工匠精神。

任务分析

塑制法又称搓丸法，是将药物粉末与适宜辅料（主要是润湿剂或黏合剂）混合制成软硬适宜、具有可塑性的丸块、丸条后，再分剂量制成丸剂的方法。此方法适用于蜜丸、糊丸、浓缩丸的制备。本任务主要是学会使用搓丸板完成蜜丸的制备。

任务分组

见表7-2-1。

表7-2-1　学生任务分配表

组号		组长		指导老师	
序号	组员姓名	任务分工			

知识准备

一、塑制法制蜜丸的工艺流程

塑制法是制备蜜丸最常见的制备方法，其工艺流程见图7-2-1。

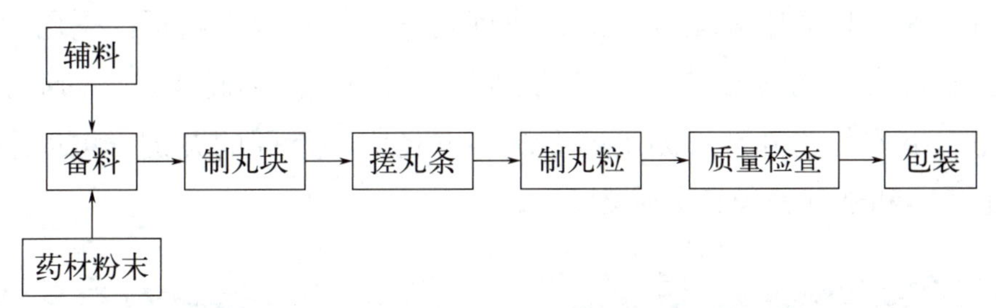

图7-2-1 塑制法制备丸剂的工艺流程

二、蜜丸制备常用辅料

蜂蜜因具有较好的黏合作用，常用作丸剂制备的黏合剂。蜂蜜中含有一些杂质、水分、酶等，故在应用前需要炼制。炼制的目的是除去杂质、破坏酶类、杀死微生物、降低水分含量和增加黏合力。炼制后的蜂蜜（炼蜜）有不同强度的黏合力，据此可将其分为嫩蜜、中蜜及老蜜（见表7-2-2）。炼蜜可塑性好，可与不同性质的药材混合制得圆整光洁的蜜丸。

表7-2-2 炼蜜的种类

种类	炼蜜温度	含水量	相对密度	用途
嫩蜜	105～115℃	18%～20%	约1.34	用于黏性较强的药材
中蜜	116～118℃	14%～16%	约1.37	用于黏性适中的药材
老蜜	119～122℃	10%以下	约1.4	用于黏性较差的药材

引导问题1：蜜丸的制备过程中如何选择炼蜜？

____

____

小提示

嫩蜜：颜色无明显变化，略带黏性，用于黏性较强的药材；中蜜：颜色为淡黄色并有细小气泡，用拇指和食指捻之有黏性，手指分开无明显的长白丝，用于黏性适中的药材；老蜜：颜色为红棕色并有较大气泡，用拇指和食指捻之有较强黏性，手指分开有明显的长白丝，用于黏性较差的药材。

三、塑制法制丸设备介绍

制备小量丸剂可以用搓丸板完成（见图7-2-2）。目前药厂在实际生产中多使用全自动中药制丸机制备丸剂（见图7-2-3），它由出条结构和制丸结构两部分组成，为箱式结构，包含进料桶、刮刀、搓丸装置等，可用于生产水丸、水蜜丸、蜜丸、糊丸等。其工作原理为将混合或炼制好的物料放入料桶，采用涡轮减速器横向出条，丸条通过导轮、顺条器同步进入制丸的刀轮中，经过快速切磋，即可制得大小均匀的丸剂。如果想要制备丸径大小不同的丸剂，可以通过更换不同的出条口和制丸刀导轮来达到。

图7-2-2　搓丸板

图7-2-3　全自动中药制丸机

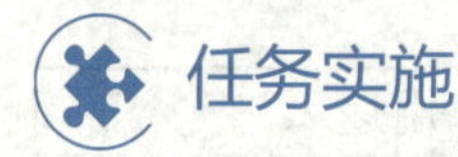

任务实施

一、生产前准备

（1）药材、辅料的准备与处理；

（2）搓丸板、搪瓷盘、电子天平。

二、塑制法制蜜丸的操作过程及要求

序号	步骤	操作方法及说明	质量要求
1	生产前检查	(1)检查物料的相关信息； (2)检查电子天平是否调平； (3)检查电子天平检验合格证是否在期限内； (4)检查搓丸板是否完好并在沟槽涂好润滑剂(植物油)； (5)检查搪瓷盘等是否干净整洁	① 温度为18～26℃，相对湿度为45%～65%； ② 搓丸板无异物

续表

序号	步骤	操作方法及说明	质量要求
2	生产过程	（1）更换设备状态标识	① 软硬程度：不影响成型及在贮存中不变形； ② 黏稠度：以不粘手、不黏附搓丸板槽壁为宜； ③ 所制得的丸粒需表面光滑、圆整
		（2）按处方准备所需物料	
		（3）根据药材的黏性选择适宜的炼蜜，下蜜的温度以 60～80℃为宜	
		（4）按处方将药材粉末与辅料混合均匀	
		（5）取混合均匀的药物细粉，趁热加入适量的炼蜜，揉搓制成不松散、不粘手、软硬适宜、可塑性较好的丸块。此步制丸快是塑制法的关键工序	
		（6）按需将丸块分成同等重量的丸粒	
		（7）根据搓丸板的内槽规格将以上制成的丸粒用手掌或者搓条板滚动搓捏成粗细长短适宜的丸条	
		（8）摆好在沟槽涂好润滑剂的搓丸板，将所制得的丸条横放在搓丸板的沟槽上 	
		（9）用压丸板先前后轻轻搓动丸条，然后逐渐用力搓压，直到将丸条切割成小块 	数字资源 7-1 蜜丸剂的制备视频

续表

序号	步骤	操作方法及说明	质量要求
2	生产过程	（10）将切割好的小块继续用搓丸板来回搓成表面光滑、内里充实的丸粒，用推丸板将丸粒推出	
		（11）将制得的丸粒装入密封袋中，填写好标签	
		（12）生产的产品交至中间站	
		（13）填写相关记录	
3	清洁和清场	（1）用小方巾擦拭搓丸板各沟槽，清洁搪瓷盘等，清洁实验操作台及场地	符合 GMP 清场与清洁要求
		（2）更换设备状态标识	
		（3）复核：QA 对清场情况进行复核，复核合格后发放清场合格证	

三、塑制法制丸操作过程中出现的问题及解决办法

引导问题2：请写出本组制蜜丸过程中出现的问题及解决办法。

问题：______________________________

____

解决办法：______________________________

____

评价反馈

项目名称	评价内容	评价标准	自评	互评	师评
专业能力考核项目 70%	生产前检查与准备 15分	1. 药材粉末、辅料的准备与处理；2 分 2. 检查物料相关信息；2 分 3. 准备搓丸板、搪瓷盘、电子天平等器材；3 分 4. 检查电子天平是否调平；3 分 5. 检查电子天平检验合格证是否在期限内；2 分 6. 检查搓丸板是否完好并在沟槽涂好润滑剂，检查搪瓷盘是否干净整洁；3 分			

续表

项目名称	评价内容	评价标准	自评	互评	师评
专业能力考核项目70%	蜜丸的制备过程45分	1. 正确选择炼蜜；10分 2. 揉搓制成的丸块软硬适宜、可塑性较好；5分 3. 能准确将丸块分成同等重量的丸粒；4分 4. 所搓丸条的表面光滑，粗细均匀一致；5分 5. 搓得的丸条内里充实且无空隙；5分 6. 丸条尺寸与搓丸板沟槽规格大小相适宜；3分 7. 搓丸板沟槽所涂润滑剂量适宜；2分 8. 正确使用搓丸板；5分 9. 制得蜜丸表面光整，内里充实；3分 10. 正确填写过程交接单、中间站台账；1分 11. 正确填写制备丸剂相关记录；2分			
	清洁和清场10分	1. 清洗实验器材；2分 2. 整理并清洁实验操作台；2分 3. 清洁地面；2分 4. 正确更换状态标识；2分 5. 正确填写清场记录；2分			
职业素养考核项目30%	穿戴规范、整洁；5分				
	无无故迟到、早退、旷课现象；5分				
	积极参加课堂活动，按时完成引导问题及笔记记录；10分				
	具有团队合作、与人交流能力；5分				
	具有安全意识、责任意识、服务意识；5分				
总分					

课后作业

1. 塑制法制丸常加入的辅料有哪些？
2. 塑制法制丸过程中影响丸剂质量的主要因素有哪些？

任务 7-3 滴制法制丸

学习目标

1. 能准确描述滴制法制丸的工艺流程；
2. 能正确选择滴丸剂的基质和冷凝液；

3.能规范操作滴丸机完成滴丸剂的制备；

4.具有锲而不舍、追求卓越的工匠精神。

任务分析

滴丸剂是指将原料药物与适宜的基质加热熔融混合均匀，再滴入不相混溶、互不作用的冷凝液中使液滴收缩而制成的球形或者类球形制剂。主要供口服，亦可外用和局部使用。滴丸剂的制备采用的是滴制法。滴制法是指将药物均匀分散在熔融的基质中，再滴入不相混溶的冷凝液里使其冷凝收缩成丸的方法。本任务主要是学会使用滴丸机完成滴丸剂的制备。

任务分组

见表7-3-1。

表7-3-1　学生任务分配表

组号		组长		指导老师	
序号	组员姓名	任务分工			

知识准备

一、基质与冷凝液

基质是指滴丸剂中除药物以外的赋形剂。而冷凝液则是用于冷却滴出的液滴，使液滴冷凝收缩成丸剂的液体。基质和冷凝液与滴丸的成型、溶出速度、稳定性等密切相关。

1.基质

（1）基质的要求　对人体无毒无害；熔点较低，在60℃以上时能熔融成液体，遇骤冷又能凝结成固体，药物与基质混合物仍能保持稳定的固体状态；与主药不发生化学反应，不影响主药的疗效。

（2）基质的分类　分为水溶性基质与非水溶性基质（见表7-3-2）。

表 7-3-2　滴丸剂常用的基质

名称	种类	
	水溶性	非水溶性
基质	聚乙二醇类	硬脂酸
	甘油明胶	虫蜡、蜂蜡
	硬脂酸钠	氢化植物油
	泊洛沙姆	单硬脂酸甘油酯

（3）基质的选择　根据“相似者相溶”的原则，选用与药物极性或者溶解度相近的基质。

2.冷凝液

冷凝液不是滴丸剂的辅料，但参与滴丸剂的制备工艺过程，若处理不彻底，依然可能产生毒性。

（1）冷凝液的要求　安全无害；与药物和基质均不能发生反应，不影响药物疗效；有适宜的相对密度和黏度。

（2）冷凝液的分类　分为水溶性和非水溶性冷凝液两类（见表7-3-3）。

表 7-3-3　滴丸剂常用的冷凝液

名称	种类	
	水溶性	非水溶性
冷凝液	水	二甲硅油
	不同浓度的乙醇	煤油、植物油
	稀酸溶液	液状石蜡

（3）冷凝液的选择　水溶性基质应选择非水溶性冷凝液，非水溶性基质应选择水溶性冷凝液。

引导问题1：《中国药典》（2020年版）规定，银杏叶滴丸处方为银杏叶提取物16g，聚乙二醇4000 44g，其制备时应选用哪种类型的冷凝液？

______

______

二、滴制法制丸的工艺流程

制备滴丸剂常见的方法是滴制法，其工艺流程如图7-3-1所示。

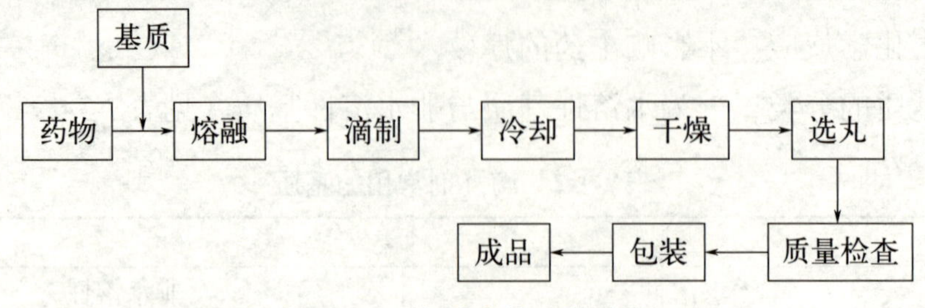

图7-3-1 滴制法的工艺流程

三、滴丸机的构造

滴丸机是制备滴丸的常用设备。

引导问题2：滴丸机采用机电一体化紧密型组合方式，符合GMP要求，其主要由________、________、________、________等部分组成。

小提示

滴丸机主要由贮液瓶、滴瓶、保温装置和冷凝装置等组成。滴丸机有多种型号，滴出方式分为上浮式和下沉式，若滴丸的密度大于冷凝液时，应选择下沉式；若滴丸密度小于冷凝液时，应选择上浮式。冷凝方式也分为静态冷凝和动态冷凝两种，可根据制备的实际情况选择。

任务实施

一、生产前准备

（1）药物、基质等的准备与处理；

（2）滴丸机、电子天平、烧杯、称量纸。

二、滴制法制滴丸的操作过程及要求

序号	步骤	操作方法及说明	质量要求
1	生产前检查	(1)检查物料相关信息； (2)检查电子天平是否调平； (3)检查电子天平检验合格证是否在期限内； (4)检查滴丸机设备状态	① 温度为18～26℃，相对湿度为45%～65%； ② 滴丸机滴口不漏液

续表

序号	步骤	操作方法及说明	质量要求
2	生产过程	（1）更换设备状态标识 （2）将选择好的冷凝液加入滴丸机的冷凝柱中  （3）启动机器，根据原料性质分别设置制冷温度、油浴温度、滴盘温度、药液温度，设置完成后，分别启动制冷、油浴加热、滴盘加热的开关  DWJ2000S1 滴丸实验机 （4）开启压缩空气阀门 （5）将提前处理好的原料加入加料漏斗。加入的原料可以是固体原料，也可以是提前处理好的液体原料 	① 滴管口与冷凝液面的距离要适宜，需控制在 5cm 以内，要保证液滴滴下时不易跌散而保持完整； ② 制冷要求温度一般为 1～5℃； ③ 滴盘温度一般比油浴温度高 5℃左右； ④ 压力一般调整到 0.7MPa； ⑤ 滴制过程中，滴速不宜过快，以免冷凝时间不够导致粘连，一般可控制在 60～70 滴 /min 数字资源7-2 滴丸剂的制备视频

续表

序号	步骤	操作方法及说明	质量要求
2	生产过程	(6)当设置的温度均达到要求后，缓缓打开滴头开关，调节滴速，开始滴制	
		(7)待滴制结束后，打开滴丸机上的接丸盘，待冷凝液滤过后，取出滴丸	
		(8)将所制得的滴丸沥净冷凝液，用纱布或者滤纸清除吸附在滴丸表面的冷凝液	
		(9)生产结束后，关闭滴头开关，关闭制冷、油浴加热、滴盘加热的开关，关闭气压阀门，关闭滴丸机	
		(10)将清除冷凝液的滴丸自然干燥，再剔除残次品，选出大小一致、色泽均匀、无粘连且表面无冷凝液的滴丸	
		(11)将制得的丸粒装入密封袋中，填写好标签	
		(12)生产的产品交至中间站	
		(13)填写相关记录	
3	清洁和清场	(1)清洁滴丸机、烧杯等器材。清洁生产场地； (2)更换设备状态标识； (3)复核：QA对清场情况进行复核，复核合格后发放清场合格证	符合GMP清场与清洁要求

三、滴制法制滴丸操作过程中出现的问题及解决办法

引导问题3：请写出本组滴制法制滴丸过程中出现的问题及解决办法。

问题：____

解决办法：____

评价反馈

项目名称	评价内容	评价标准	自评	互评	师评
专业能力考核项目70%	生产前检查与准备15分	1. 药材、基质的准备与处理；2分 2. 核对药材和辅料的批号、厂家及数量；2分 3. 准备滴丸机、电子天平、烧杯等器材；3分 4. 检查分析天平是否调平；3分 5. 检查电子天平检验合格证是否在期限内；2分 6. 检查滴丸机是否完好与洁净，检查烧杯是否干净整洁；3分			

续表

项目名称	评价内容	评价标准	自评	互评	师评
专业能力考核项目 70%	滴丸剂的制备过程 45 分	1. 能正确更换设备状态标识牌；5 分 2. 正确选择冷凝液；5 分 3. 能正确启动并使用滴丸机；7 分 4. 能正确设置各项温度；5 分 5. 能正确将药液加入加料漏斗；3 分 6. 正确将冷凝液加入滴丸机的冷凝柱中；2 分 7. 正确调整药液滴速；5 分 8. 能准确地选出符合要求的滴丸；5 分 9. 能完全清除滴丸表面附着的冷凝液；5 分 10. 正确填写过程交接单、中间站台账；1 分 11. 正确填写制备滴丸相关记录；2 分			
	清洁和清场 10 分	1. 清洗实验器材；2 分 2. 整理并清洁实验操作台；2 分 3. 清洁地面；2 分 4. 正确更换状态标识；2 分 5. 正确填写清场记录；2 分			
职业素养考核项目 30%	穿戴规范、整洁；5 分				
	无无故迟到、早退、旷课现象；5 分				
	积极参加课堂活动，按时完成引导问题及笔记记录；10 分				
	具有团队合作、与人交流能力；5 分				
	具有安全意识、责任意识、服务意识；5 分				
总分					

课后作业

1. 简述制备滴丸剂时的影响因素。

2. 如何选择滴丸的基质和冷凝液？

任务 7-4 丸剂质量检查

学习目标

1. 能正确描述丸剂的质量检查项目；

2. 能规范操作电子天平、崩解仪完成丸剂重量差异、装量差异和溶散时限检查，并正确判断检查结果；

3. 能按照GMP要求完成丸剂质量检查操作的清场和清洁；

4. 具有一丝不苟和实事求是的求真精神。

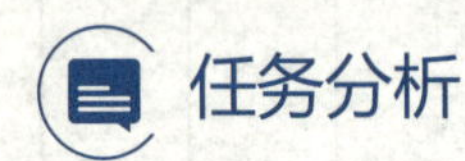

任务分析

丸剂主要包括中药丸剂（蜜丸、水丸、水蜜丸等）和化学药丸剂（滴丸、糖丸等）。中药丸剂的质量检查项目主要有外观、水分、重量差异、装量差异、装量、溶散时限、微生物限度等，化学药丸剂的质量检查项目主要有外观、重量差异、溶散时限等。本任务主要是掌握丸剂的重量差异、装量差异和溶散时限的检查方法。

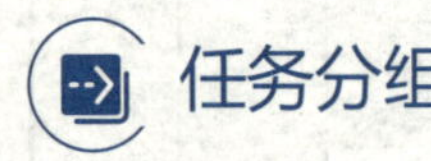

任务分组

见表7-4-1。

表7-4-1　学生任务分配表

组号		组长		指导老师	
序号	组员姓名	任务分工			

知识准备

一、重量差异检查

重量差异是指按照规定称量方法测得丸剂每丸的重量与平均丸重之间的差异程度。丸剂在生产过程中，由于工艺、设备和管理等原因，每丸丸剂的重量会存在差异。丸重的差异会造成各丸之间主药含量的差异，因此重量差异检查是控制丸剂均匀性、保证临床用药剂量准确性和安全性的快速、简便的检查方法。

引导问题1：取某滴丸20丸，称得平均丸重为0.2g，最重的丸重为0.25g，请问该药品质量是否合格？

____

____

____

____

____

小提示

重量差异检查法，以10丸为1份（丸重1.5g及1.5g以上的以1丸为1份），取供试品10份，分别称定重量，再与每份标示重量比较（无标示重量的丸剂，应与平均重量进行比较），超出重量差异限度的不得超出2份，并不得有1份超出限度的1倍（表7-4-2）。

表7-4-2　丸剂的重量差异限度

标示丸重（平均重量）	重量差异限度	标示丸重（平均重量）	重量差异限度
0.05g及0.05g以下	±12%	1.5g以上至3g	±8%
0.05g以上至0.1g	±11%	3g以上至6g	±7%
0.1g以上至0.3g	±10%	6g以上至9g	±6%
0.3g以上至1.5g	±9%	9g以上	±5%

滴丸剂的重量差异检查，应取供试品20丸，分别称定重量，再与每份标示重量比较（无标示重量的丸剂，应与平均重量进行比较），超出重量差异限度的不得超出2份，并不得有1份超出限度的1倍（表7-4-3）。

表7-4-3　滴丸剂的重量差异限度

标示丸重（平均丸重）	重量差异限度	标示丸重（平均丸重）	重量差异限度
0.03g及0.03g以下	±15%	0.1g以上至0.3g	±10%
0.03g以上至0.1g	±12%	0.3g以上	±7.5%

二、装量差异检查

装量差异是指按照规定称量方法测得丸剂每袋（瓶）内容物的重量与标示装量之间的差异程度。在丸剂的包装过程中，由于容器尺寸和性状、人工操作失误、灌装机调整不当等原因，丸剂每袋（瓶）装量会存在差异。因此装量差异检查是保证临床用药剂量准确性和安全性的快速、简便的检查方法。

引导问题2：取某中药丸剂10袋，标示装量为1.50g，内容物最轻的一袋为1.49g，内容物最重的一袋为1.55g，请问该药品质量是否合格？

小提示

装量差异检查法，应取供试品10袋（瓶），分别称定每袋（瓶）内容物的重量，每袋（瓶）装量再与标示装量比较，超出装量差异限度的不得超出2份，并不得有1份超出限度的1倍（表7-4-4）。

表7-4-4　丸剂的装量差异限度

标示装量	装量差异限度	标示装量	装量差异限度
0.5g及0.5g以下	±12%	3g以上至6g	±6%
0.5g以上至1g	±11%	6g以上至9g	±5%
1g以上至2g	±10%	9g以上	±4%
2g以上至3g	±8%		

三、溶散时限检查

溶散时限是指药品在给定条件下完全溶解所需要的时间。该项检查主要用于评估药物在体内能否迅速溶解并释放药物分子，是丸剂质量标准检查的重要项目。在生产过程中，药材的黏性比较大、药材粉碎得过细、水分含量不符合要求等均可能会造成溶散超时限。

蜡丸按片剂项下的肠溶衣片崩解时限检查法检查，应符合规定。除另有规定外，大蜜丸及研碎、嚼碎等或用开水、黄酒等分散后服用的丸剂不检查溶散时限。

引导问题3：可以用什么仪器测定丸剂的溶散时限？请写出操作步骤。

小提示

丸剂的溶散时限通常采用崩解仪进行测定，不同类型丸剂的溶散时限见表7-4-5。

表7-4-5 不同类型丸剂的溶散时限

丸剂类型	时间	丸剂类型	时间
小蜜丸	1h内	浓缩丸	2h内
水蜜丸	1h内	糊丸	2h内
水丸	1h内	滴丸	30min

任务实施

一、质量检查前准备

（1）成品中药丸剂和滴丸剂的准备；

（2）崩解仪、电子天平、烧杯。

二、丸剂质量检查的操作过程及要求

序号	步骤	操作方法及说明	质量要求
1	质检前检查	（1）检查物料的相关信息； （2）检查电子天平是否调平； （3）检查电子天平检定合格证是否在期限内； （4）检查崩解仪是否洁净，零件是否牢固	①环境温度应控制在10～30℃，相对湿度在35%～80%； ②电子天平的调节从气泡移至圆圈以内，即为水平
2	重量差异检查	其他丸剂： （1）取空称量瓶，精密称定重量，按“TARE”去皮； （2）取供试品10份（10丸为1份），分别精密称定重量并记录； （3）与每份标示重量或平均重量进行比较； （4）根据丸剂的重量差异限度判断是否合格； （5）填写相关记录	①严格按照SOP完成生产操作任务； ②记录应及时准确、真实完整

续表

序号	步骤	操作方法及说明	质量要求
2	重量差异检查	滴丸剂： （1）取空称量瓶，精密称定重量，按“TARE”去皮； （2）取供试品 20 丸，精密称定总重量和每丸的重量并记录； （3）计算出滴丸剂的平均丸重（总重量 / 丸数）并记录； （4）将每丸的重量与平均丸重进行比较； （5）根据滴丸剂的重量差异限度判断是否合格； （6）填写相关记录（操作过程中实时填写）	
3	装量差异检查	除糖丸外的丸剂： （1）取空称量瓶，精密称定重量，按“TARE”去皮； （2）取供试品 10 袋（瓶），分别精密称定每袋（瓶）里的内容物的重量并记录； （3）将每袋（瓶）装量与标示装量进行比较； （4）根据丸剂的装量差异限度判断是否合格； （5）填写相关记录	① 严格按照 SOP 完成生产操作任务； ② 记录应及时准确、真实完整
4	溶散时限检查	（1）向崩解仪中加入水至刻度线之上； （2）打开崩解仪电源开关，机器进入待机状态，点击“设置”，将温度设置为 37℃； （3）分别将 6 丸中药丸剂放入吊篮中，并放入挡板； （4）在一个烧杯中加入 90mL 的水，并放入崩解仪内； （5）设置烧杯所在位置吊篮的时间参数，测定时间根据所放入丸剂的类型而定； （6）待温度到达（37±1）℃时，将装有中药丸剂的吊篮悬挂于吊篮杆上，并向下推动吊篮杆，使吊篮没入烧杯中；  （7）点击启动，崩解仪开始工作； （8）观察中药丸剂在吊篮中的状态，记录完全溶散的时间； （9）根据丸剂的溶散时限限度要求判断是否合格； （10）填写相关记录	① 严格按照 SOP 完成生产操作任务； ② 记录应及时准确、真实完整
		滴丸剂：参照中药丸剂溶散时限的检查方法（不加挡板进行检查）	

续表

序号	步骤	操作方法及说明	质量要求
5	清洁	（1）清洁天平、烧杯、崩解仪等器材，清洁实验操作台及场地； （2）更换设备状态标识	符合GMP清场与清洁要求

评价反馈

项目名称	评价内容	评价标准	自评	互评	师评
专业能力考核项目70%	质量检查前检查与准备10分	1. 中药丸剂和滴丸剂的准备；2分 2. 核对物料相关信息；2分 3. 准备崩解仪、电子天平、烧杯等器材；1分 4. 检查分析天平是否调平；2分 5. 检查电子天平检验合格证是否在期限内；1分 6. 检查吊篮、崩解仪是否完好与洁净；2分			
	重量差异检查20分	1. 取样量符合要求；1分 2. 正确调整天平为水平状态并开机预热；2分 3. 正确使用天平精密称定每丸重量并记录；9分 4. 正确计算重量差异并判断结果；5分 5. 正确填写重量差异检查相关记录；2分 6. 正确清场；1分			
	装量差异检查15分	1. 取样量符合要求；1分 2. 正确调整天平为水平状态并开机预热；2分 3. 正确使用天平精密称定每袋（瓶）内容物重量并记录；5分 4. 正确计算装量差异并判断结果；4分 5. 正确填写装量差异检查相关记录；2分 6. 正确清场；1分			
	溶散时限检查15分	1. 取样量符合要求；1分 2. 正确打开崩解仪并设置温度；2分 3. 正确将药丸放入吊篮；1分 4. 正确设置烧杯所在位置吊篮的时间参数；2分 5. 正确推动吊篮杆；1分 6. 正确启动崩解仪；1分 7. 正确记录丸剂完全溶散的时间并判断结果；4分 8. 正确填写溶散时限检查相关记录；2分 9. 正确清场；1分			

续表

项目名称	评价内容	评价标准	自评	互评	师评
专业能力考核项目70%	清洁和清场10分	1. 清洗实验器材；2分 2. 整理并清洁实验操作台、地面；4分 3. 正确更换状态标识；2分 4. 正确填写清场记录；2分			
职业素养考核项目30%	穿戴规范、整洁；5分				
	无无故迟到、早退、旷课现象；5分				
	积极参加课堂活动，按时完成引导问题及笔记记录；10分				
	具有团队合作、与人交流能力；5分				
	具有安全意识、责任意识、服务意识；5分				
总分					

课后作业

1. 中药丸剂的质量检查项目主要有哪些？

2. 试比较中药丸剂与滴丸剂质量检查项目的异同点。

项目8　软膏剂制备

任务8-1　熔合法制备软膏剂

学习目标

1. 能说出软膏剂的组成和基质；
2. 能正确区分油脂性基质和水溶性基质；
3. 能以熔合法制备软膏剂；
4. 具有团队协作能力和精益求精的工匠精神。

任务分析

软膏剂系指原料药物与油脂性或水溶性基质混合制成的均匀的半固体外用制剂。软膏剂的制备方法有研合法和熔合法。熔点较高组分组成的基质常温下难以混合均匀，一般采用熔合法制备。按熔点从高到低依次加入相应成分，并加入药物不断搅拌，可制得均匀软膏。

任务分组

见表8-1-1。

表8-1-1　学生任务分配表

组号		组长		指导老师	
序号	组员姓名	任务分工			

1. 软膏剂的基质

软膏剂的基质可分为油脂性基质和水溶性基质，油脂性基质主要包括烃类、类脂类和油脂类。常用的品种有凡士林、石蜡、液状石蜡、羊毛脂、蜂蜡、硬脂酸等（见表8-1-2、表8-1-3、表8-1-4）。

（1）油脂性基质

表8-1-2　常用的烃类基质

名称	特性
凡士林	最为常用的烃类基质，有黄色和白色两种，是软膏状的半固体。凡士林的化学性质稳定，无刺激性，能与多数药物配伍，特别适用于遇水不稳定的药物。凡士林有适宜的黏稠性和涂布性，但其受温度影响变化较大，同时凡士林的释药性和促进药物透皮吸收的性能较差，油腻性较强，吸水性较差，仅能吸收约相当于自身重量5%的水，故通常与羊毛脂合用提高其吸水性能
液状石蜡	为无色澄清的油状液体。液状石蜡常用于调节软膏基质的稠度和硬度或用于药物粉末的加液研磨，以利于药物与基质的混合均匀
石蜡	为无色或白色半透明的块状物，具有与其他原料熔合后不容易单独析出的特点，主要用于调节软膏基质的稠度和硬度

表8-1-3　常用的类脂类基质

名称	特性
羊毛脂	为淡黄色或棕黄色的蜡状物，具有良好的吸水性及弱的W/O型（油包水型）乳化性能，能吸收2倍左右的水。由于羊毛脂过于黏稠，一般不单独使用，常与凡士林合用，以改善凡士林的吸水性和促进药物透皮吸收的性能
蜂蜡	又称川蜡，有黄色和白色两种，为无臭、有光泽的固体蜡。具有一定的表面活性作用，属较弱的W/O型乳化剂。具有不易酸败的特点，常用于调节基质的稠度或增加其稳定性

表8-1-4　常用的油脂类基质

名称	特性
硬脂酸	为白色或类白色有滑腻感的粉末或结晶性硬块，其剖面有微带光泽的细针状结晶，有类似于油脂的微臭味。在乳状液基质中硬脂酸一部分可与碱性物质如三乙醇胺发生皂化反应生成有机胺皂起乳化作用，另一部分则起稳定增稠作用使膏体亮白

（2）水溶性基质 见表8-1-5。

表8-1-5 常用的水溶性基质

名称	特性
聚乙二醇类（PEG）	是最为常用的水溶性基质，随着聚合度的增加，平均分子量的增大，其由液体逐渐过渡到蜡状固体。本品的性质稳定，不易霉变，有较强的吸水性，但本品略有臭味，久用可引起皮肤脱水干燥，可与苯甲酸、水杨酸、苯酚、鞣酸等发生络合反应

2.熔合法制备软膏剂的流程

见图8-1-1。

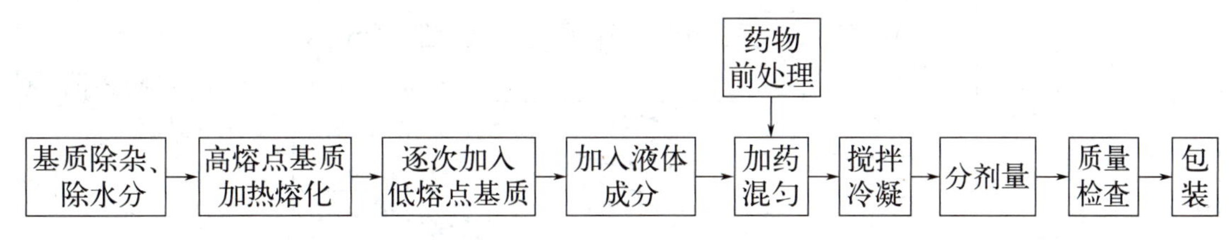

图8-1-1 熔合法制备软膏剂的工艺流程

任务实施

一、生产前准备

（1）原料药、基质、附加剂；

（2）查询各种基质的熔点，按高低顺序排列；

（3）水浴锅、电子天平、烧杯。

二、软膏剂制备操作过程及要求

序号	步骤	操作方法及说明	质量要求
1	生产前检查	（1）检查物料的相关信息	①温度为18～26℃，相对湿度为45%～65%；②符合GMP生产要求
		（2）检查生产岗位环境的温度和相对湿度是否符合要求	
		（3）检查水浴锅、电子天平的设备状态标识	
		（4）打开电子天平开关，预热30min	
2	生产	（1）更换水浴锅、电子天平的设备状态标识	严格按照SOP完成生产操作任务
		（2）打开水浴锅开关，设置温度，等待温度上升至设置温度	

续表

序号	步骤	操作方法及说明	质量要求
2	生产	(3)根据基质熔点由高到低的顺序，依次加入烧杯中在水浴锅中加热熔化，最后加液体成分	
		(4)将药物细粉加入熔化完全的基质中，搅拌直至冷凝成膏状	
		(5)填写批生产记录	
		(6)生产的产品移交至中间站	
3	清洁和清场	(1)清洁电子天平：用浅色抹布蘸95%乙醇清洁电子天平内部，用深色抹布蘸95%乙醇清洁电子天平四周	符合GMP清场与清洁要求
		(2)清洁水浴锅：用深色抹布蘸95%乙醇清洁水浴锅四周	
		(3)复核：QA对清场情况进行复核，复核合格后发放清场合格证(正本和副本)	
		(4)生产操作人员填写相关记录并签名，复核人员复核确认准确无误后签名	
		(5)更换设备状态标识	

评价反馈

项目名称	评价内容	评价标准	自评	互评	师评
专业能力考核项目70%	生产前检查与准备15分	1. 正确检查环境，确定温度、相对湿度；3分 2. 正确检查、复核设备状态标识；3分 3. 中间站领取物料；3分 4. 工具间领取工具等；2分 5. 检查物料有效期；2分 6. 检查烧杯清洁状态；2分			
	生产过程40分	1. 先正确加入熔化的基质；6分 2. 按照熔点的不同，加入基质的顺序正确；5分 3. 按照基质的性质不同，加入基质的顺序正确；5分 4. 全部基质熔化完全；4分 5. 正确加入药物；5分 6. 冷凝成膏状后停止搅拌；5分 7. 物料袋标识填写；3分 8. 扎带正确；4分 9. 正确交接中间产品至中间站；3分			

续表

项目名称	评价内容	评价标准	自评	互评	师评
专业能力考核项目 70%	清洁与清场 15分	1. 正确清洁设备；5 分 2. 正确对生产车间进行清场；3 分 3. 正确更换设备状态标识；3 分 4. 正确填写清场记录；3 分 5. 粘贴清场副本于记录上；1 分			
职业素养考核项目 30%	穿戴规范、整洁；5 分				
	无无故迟到、早退、旷课现象；5 分				
	积极参加课堂活动，按时完成引导问题及笔记记录；10 分				
	具有团队合作、与人交流能力；5 分				
	具有安全意识、责任意识、服务意识；5 分				
总分					

课后作业

熔合法制备软膏剂适用于哪些药物？

任务 8-2　乳化法制备乳膏剂

学习目标

1. 能准确阐述乳膏剂制备的工艺流程；
2. 能以乳化法制备乳膏剂；
3. 能按照 GMP 要求完成乳膏剂制备操作的清场和清洁；
4. 具有不怕困难和勇于尝试的精神。

任务分析

乳膏剂系指原料药物溶解或分散于乳状液型基质中形成的均匀半固体制剂，是临床上常用的外用制剂。其具有热敏性和触变性，可以长时间黏附或铺展在用药部位发挥作用，极少数乳膏剂的药物还能通过皮肤吸收进入体循环从而发挥全身治疗作用。本任务主要是学会采用乳化法制备乳膏剂。

任务分组

见表8-2-1。

表8-2-1 学生任务分配表

组号		组长		指导老师	
序号	组员姓名	任务分工			

知识准备

一、乳膏剂的基质

乳膏剂的基质为乳剂型基质，又称乳状液型基质，主要包括水相、油相和乳化剂3种组分，分为水包油型（O/W型）和油包水型（W/O型）两种类型。W/O型乳剂型基质与油脂性基质相比，更易于涂布，油腻性小，释药性也更强，但比O/W型乳剂型基质弱。O/W型乳剂型基质因外相含水量多，在储存过程中容易霉变，易蒸发失水使乳膏变硬，因此常需加入防腐剂和保湿剂。

引导问题1：乳剂型基质中的油相和水相分别包含哪些成分？

____

____

____

小提示

乳剂型基质的油相多数为油脂性的固体和半固体成分，主要有硬脂酸、石蜡、蜂蜡、高级醇（如十八醇）等。有时为调节稠度也常加入液体石蜡、凡士林或羊毛脂等成分。水相主要是纯化水、保湿剂（5%~20%甘油、丙二醇、山梨醇等）和防腐剂（羟苯甲酯、三氯叔丁醇、山梨酸等）。

乳剂型基质中的乳化剂对所形成的基质类型起主要作用。常用的乳化剂类型见表8-2-2。

表 8-2-2　乳剂型基质中乳化剂的类型

乳化剂类型			代表物质	形成基质类型
阴离子型表面活性剂	肥皂类	一价皂	硬脂酸钠	O/W 型乳剂基质
		多价皂	硬脂酸钙	W/O 型乳剂基质
	硫酸化物类		十二烷基硫酸钠	O/W 型乳剂基质
非离子型表面活性剂	聚山梨酯类		吐温 -80	O/W 型乳剂基质
	脂肪酸山梨坦类		司盘 -60	W/O 型乳剂基质
	聚氧乙烯醚衍生物		平平加O、乳化剂OP	O/W 型乳剂基质
高级脂肪醇类			十六醇、十八醇	W/O 型乳剂基质
硬脂酸酯类			硬脂酸甘油酯	W/O 型乳剂基质

二、乳膏剂的制备

乳膏剂的制备主要采用乳化法。小剂量制备时，可以使用乳钵完成。制备时将处方中的油溶性组分混合后在水浴中加热使成油相，并保持温度为 70 ～ 80℃，另将水溶性组分溶于水后加热至略高于油相的温度，然后将两相混合，搅拌冷凝，最后加入油、水两相均不溶解的药物成分（需预先粉碎成细粉），搅拌研磨，混合分散均匀即可。其工作流程见图 8-2-1。

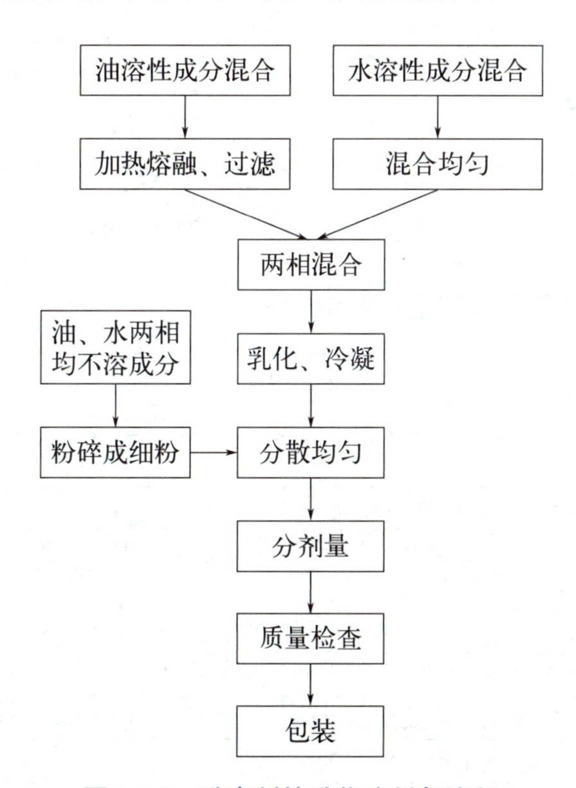

图 8-2-1　乳膏剂的乳化法制备流程

大剂量生产乳膏剂时，通常使用真空均质乳化机，该设备由真空均质乳化锅、水相锅、油相锅、加热及温控系统、搅拌系统、真空系统、液压升降系统、操作控制柜、管路系统和电气控制系统等组成。物料在水相锅、油相锅内通过加热、搅拌进行混合均匀后，由真空泵吸入乳化锅，通过聚四氟乙烯刮板搅拌混合形成均质的乳膏。其工艺流程见图8-2-2。

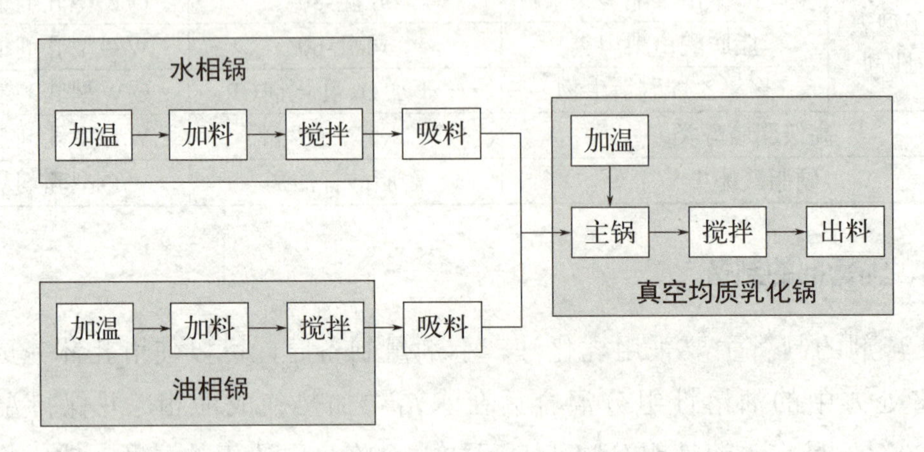

图8-2-2 真空均质乳化机制备乳膏剂的工艺流程

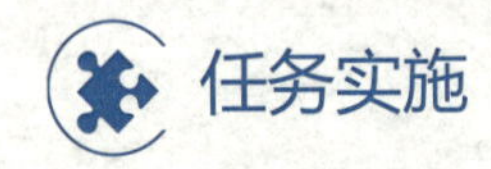

任务实施

一、生产前准备

（1）准备原料药、基质、附加剂，并判断原料药、基质和附加剂的极性；

（2）准备水浴锅（2个）、烧杯（2个）、玻璃棒。

二、乳膏剂的制备操作过程及要求

序号	步骤	操作方法及说明	质量要求
1	生产前检查	(1)检查生产环境，确定温度、相对湿度是否符合规定	① 温度为18～26℃，相对湿度为45%～65%； ② 检查项均符合要求； ③ 电子天平的调平以气泡移至圆圈以内即为水平； ④ 符合GMP生产要求
		(2)检查物料的相关信息	
		(3)检查万分之一电子天平的检定合格证是否在期限内	
		(4)检查水浴锅和电子天平的设备状态标识	
		(5)根据批生产指令到中间站领取物料	
		(6)根据生产需要到工具间领取烧杯、玻璃棒	
		(7)调整电子天平处于水平状态	
		(8)在电子天平预热半小时后进行校准	

续表

序号	步骤	操作方法及说明	质量要求
2	生产	（1）更换水浴锅和电子天平的设备状态标识 （2）打开水浴锅开关，将加热油相的水浴锅温度设置为80～85℃，将加热水相的水浴锅温度设置为85～90℃，等待温度上升至设置温度 （3）将脂溶性成分放在同一个烧杯中在油相水浴锅中加热熔化作为油相，将水溶性成分放在另一个烧杯中在水相水浴锅中加热熔化作为水相 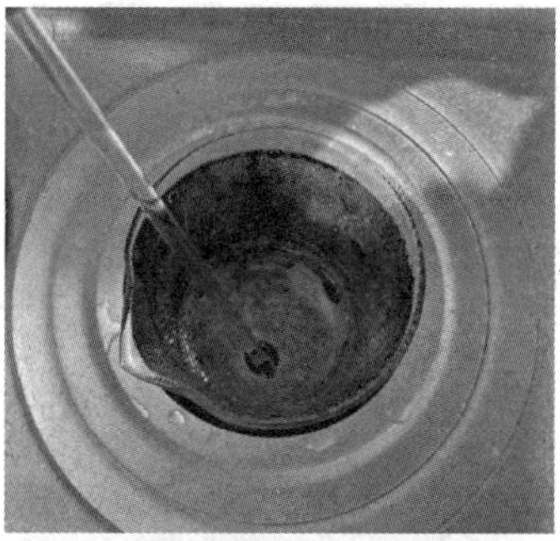 水相  油相 （4）水相的温度略高于油相的温度，将两相混合，沿同一方向搅拌，直至乳化完全，并冷凝成膏状物，即得 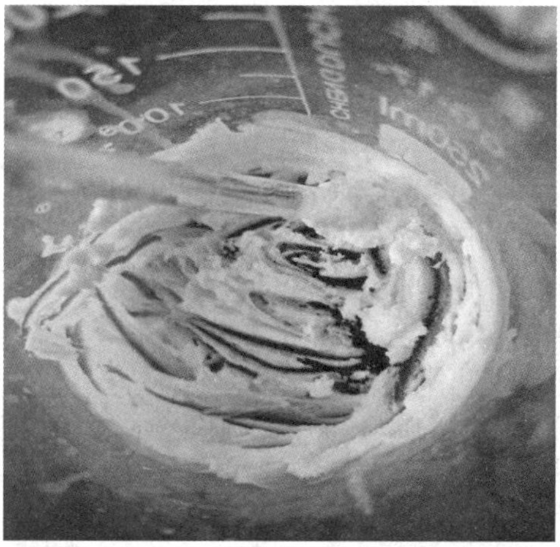 （5）填写相关记录（操作过程中实时填写） （6）生产的产品移交至中间站	严格按照SOP完成生产操作任务

续表

<table>
<tr><th>序号</th><th>步骤</th><th>操作方法及说明</th><th>质量要求</th></tr>
<tr><td rowspan="5">3</td><td rowspan="5">清洁和清场</td><td>（1）清洁电子天平：用浅色抹布蘸95%乙醇清洁电子天平内部，用深色抹布蘸95%乙醇清洁电子天平四周</td><td rowspan="5">符合GMP清场与清洁要求</td></tr>
<tr><td>（2）清洁水浴锅：用深色抹布蘸95%乙醇清洁水浴锅四周</td></tr>
<tr><td>（3）复核：QA对清场情况进行复核，复核合格后发放清场合格证（正本、副本）</td></tr>
<tr><td>（4）填写清场记录（操作过程中实时填写）</td></tr>
<tr><td>（5）更换设备状态标识</td></tr>
</table>

三、制备操作过程中出现的问题及解决办法

引导问题2：成品难以搅拌均匀的原因有哪些？解决办法是什么？

原因：______

______

解决办法：______

评价反馈

<table>
<tr><th>项目名称</th><th>评价内容</th><th>评价标准</th><th>自评</th><th>互评</th><th>师评</th></tr>
<tr><td rowspan="2">专业能力考核项目70%</td><td>生产前检查与准备15分</td><td>1. 正确检查物料；2分
2. 正确检查环境的温度和相对湿度；2分
3. 检查电子天平为的检定合格证；2分
4. 检查设备的状态标识；2分
5. 中间站领取物料；2分
6. 工具间领取工具等；2分
7. 正确调整电子天平为水平状态，预热并校准；3分</td><td></td><td></td><td></td></tr>
<tr><td>生产过程40分</td><td>1. 脂溶性物质判断正确；4分
2. 水溶性物质判断正确；4分
3. 正确制备出油相；6分
4. 正确制备出水相；6分
5. 两相混合时的加入顺序正确；5分
6. 乳化完成；5分
7. 物料袋标识填写正确；5
8. 扎带正确；3分
9. 正确交接中间产品至中间站；2分</td><td></td><td></td><td></td></tr>
</table>

续表

项目名称	评价内容	评价标准	自评	互评	师评
专业能力考核项目 70%	清场与记录 15 分	1. 正确清洁设备；5 分 2. 正确对生产车间进行清场；3 分 3. 正确更换设备状态标识；3 分 4. 正确填写清场记录；3 分 5. 粘贴清场副本于记录上；1 分			
职业素养考核项目 30%	穿戴规范、整洁；5 分				
	无无故迟到、早退、旷课现象；5 分				
	积极参加课堂活动，按时完成引导问题及笔记记录；10 分				
	具有团队合作、与人交流能力；5 分				
	具有安全意识、责任意识、服务意识；5 分				
总分					

课后作业

1. 红霉素软膏为什么通常不需要加入防腐剂？

2. 热敏感药物制备在流程中需要关注的事项有哪些？

任务 8-3　软膏剂与乳膏剂质量检查

学习目标

1. 能简述软膏剂与乳膏剂的质量检查项目；
2. 能正确使用显微镜完成软膏剂的粒度检查并正确判断结果；
3. 能规范操作万分之一电子天平进行乳膏剂的装量检查并正确判断结果；
4. 具备耐心细致和科学严谨的工作态度。

任务分析

软膏剂与乳膏剂应均匀、细腻，涂于皮肤或黏膜上应无刺激。按照《中国药典》（2020 年版）四部制剂通则，除另有规定外，软膏剂、乳膏剂应进行粒度、装量、无菌和微生物限度检查。本任务主要是学会软膏剂的粒度检查和乳膏剂的装量检查。

任务分组

见表8-3-1。

表8-3-1　学生任务分配表

组号		组长		指导老师	
序号	组员姓名	任务分工			

知识准备

一、软膏剂的粒度检查

依据《中国药典》（2020年版）四部制剂通则，除另有规定外，混悬型软膏剂、含饮片细粉的软膏剂应进行粒度检查。检查方法为取供试品适量，置于载玻片上涂成薄层，薄层面积相当于盖玻片面积，共涂3片，照粒度和粒度分布测定法（通则0982）中的显微镜法进行检查，均不得检出大于180μm的粒子。

引导问题1：如何在显微镜下测定粒子的长度？

____

____

____

____

小提示

利用显微镜对粒子进行长度测定之前，应先对显微镜的目镜测微尺进行标定，以确定使用同一显微镜及特定倍数的物镜、目镜和镜筒长度时，目镜测微尺上每一格所代表的长度。标定的具体操作是先取载物台测微尺置显微镜载物台上，在高倍物镜（或低倍物镜）下，将测微尺刻度移至视野中央。将目镜测微尺（正面向上）放入目镜镜筒内，旋转目镜，并移动载物台测微尺，使目镜测微尺的“0”刻度线与载物台测微尺的某刻度线相重合，然后再找第二条重合刻度线，根据两条重合线间两种测微尺的小格数，计算出目镜测微尺每一小格在该物镜条件下相当的长度（μm）。如设定载物台测微尺的每一小格长为10μm，那么目镜测微尺每一小格的长度计算公式则为：

$$\text{目镜测微尺校正值}=\frac{\text{载物台测微尺格数}\times 10\mu m}{\text{目镜测微尺格数}}$$

当测定时要用不同的放大倍数时，应分别标定。在对显微镜的目镜测微尺进行标定后，根据粒子所占的目镜测微尺格数，计算出粒子的长度，计算公式为：

$$\text{粒子长度}=\text{目镜测微尺校正值}\times\text{粒子所占目镜测微尺格数}$$

二、乳膏剂的装量检查

为保证乳膏剂的均一性，依据《中国药典》（2020年版）四部制剂通则，需要对乳膏剂照最低装量检查法（通则0942）进行检查。除另有规定外，取供试品5个（50g以上者3个），除去外盖和标签，容器外壁用适宜的方法清洁并干燥，分别精密称定重量，除去内容物，容器用适宜的溶剂洗净并干燥，再分别精密称定空容器的重量，求出每个容器内容物的装量与平均装量，均应符合表8-3-2的有关规定。如有1个容器装量不符合规定，则另取5个（50g以上者3个）复试，应全部符合规定。

引导问题2：照最低装量检查法依次测得某批次克霉唑乳膏5支的装量分别为15.332g、15.129g、14.522g、15.221g和14.998g，已知每支的标示装量为15g，请问该批次克霉唑乳膏的装量是否合格？

小提示

依据《中国药典》（2020年版）四部制剂通则中对最低装量检查法的相关规定，乳膏剂的装量应符合表8-3-2中的标准。

表 8-3-2　乳膏剂的装量要求

标示装量	平均装量	每个容器装量
20g 以下	不少于标示装量	不少于标示装量的93%
20～50g	不少于标示装量	不少于标示装量的95%
50g 以上	不少于标示装量	不少于标示装量的97%

任务实施

一、质量检查前准备

（1）混悬型软膏剂、乳膏剂、95%乙醇；

（2）显微镜、目镜测微尺、载物台测微尺、载玻片、盖玻片、万分之一电子天平、棉签、剪刀。

二、软膏剂和乳膏剂的质量检查操作过程及要求

序号	步骤	操作方法及说明	质量要求
1	质检前检查	(1)检查生产环境，确定温度、相对湿度是否符合规定； (2)检查物料的相关信息； (3)检查万分之一电子天平、显微镜的检定合格证是否在有效期内； (4)检查万分之一电子天平及显微镜的状态标识； (5)调整电子天平处于水平状态； (6)在电子天平预热半小时后进行校准	① 环境温度应控制在 10～30℃，相对湿度在 35%～80%； ② 电子天平的调平以气泡移至圆圈以内即为水平； ③ 其他检查项均符合要求
2	粒度检查	(1)更换设备状态标识 (2)将目镜测微尺安装至目镜内 (3)将载物台测微尺固定于显微镜的载物台上	① 软膏剂涂布应均匀； ② 检出大于 180μm 的粒子即判断为不合格； ③ 记录应及时准确、真实完整

续表

<table>
<tr><th>序号</th><th>步骤</th><th>操作方法及说明</th><th>质量要求</th></tr>
<tr><td rowspan="5">2</td><td rowspan="5">粒度检查</td><td>（4）选择适当的物镜后，对目镜测微尺进行标定并记录 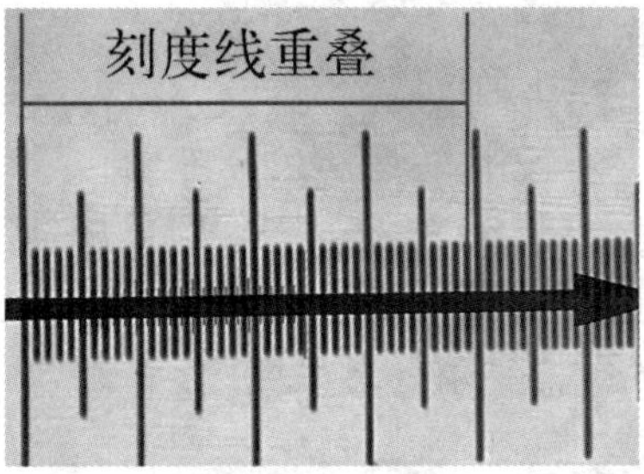</td><td rowspan="5"></td></tr>
<tr><td>（5）将软膏剂挤出置于载玻片上涂成薄层，薄层面积相当于盖玻片面积，共涂 3 片</td></tr>
<tr><td>（6）将涂有软膏剂的载玻片置于载物台上，在显微镜下检视盖玻片全部视野，检查粒子大小</td></tr>
<tr><td>（7）根据检查结果判断是否合格</td></tr>
<tr><td>（8）填写相关记录（操作过程中实时填写）</td></tr>
<tr><td rowspan="4">3</td><td rowspan="4">装量检查</td><td>（1）更换设备状态标识</td><td rowspan="4">① 标示量为 50g 及以下者，取供试品 5 个；标示量为 50g 以上者，取供试品 3 个；
② 乳膏剂内容物要清除完全，容器要清洁干净；
③ 如有 1 个容器装量不符合规定，则另取 5 个（50g 以上者 3 个）复试；
④ 称量过程中严禁移动电子天平；
⑤ 应关闭电子天平的所有玻璃窗，待数字稳定后再读数；
⑥ 记录应及时准确、真实完整</td></tr>
<tr><td>（2）根据乳膏剂的标示装量正确取样</td></tr>
<tr><td>（3）将乳膏剂容器外壳清洁干净后，分别称重并记录 </td></tr>
<tr><td>（4）用剪刀剪开乳膏剂容器，用棉签将内容物清理完毕，并用酒精擦拭干净 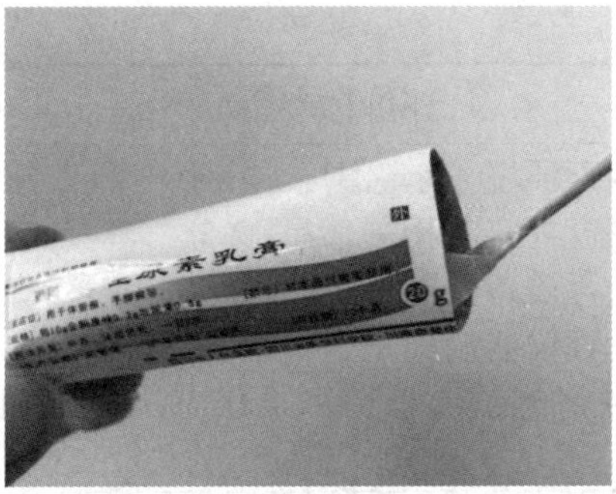</td></tr>
</table>

续表

序号	步骤	操作方法及说明	质量要求
3	装量检查	(5)分别称量各支乳膏剂容器重量并记录	
		(6)根据所得数据计算各支乳膏剂的装量及平均装量，并判断是否合格	
		(7)填写相关记录（操作过程中实时填写）	
4	清洁	(1)清洁：清洗载玻片和盖玻片；用小毛刷清洁电子天平秤盘，用浅色抹布擦拭电子天平内部，用深色抹布擦拭电子天平外部及操作台	符合 GMP 清场与清洁要求
		(2)更换设备状态标识	

三、软膏剂与乳膏剂质量检查过程中出现的问题及解决办法

引导问题3：请写出本组软膏剂与乳膏剂质量检查过程中出现的问题及解决办法。

问题：____

____

解决办法：____

____

评价反馈

项目名称	评价内容	评价标准	自评	互评	师评
专业能力考核项目 70%	质检前检查 11分	1. 正确检查环境，确定温度、相对湿度；2 分 2. 正确检查物料的相关信息；2 分 3. 正确检查设备状态标识；2 分 4. 正确检查仪器的检定合格证；2 分 5. 正确调整电子天平至水平状态，预热并校准；3 分			

续表

项目名称	评价内容	评价标准	自评	互评	师评
专业能力考核项目70%	粒度检查25分	1. 正确更换设备状态标识；1 分 2. 正确安装目镜测微尺和载物台测微尺；2 分 3. 正确标定目镜测微尺；5 分 4. 正确涂布载玻片且数量正确；3 分 5. 正确检视粒子大小；7 分 6. 正确判断结果；2 分 7. 正确填写粒度检查相关记录；3 分 8. 正确清洁；1 分 9. 正确更换设备状态标识；1 分			
	装量检查34分	1. 正确更换设备状态标识；1 分 2. 取样量符合要求；1 分 3. 正确清理乳膏剂容器外壳；2 分 4. 正确称量各支乳膏剂重量并记录；6 分 5. 正确除去各支乳膏剂内容物；5 分 6. 正确称量各支乳膏剂外壳重量并记录；6 分 7. 正确计算各支乳膏剂的装量及平均装量；6 分 8. 正确判断结果；2 分 9. 正确填写装量检查相关记录；3 分 10. 正确清洁；1 分 11. 正确更换设备状态标识；1 分			
职业素养考核项目30%	穿戴规范、整洁；5 分				
	无无故迟到、早退、旷课现象；5 分				
	积极参加课堂活动，按时完成引导问题及笔记记录；10 分				
	具有团队合作、与人交流能力；5 分				
	具有安全意识、责任意识、服务意识；5 分				
总分					

课后作业

软膏剂与乳膏剂的质量检查项目有哪些？

项目9　药液配制

任务9-1　溶液型药液配制

学习目标

1. 能正确描述溶液型药液制剂的种类、概念及特点；
2. 能规范进行溶解、过滤、定容操作；
3. 能判别溶液型药液制备过程中出现的常见问题并分析原因；
4. 能按照GMP要求完成溶液型药液制备的清场和清洁；
5. 具有安全生产、精益求精的工匠精神和劳模精神。

任务分析

溶液型药液系指药物以分子或离子状态分散在溶剂中的一种制剂，主要包括低分子溶液剂和高分子溶液剂。本任务主要是按照常见溶液型药液的生产工艺流程，完成常见溶液型药液制备。

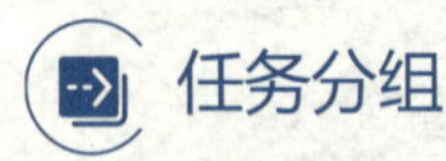

任务分组

见表9-1-1。

表9-1-1　学生任务分配表

<table>
<tr><td>组号</td><td></td><td>组长</td><td></td><td>指导老师</td><td></td></tr>
<tr><td>序号</td><td>组员姓名</td><td colspan="4">任务分工</td></tr>
<tr><td></td><td></td><td colspan="4"></td></tr>
<tr><td></td><td></td><td colspan="4"></td></tr>
<tr><td></td><td></td><td colspan="4"></td></tr>
<tr><td></td><td></td><td colspan="4"></td></tr>
<tr><td></td><td></td><td colspan="4"></td></tr>
</table>

知识准备

低分子溶液剂又称真溶液，是指药物以小分子或离子形式分散于溶剂中制成的均相液体制剂。低分子溶液剂中药物分散度大，吸收快，作用迅速，疗效高，稳定性好，但需注意某些药物的化学稳定性。常见的低分子溶液剂有溶液剂、醑剂、糖浆剂、芳香水剂、酊剂、甘油剂等。

高分子溶液剂是指高分子化合物溶解于溶剂中制成的均相液体制剂。高分子溶液剂分为以水为溶剂的亲水性高分子溶液剂和以非水溶剂制备的非水性高分子溶液剂。亲水性高分子溶液剂又称胶浆剂，在药剂中多用作黏合剂、助悬剂、乳化剂等。

一、溶液型药液的制备方法

低分子溶液剂的制备方法主要有溶解法和稀释法。其中溶解法较为常用，一般制备步骤包括称量、溶解、混合、过滤、加分散介质至全量等（见图9-1-1）。

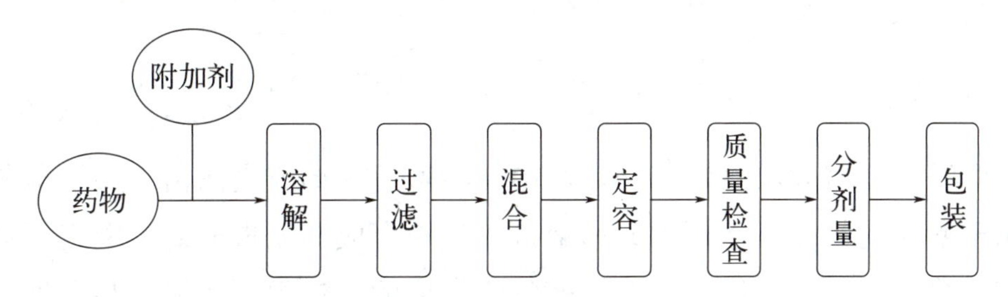

图9-1-1 低分子溶液剂（溶解法）的制备工艺流程

高分子溶液剂的制备方法与低分子溶液剂类似，但高分子药物溶解时首先要经过溶胀过程，将高分子药物撒布于水面上，水分子渗入到高分子药物结构的空隙中，使其自然膨胀（有限溶胀），然后再搅拌或加热使高分子药物最终溶解（无限溶胀）（见图9-1-2）。

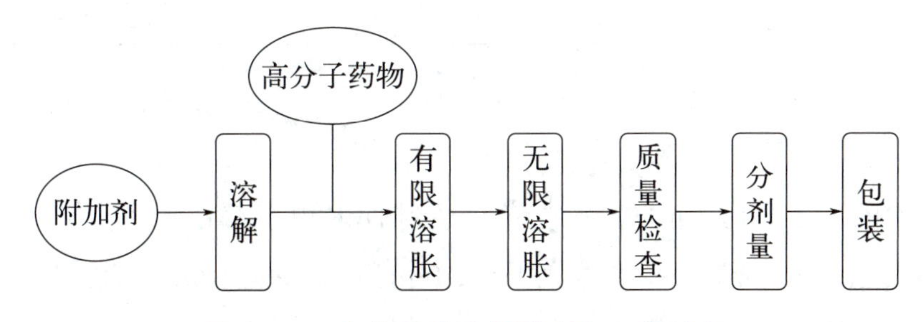

图9-1-2 高分子溶液剂的制备工艺流程

二、附加剂

液体制剂易被微生物污染而变质，可以根据实际情况，有针对性地选择应用防腐剂；为了改善或掩盖药物的不良味道和气味，可以加入矫味剂；为了改善药物制剂的外观颜色，可以加入着色剂；为了增加难溶性药物的溶解度或溶解速率，可以加入增溶剂、助溶剂、潜溶剂等；为了增加药物的化学稳定性，可加入pH调节剂等。

引导问题1：液体药剂使用的防腐剂有哪些？

____

____

小提示

液体药剂使用的防腐剂有：对羟基苯甲酸酯类，如对羟基苯甲酸甲酯、对羟基苯甲酸乙酯、对羟基苯甲酸丙酯、对羟基苯甲酸丁酯等；苯甲酸及其盐，如苯甲酸、苯甲酸钠等；山梨酸及其盐，如山梨酸、山梨酸钾等。其他防腐剂还有苯扎溴铵、醋酸氯己定、邻苯基苯酚等。

三、药物的增溶

表面活性剂增大难溶性药物在水中的溶解度并形成澄清溶液的过程称为增溶，用于增溶的表面活性剂称为增溶剂。随着合成的无毒非离子型表面活性剂的发展，用表面活性剂增大难溶性药物溶解度的方法得到了进一步发展，例如其可用于脂溶性维生素、激素、抗生素、挥发油及其他许多有机物的增溶。由于其增溶作用较广，所以被广泛采用，不但可用于口服和外用制剂，而且还可用于注射剂的增溶，如聚山梨酯（吐温类）、泊洛沙姆等。

引导问题2：药物的溶解分为哪几类？

____

____

小提示

极易溶解：溶质1g（mL）能在溶剂不到1mL中溶解；

易溶：溶质1g（mL）能在溶剂1～10mL（不包含10mL，余同）中溶解；

溶解：溶质1g（mL）能在溶剂10～30mL中溶解；

略溶：溶质1g（mL）能在溶剂30～100mL中溶解；

微溶：溶质1g（mL）能在溶剂100～1000mL中溶解；

极微溶解：溶质1g（mL）能在溶剂1000～10000mL中溶解；

几乎不溶或不溶：溶质1g（mL）在溶剂10000mL中不能完全溶解。

四、溶液型药液的生产设备

溶液型药液小量生产可用乳钵，大量生产需要用到配液罐（见图9-1-3）。

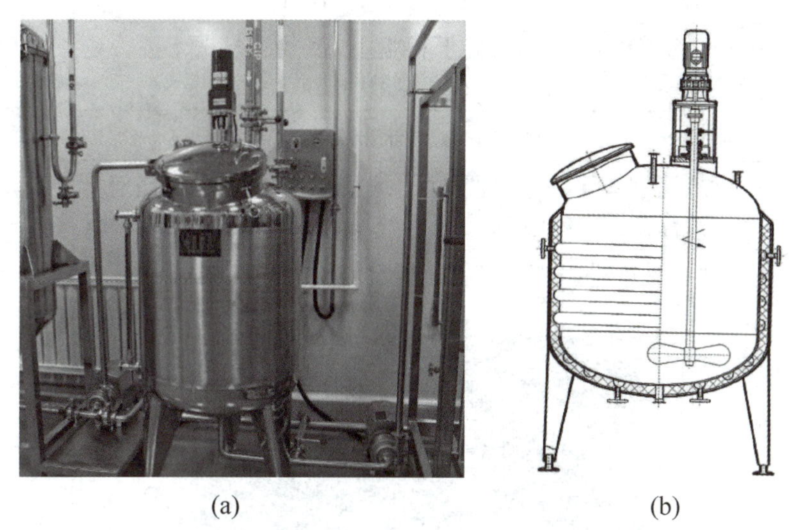

(a) (b)

图9-1-3 配液罐实物（a）与结构示意图（b）

任务实施

一、生产前准备

（1）原料药及各种辅料；

（2）电子天平、乳钵、漏斗、量筒。

二、溶液型药液的制备过程及要求

序号	步骤	操作方法及说明	质量要求
1	生产前检查	（1）检查物料的相关信息； （2）检查生产环境，确定温度（18～26℃）、相对湿度（45%～65%）； （3）检查电子天平、量筒等的检定合格证是否在有效期内； （4）检查电子天平、乳钵、量筒、漏斗等是否清洁、完好； （5）检查天平水平仪内空气气泡是否位于圆环中央（已调平），若不在中央，调整地脚螺栓使气泡位于圆环中央	按照GMP要求完成生产前检查

续表

序号	步骤	操作方法及说明	质量要求
2	称量	（1）更换设备状态标识	① 严格按照SOP完成称量操作任务； ② 称量过程不得洒落，操作后一定要将天平清理干净
		（2）开机：开机后待天平显示零并稳定不变方可进行后续操作	
		（3）预热：预热至少30min	
		（4）校准：检查电子天平是否已校准，外校使用天平配套的砝码进行校准，内校按相应按键校准	
		（5）称量：将称量纸置于秤盘上，关上防风罩，按去皮键，归零，然后从侧门加入需称量的物质至所需重量	
		（6）关机：取出称量物料，天平归零后方可关机	
		（7）清理天平：用软毛刷去除称量盘及称量室内任何物质，保持称量室内清洁	
3	低分子溶液剂的配制	（1）称取适量分散剂，置干燥乳钵中，准确加入药物，充分研匀 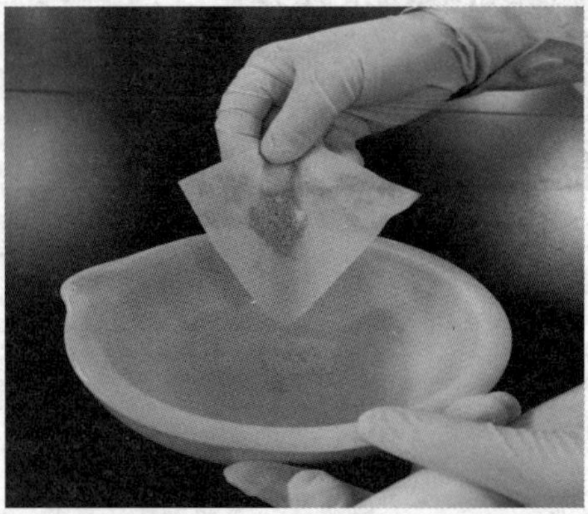	① 严格按照SOP完成配制操作任务； ② 记录应及时准确、真实完整
		（2）量取纯化水适量，分次加入乳钵中，将药物研成糊状，继续加纯化水研磨，留下少量纯化水备用 	
		（3）将上述混合液转入具塞量筒中，余下的纯化水将乳钵中的分散剂冲入具塞量筒中，加塞用力振摇5min	

续表

序号	步骤	操作方法及说明	质量要求
3	低分子溶液剂的配制	(4)用适宜的滤材反复过滤，直至澄明 	
		(5)自滤器上转移至容量瓶，添加纯化水至全量，即得	
		(6)填写相关记录(操作过程中实时填写)	
		(7)生产的产品移交至中间站	
4	高分子溶液剂的配制	(1)量取适量纯化水，加入处方量的pH调节剂、矫味剂、防腐剂等附加剂，随加随搅拌 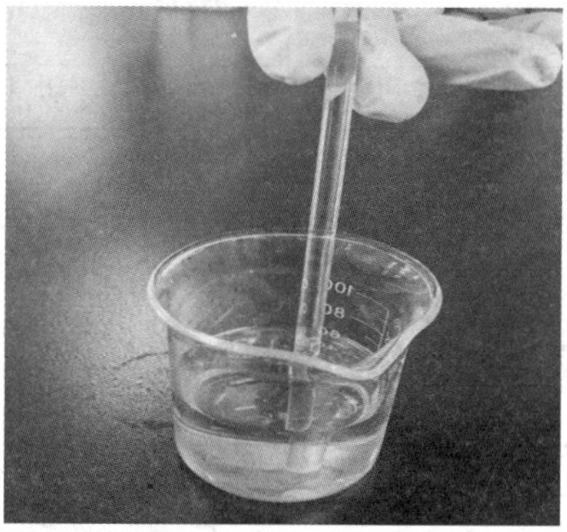	
		(2)将高分子药物分次缓缓撒于液面上，待其自然膨胀(有限溶胀) 	

续表

序号	步骤	操作方法及说明	质量要求
4	高分子溶液剂的配制	(3)在膨胀基础上，进一步搅拌或加热，使主药完全溶解(无限溶胀)	
		(4)添加纯化水至全量，即得	
		(5)填写相关记录(操作过程中实时填写)	
		(6)生产的产品移交至中间站	
5	清洁和清场	(1)清洁：清洗所用器具，擦拭桌面，并清扫地面	① 符合GMP清场与清洁要求；② 记录应及时准确、真实完整
		(2)更换设备状态标识	
		(3)生产操作人员填写相关记录并签名，复核人员核对无误后签名	
		(4)QA对清场情况进行复核，复核合格后发放清场合格证	

三、溶液型药液制备过程中出现的问题及解决办法

引导问题3：请写出本组在溶液型药液配制过程中出现的问题及解决办法。

问题：

解决办法：

评价反馈

项目名称	评价内容	评价标准	自评	互评	师评
专业能力考核项目70%	生产前检查与准备10分	1. 正确检查生产环境，确定温度、相对湿度；2分 2. 正确检查复核设备状态标识；2分 3. 正确领取、清点所用器具；2分 4. 检查物料相关信息；2分 5. 检查电子天平检验合格证；2分			

续表

项目名称	评价内容	评价标准	自评	互评	师评
专业能力考核项目70%	称量25分	1. 正确更换设备状态标识；3分 2. 开机正确，开机后待天平显示零并稳定不变方可进行后续操作；3分 3. 天平预热至少30min；3分 4. 检查天平校准情况，若没有校准，进行校准；5分 5. 称量，使用称量纸或称量瓶称量，去皮操作正确，称量时关闭侧门及顶门；6分 6. 关机，取出称量物料，天平清零后方可关机；5分			
	低分子溶液剂的配制12分	1. 乳钵干燥；1分 2. 研磨均匀；2分 3. 纯化水分次加入乳钵；1分 4. 过滤装置搭建正确，液体不能太满；2分 5. 过滤操作“三靠”规范；3分 6. 定容操作规范，结果准确；3分			
	高分子溶液剂的配制13分	1. 原辅料称取或量取准确；3分 2. 将高分子药物分次缓缓撒于液面上，待其自然膨胀溶解；3分 3. 充分膨胀后，进行搅拌或加热操作，药物溶解完全；4分 4. 定容操作规范，结果准确；3分			
	清场与记录10分	1. 正确更换状态标识；1分 2. 清除设备残留物料；1分 3. 清洁地面、台面；1分 4. 正确填写过程交接单、中间站台账；1分 5. 如实及时填写生产记录、设备使用记录；2分 6. 正确填写清场记录；2分 7. 正确填写生产前检查记录；1分 8. 粘贴清场副本于记录上；1分			
职业素养考核项目30%	穿戴规范、整洁；5分				
	无无故迟到、早退、旷课现象；5分				
	积极参加课堂活动，按时完成引导问题及笔记记录；10分				
	具有团队合作、与人交流能力；5分				
	具有安全意识、责任意识、服务意识；5分				
总分					

课后作业

1. 欲制得澄明液体的关键操作是什么？

2. 液体药剂与固体药剂相比，其特点是什么？

小拓展

提高难溶性药物的溶解与吸收是当代药物研发领域的一个重大挑战。据统计，目前市售的药物中约40%为难溶性化合物。难溶性的化合物口服吸收差、生物利用度低，难以达到预期的治疗效果。经过数十年的努力研究，药学科学家开发了许多解决难溶性药物开发问题的技术和方法，如胶束增溶技术、脂质体增溶技术、共溶剂增溶技术等，实现或进一步加强了这一类药物的治疗优势，为人类的健康做出了重大贡献。

任务9-2　乳浊液型药液配制

学习目标

1. 能正确描述乳浊液型药液的概念、类型及特点；
2. 能规范进行称量、乳化、过滤、定容操作；
3. 能判别乳浊液型药液制备过程中出现的常见问题并分析原因；
4. 能按照GMP要求完成乳浊液型药液制备的清场和清洁；
5. 具有安全生产、精益求精的工匠精神和劳模精神。

任务分析

乳浊液型药液（又称乳剂）是指互不相溶的两种液体混合，其中一相液体以液滴状态分散于另一相液体中形成的非均相液体制剂。形成液滴的液体称为分散相、内相或非连续相，另一液体则称为分散介质、外相或连续相。本任务主要是按照常见乳浊液型药液的生产工艺流程，完成常见乳浊液型药液制备。

任务分组

见表9-2-1。

表9-2-1　学生任务分配表

组号		组长		指导老师	
序号	组员姓名	任务分工			

知识准备

乳剂作为一种药物载体，其主要的特点包括：①乳剂中液滴的分散度较大，药物吸收和药效的发挥很快，生物利用度高；②可增加难溶性药物的溶解度；③可掩盖药物的不良臭味，减少药物的刺激性及毒副作用；④可提高药物（如对水敏感的药物）的稳定性；⑤外用乳剂能改善对皮肤、黏膜的穿透性；⑥药物制成亚微乳或纳米乳静脉给药，可使药物具有靶向作用，提高疗效。

乳剂由水相（W）、油相（O）和乳化剂组成，三者缺一不可。根据乳化剂的种类、性质及相体积比，乳剂可分为水包油型（O/W型）乳与油包水型（W/O型）乳（见表9-2-2）。

数字资源9-1
乳剂的鉴别
视频

表9-2-2　不同类型乳剂的区别

项目	O/W型乳剂	W/O型乳剂
外观	乳白色	接近油的颜色
皮肤感受	开始无油腻感	有油腻感
稀释	可用水稀释	可用油稀释
导电性	导电	几乎不导电
油性染料	油相被染色(内相)	油相被染色(外相)
水性染料	水相被染色(外相)	水相被染色(内相)

一、乳剂的制备方法

乳剂的制备方法有干胶法、湿胶法、新生皂法、两项交替加入法和机械法等。影响乳剂制备的因素包括乳化剂的性质与用量、分散介质的黏度、乳化温度与时间、原辅料的加入顺序与方法、搅拌速度等。乳剂制备的工艺流程见图9-2-1。实际操作中，可根据药物与辅料性质，采用多种制备技术完成乳剂制备操作（见表9-2-3）。

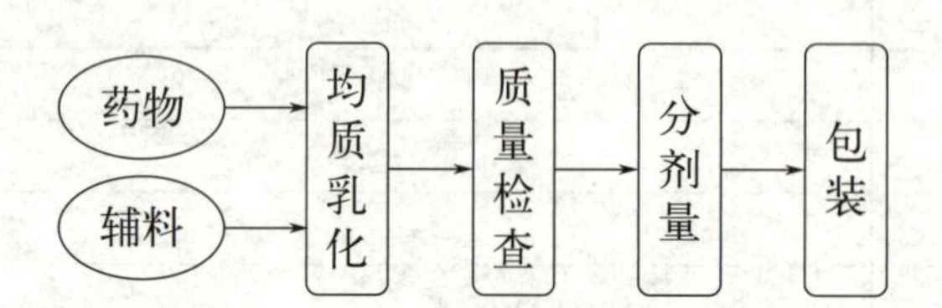

图9-2-1 乳剂制备的工艺流程

表9-2-3 乳剂制备技术与操作过程

制备方法	制备工艺	操作过程
乳化方法	干胶法	先将乳化剂(胶)分散于油相中，研匀后加水相制备成初乳，然后稀释至全量，混匀，即得
	湿胶法	先将乳化剂分散于水中研匀，再将油加入，用力搅拌使成初乳，然后加水将初乳稀释至全量，混匀，即得
	新生皂法	是指油、水两相混合时，两相界面上生成的新生皂类产生乳化的方法
	两相交替加入法	向乳化剂中每次少量交替地加入水或油，边加边搅拌，即可形成乳剂
	机械法	不考虑油相、水相、乳化剂混合顺序，用乳化机械制备，很容易制成乳剂

二、乳化剂

乳化剂是指乳剂制备时，除油相与水相外，尚需加入的能促使分散相乳化并保持稳定的物质，它是乳剂的重要组成部分（见表9-2-4）。

表9-2-4 常用乳化剂的类型和特点

类别	常用乳化剂	特点
天然乳化剂	阿拉伯胶、西黄蓍胶、明胶、杏树胶、卵黄等	为天然高分子材料，亲水性较强，黏度较大，能增加乳剂的稳定性。能制成O/W型乳剂，但易霉败，需加入防腐剂
表面活性剂	硬脂酸钠、十二烷基硫酸钠、脂肪酸山梨坦、聚山梨酯等	乳化能力强，性质稳定，与其他乳化剂混合使用效果更好

续表

类别	常用乳化剂	特点
固体微粒乳化剂	氢氧化镁、氢氧化铝、二氧化硅、皂土、氢氧化钙、氢氧化锌等	为细微的不溶性固体粉末，可吸附于油水界面形成固体微粒膜而起乳化作用
辅助乳化剂	甲基纤维素、羧甲基纤维素钠、羟丙基纤维素、琼脂、西黄蓍胶等	可增加黏度，提高其他乳化剂的乳化能力

引导问题1：乳化剂该如何选择？

____

____

____

小提示

可通过乳化剂的HLB值和测定油乳化所需的HLB值的方法选择适宜的乳化剂。这种方法是基于每种乳化剂都具有一定的HLB值，而每种被乳化的油又都有所需的HLB值，选用适宜HLB值的乳化剂有利于形成比较稳定的乳剂。但是单个乳化剂所具有的HLB值不一定恰好与被乳化物质所需要的HLB值相当，因此常将两种不同HLB值乳化剂混合使用，混合乳化剂的HLB值按下法计算：

$$\mathrm{HLB_{AB}}=\frac{\mathrm{HLB_A}W_\mathrm{A}+\mathrm{HLB_B}W_\mathrm{B}}{W_\mathrm{A}+W_\mathrm{B}}$$

式中，$\mathrm{HLB_{AB}}$为混合乳化剂的HLB值；$\mathrm{HLB_A}$、$\mathrm{HLB_B}$分别为两种已知单个乳化剂的HLB值；W_A、W_B分别为单个乳化剂的质量。

测定油所需的HLB的方法，是将两种已知HLB值的乳化剂，按上述公式的不同质量比例配成一系列HLB值的乳化剂，然后再制备成一系列乳剂，在室温条件下或采用加速试验的方法，观察乳剂分散液滴的粒度、分层现象等评价稳定性，稳定性最佳的乳剂选用的乳化剂HLB值，即为油乳化所需的HLB值。

三、乳浊液型药液的生产设备

乳浊液型药液小量生产可用乳钵，大量生产一般是将油相、水相、乳化剂混合后用乳化机械制备。常用的乳剂制备设备是真空均质乳化机（见图9-2-2）。其操作流程如下：

1.生产前检查

确保设备被安装在适当的位置，并且所有的连接部分都被正确地固定。启动设备，运行几分钟，以确认设备运行正常，没有漏油、漏气、异响等问题。

2.生产操作

（1）将需要处理的原辅料加入料罐内；

（2）开启真空泵，将料罐内压力降至设定值，同时进行搅拌操作；

（3）打开均质泵，使其运转，开始均质过程；

（4）开启加热系统，将料罐内温度升至设定值；

（5）均质完成后，关闭均质泵，停止搅拌操作；

（6）关闭加热系统，等待散热，将料罐内温度降至常温；

（7）停止真空泵运转，打开料罐等压放气口，恢复大气压力；

（8）打开料罐排料口，出料。

3.结束操作

关闭设备，然后根据设备的清洁指南，清洁设备。定期检查和维护设备，如检查设备的密封、阀门、管道等，及时更换磨损的零部件。

图9-2-2 真空均质乳化机

任务实施

一、生产前准备

（1）原料药物及各种辅料；

（2）电子天平、乳钵、量杯等。

二、乳浊液型药液的制备过程及要求

序号	步骤	操作方法及说明	质量要求
1	生产前检查	(1)检查物料的相关信息。 (2)检查生产环境，确定温度(18～26℃)、相对湿度(45%～65%)。 (3)检查电子天平、量杯等的检定合格证是否在有效期内。 (4)检查电子天平、乳钵、量杯等是否清洁、完好。 (5)检查天平水平仪内空气气泡是否位于圆环中央(已调平)，若不在中央，调整地脚螺栓使气泡位于圆环中央	按照GMP要求完成生产前检查
2	称量	(1)更换设备状态标识 (2)开机：开机后待天平显示零并稳定不变方可进行后续操作 (3)预热：预热至少30min (4)校准：检查电子天平是否已校准，外校使用天平配套的砝码进行校准，内校按相应按键校准 (5)称量：将称量纸置于秤盘上，关上防风罩，按去皮键，归零，然后从侧门加入需称量的物质至所需重量 (6)关机：取出称量物料，天平清零后方可关机 (7)清理天平：用软毛刷去除称量盘及称量室内的所有物质，保持称量室内清洁	① 严格按照SOP完成称量操作任务； ② 称量过程不得洒落，操作后一定要将天平清理干净
3	干胶法制备	(1)制备初乳：将处方量乳化剂置于干燥乳钵中，加入油相，稍加研磨，使乳化剂分散后，一次性加纯化水适量，同一方向不断研磨至发生噼啪声，形成稠厚的乳状液，即成初乳  (2)转移：将上述初乳转移至量杯，用少量的纯化水将乳钵中的残留物冲入量杯中 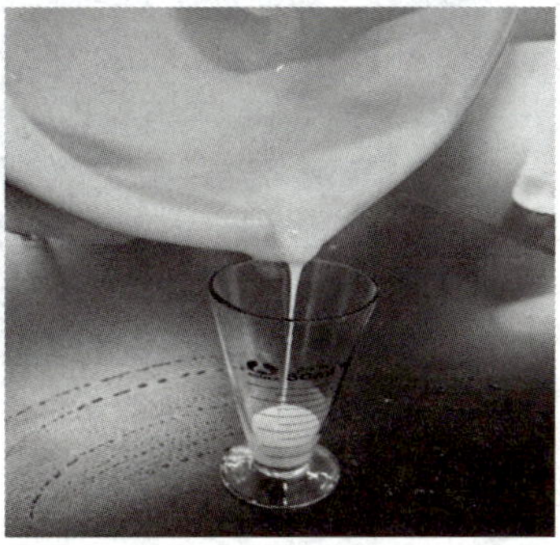	严格按照SOP完成乳化操作任务

续表

序号	步骤	操作方法及说明	质量要求
3	干胶法制备	(3) 定容：用适量纯化水定容至全量，振摇均匀，即得 	
		(4) 填写相关记录（操作过程中实时填写）	
		(5) 生产的产品移交至中间站。	
	湿胶法制备	(1) 制备初乳：取纯化水适量置乳钵中，加入处方量乳化剂研匀成胶浆后，分次加入油相，迅速向同一方向研磨，至发出噼啪声，形成稠厚的乳状液，即成初乳 	
		(2) 转移：将上述初乳转移至量杯，用少量的纯化水将乳钵中的残留物冲入量杯中	
		(3) 定容：用适量纯化水定容至全量，振摇均匀，即得 	
		(4) 填写相关记录（操作过程中实时填写）	
		(5) 生产的产品移交至中间站	

续表

序号	步骤	操作方法及说明	质量要求
4	清洁和清场	(1)清洁：清洗所用器具，擦拭桌面，并清扫地面	符合GMP清场与清洁要求
		(2)更换设备状态标识	
		(3)QA对清场情况进行复核，复核合格后发放清场合格证	
		(4)填写清场记录(操作过程中实时填写)	

引导问题2： 请写出本组在乳剂的制备过程中出现的问题及解决办法。

问题：______________________________

____

解决办法：______________________________

____

评价反馈

项目名称	评价内容	评价标准	自评	互评	师评
专业能力考核项目70%	生产前检查与准备10分	1. 正确检查生产环境，确定温度、相对湿度；2分 2. 正确检查复核设备状态标识；2分 3. 正确领取、清点所用器具；2分 4. 检查物料相关信息；2分 5. 检查电子天平检验合格证；2分			
	称量25分	1. 正确更换设备状态标识；3分 2. 开机正确，开机后待天平显示零并稳定不变方可进行后续操作；3分 3. 天平预热至少30min；3分 4. 检查天平校准情况，若没有校准，进行校准；5分 5. 称量，使用称量纸或称量瓶称量，去皮操作正确，称量时关闭侧门及顶门；6分 6. 关机，取出称量物料，天平清零后方可关机；5分			
	干胶法制备12分	1. 制备初乳操作规范，药物加入顺序准确；4分 2. 初乳颜色乳白，稠厚；3分 3. 初乳转移至量杯无残留；3分 4. 定容体积准确，操作规范；2分			
	湿胶法制备13分	1. 制备初乳操作规范，油相分次加入；5分 2. 初乳颜色乳白，稠厚；3分 3. 初乳转移至量杯无残留；3分 4. 定容体积准确，操作规范；2分			

续表

<table>
<tr><th>项目名称</th><th>评价内容</th><th>评价标准</th><th>自评</th><th>互评</th><th>师评</th></tr>
<tr><td>专业能力
考核项目
70%</td><td>清场与
记录
10分</td><td>1. 正确更换设备状态标识；1分
2. 清除设备残留物料；1分
3. 清洁地面、台面；1分
4. 正确填写过程交接单、中间站台账；1分
5. 如实及时填写生产记录、设备使用记录；2分
6. 正确填写清场记录；2分
7. 正确填写生产前检查记录；1分
8. 粘贴清场副本于记录上；1分</td><td></td><td></td><td></td></tr>
<tr><td rowspan="5">职业素养
考核项目
30%</td><td colspan="2">穿戴规范、整洁；5分</td><td></td><td></td><td></td></tr>
<tr><td colspan="2">无无故迟到、早退、旷课现象；5分</td><td></td><td></td><td></td></tr>
<tr><td colspan="2">积极参加课堂活动，按时完成引导问题及笔记记录；10分</td><td></td><td></td><td></td></tr>
<tr><td colspan="2">具有团队合作、与人交流能力；5分</td><td></td><td></td><td></td></tr>
<tr><td colspan="2">具有安全意识、责任意识、服务意识；5分</td><td></td><td></td><td></td></tr>
<tr><td colspan="3">总分</td><td></td><td></td><td></td></tr>
</table>

课后作业

1. 油性药物适合制备成哪种类型的乳剂？为什么？

2. 试分析至少三种已经上市的乳剂成品用的乳化剂，并阐述乳化剂对乳剂制备的重要意义。

思政育人

甘守寂寞，持之以恒——中药走向国际化不再是梦想

中国工程院院士李大鹏从中药薏苡仁中发现并成功提取分离到抗癌新化合物，获得发明专利，提升了中药研究原创水平，率先创建了中药静脉乳剂技术平台，研制成功了抗癌新药康莱特注射液，又创建了超临界二氧化碳萃取中药有效成分产业化应用工艺技术平台，并率先被SFDA批准投入生产，填补了中国国内外中药静脉乳剂和超临界萃取中药有效成分技术的空白，凭着这项具有重要意义的研究项目，李大鹏教授成为我国第一位中药静脉乳剂的研制者，中药制药学界第一位工程院院士。他认为，人一定要有理想、信念和追求，做学问做科研要甘守寂寞，淡泊名利，只要方向正确，就当持之以恒，不要学蜻蜓点水，一阵涟漪过后便了无痕迹；而要学老牛耕地，认准方向一步一步地前行，当回首过往，看到的将是一串串坚实的脚印。

任务9-3　混悬液型药液配制

学习目标

1.能正确描述混悬液型药液的概念、类型及特点；
2.能规范进行称量、分散、定容操作；
3.能判别混悬液型药液制备过程中出现的常见问题并分析原因；
4.能按照GMP要求完成混悬液型药液制备的清场和清洁；
5.具有安全生产、精益求精的工匠精神和劳模精神。

任务分析

混悬液型药液（又称混悬剂）是指难溶性固体药物以微粒状态分散在分散介质中形成的非均相液体制剂。凡难溶性药物需要制成液体制剂供临床应用时，药物的剂量超过了溶解度而不能以溶液剂的形式应用时，都可以考虑制成混悬剂。但剧毒药物或剂量小的药物不宜制成混悬剂。本任务主要是按照常见混悬液型药液的生产工艺流程，完成常见混悬液型药液制备。

任务分组

见表9-3-1。

表9-3-1　学生任务分配表

组号		组长		指导老师	
序号	组员姓名	任务分工			

知识准备

混悬剂微粒分散度高，属于热力学不稳定体系；且混悬剂中的微粒受重力作用产生沉降，属于动力学不稳定体系。为了提高混悬剂的物理稳定性，常加入助悬剂、润湿剂、絮凝剂与反絮凝剂等稳定剂。助悬剂（如纤维素衍生物）可增加分散介质的黏度，降低微粒的沉降速度，有利于制成稳定的混悬剂。助悬剂的用量不宜过大，否则将影响药物的倾倒和涂布。润湿剂可改善疏水性药物微粒被水润湿的能力，常用的润湿剂为HLB值在7～9的表面活性剂。混悬液中加入絮凝剂，可降低药物微粒的ζ电位，使混悬剂处于絮凝状态，形成网状疏松的聚集体，此时混悬剂的物理稳定性好，适合长期放置；若混悬液中加入反絮凝剂，则药物微粒的ζ电位增大，微粒间斥力增加，絮凝程度降低，微粒间的聚集减少，混悬液保持较低的黏度和一定的流动性，此状态下的混悬剂为反絮凝混悬剂。

混悬剂的质量要求有：①化学性质稳定；②药物微粒大小均匀，贮存过程中不发生变化；③沉降速度缓慢；④沉降物易重新分散；⑤具有一定黏度；⑥内服应适口，外用应易涂布。

一、混悬剂的制备方法

混悬剂的制备方法有分散法与凝聚法。

1.分散法

将固体药物粉碎成符合要求的微粒，再根据主药的性质加入适宜稳定剂，使其混悬于分散介质中，即为分散法。亲水性药物先粉碎至一定细度，再加液研磨（通常1份固体药物，加0.4～0.6份液体为宜）至适宜的分散度后加剩余液体至全量；疏水性药物则先用润湿剂或高分子溶液研磨，使药物颗粒润湿，最后加分散介质稀释至总量（见图9-3-1）。

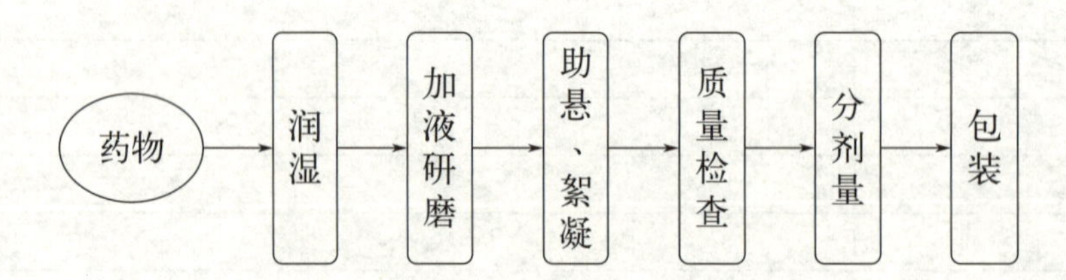

图9-3-1　分散法制备混悬剂的工艺流程

2.凝聚法

将离子或分子状态的药物借助物理或化学方法凝聚成微粒，再混悬于分散介质中形成混悬剂的方法为凝聚法。化学凝聚法用两种或两种以上的药物分别制成稀溶液，再混合并急速搅拌，使产生化学反应生成不溶性微粒，制成混悬型液体制剂；物理凝聚法往往通过改变溶剂或浓度，使药物的溶解度明显下降而析出沉淀，此时溶剂改变时的搅拌速度越剧烈，析出的沉淀越细，所以在配制合剂时，常将酊剂、醑剂缓缓加入水中并快速搅拌，以使制成的混悬剂细腻，颗粒沉降缓慢（见图9-3-2）。

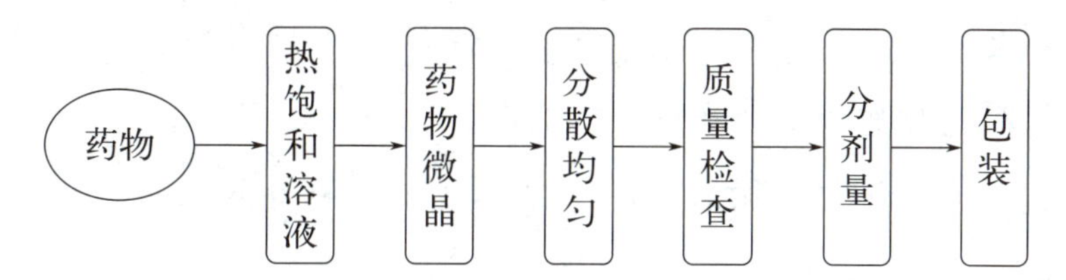

图9-3-2 物理凝聚法制备混悬剂的工艺流程

二、稳定剂

混悬剂制备时，为了增加药物稳定性，往往需要加入稳定剂，稳定剂的类型见表9-3-2。

表9-3-2 混悬剂稳定剂的类型

类别	常用稳定剂	稳定机理
助悬剂	① 低分子助悬剂：如甘油、糖浆等。 ② 高分子助悬剂：天然的高分子助悬剂如阿拉伯胶、西黄蓍胶等；合成或半合成高分子助悬剂如甲基纤维素、羧甲基纤维素钠、羟丙基纤维素等。 ③ 触变胶：单硬脂酸铝在植物油中可形成典型的触变胶。 ④ 硅酸类：如硅皂土	增加分散介质的黏度；吸附在微粒表面形成机械性或电性保护膜；增加微粒亲水性，延缓结晶转型
润湿剂	HLB值在7～9的表面活性剂，如聚山梨酯类、泊洛沙姆等	吸附于微粒表面，增加亲水性，增强混悬剂稳定性
絮凝剂与反絮凝剂	枸橼酸盐、酒石酸盐等	改变ζ电位，同一电解质可因加入量的不同，起到絮凝作用（降低ζ电位）或反絮凝作用（升高ζ电位）

引导问题1： 影响混悬剂稳定性的因素有哪些？

______

______

______

小提示

（1）粒子沉降　通过stokes沉降方程可知，粒子半径越大，介质黏度越低，沉降速度越快。为保持稳定，应减小微粒半径，或增加介质黏度（助悬剂）。

（2）荷电与水化膜　双电层与水化膜能保持粒子间斥力，有助于稳定。如双电层ζ电位降低或水化膜破坏，则粒子发生聚沉。电解质容易破坏ζ电位和水化膜。

（3）絮凝与反絮凝　适当降低ζ电位，粒子发生松散聚集，有利于混悬剂稳定，能形成絮凝的物质为絮凝剂。

（4）结晶　放置过程中微粒结晶，结晶成长，可导致聚沉。

三、混悬型药液的生产设备

混悬型药液小量生产可用乳钵，大量生产可以用均质机（图9-3-3）。其操作流程为：

图9-3-3　均质机

1.生产前检查

确保设备被安装在适当的位置，并且所有的连接部分都被正确地固定。启动设备，运行几分钟，以确认设备运行正常，没有漏油、漏气、异响等问题。

2.生产操作

（1）加载原料　将需要均质的物质按照预定的比例加入设备中。这一步需要注意的是，尽量保持物质的温度、黏度等在最适合均质的范围内。

（2）开始操作　按照设备的操作指南，设定合适的操作参数，如压力、温度等，然后启动设备。一般来说，高压均质机通过高压泵将物质推向均质阀，物质在此过程中被均质化。

（3）监测与调整　在设备运行过程中，需要不断监控设备的运行状态和物质的均质化程度，如果有必要，及时调整操作参数。

3. 结束操作

完成均质过程后，关闭设备，然后根据设备的清洁指南，清洁设备。定期检查和维护设备，如检查设备的密封、阀门、管道等，及时更换磨损的零部件。

任务实施

一、生产前准备

（1）原料药物及各种辅料；

（2）电子天平、乳钵、漏斗、量筒。

二、混悬剂的制备过程及要求

序号	步骤	操作方法及说明	质量要求
1	生产前检查	（1）检查物料的相关信息； （2）检查生产环境，确定温度（18～26℃）、相对湿度（45%～65%）； （3）检查电子天平、量筒等的检定合格证是否在有效期内； （4）检查电子天平、乳钵、量筒等是否清洁、完好； （5）检查天平水平仪内空气气泡是否位于圆环中央（已调平），若不在中央，调整地脚螺栓使气泡位于圆环中央	按照 GMP 要求完成生产前检查
2	称量	（1）更换设备状态标识 （2）开机：开机后待天平显示零并稳定不变方可进行后续操作 （3）预热：预热至少 30min （4）校准：检查电子天平是否已校准，外校使用天平配套的砝码进行校准，内校按相应按键校准 （5）称量：将称量纸置于秤盘上，关上防风罩，按去皮键，归零，然后从侧门加入需称量的物质至所需重量 （6）关机：取出称量物料，天平清零后方可关机 （7）清理天平：用软毛刷去除称量盘及称量室内所有物质，保持称量室内清洁	①严格按照 SOP 完成称量操作任务； ②称量过程不得洒落，操作后一定要将天平清理干净

续表

<table>
<tr><th>序号</th><th>步骤</th><th>操作方法及说明</th><th>质量要求</th></tr>
<tr><td rowspan="6">3</td><td rowspan="6">研磨分散</td><td>(1)将甜味剂溶于适量的纯化水，备用</td><td rowspan="6">严格按照SOP完成研磨分散操作任务</td></tr>
<tr><td>(2)将稳定剂充分溶胀后，与润湿剂、保湿剂、防腐剂等辅料一起加入甜味剂溶液中，搅拌混合均匀 </td></tr>
<tr><td>(3)加入主药研磨分散均匀，再加入矫味剂、着色剂等一起研磨分散均匀 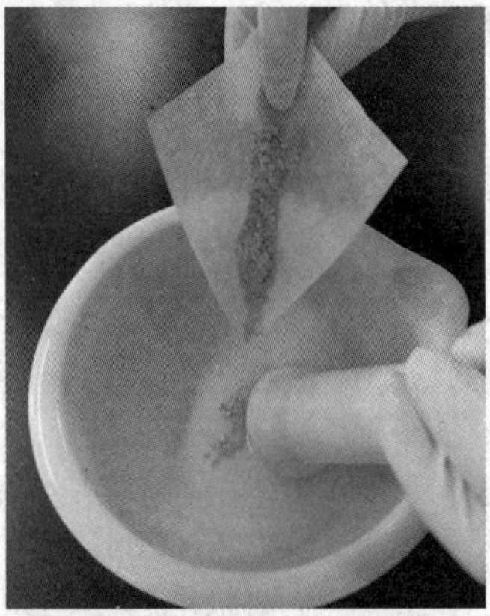</td></tr>
<tr><td>(4)加纯化水至全量，用乳钵研磨分散均匀，即得 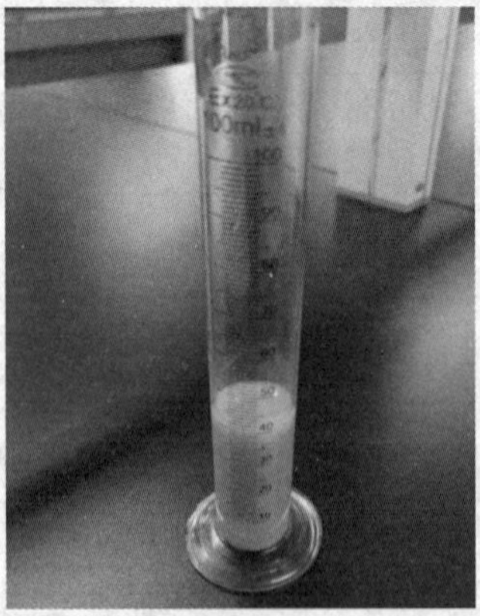</td></tr>
<tr><td>(5)填写相关记录(操作过程中实时填写)</td></tr>
<tr><td>(6)生产的产品移交至中间站</td></tr>
</table>

续表

序号	步骤	操作方法及说明	质量要求
4	清洁和清场	（1）清洁：用纯化水清洗所用器具，擦拭桌面，并清扫地面	符合GMP清场与清洁要求
		（2）更换设备状态标识	
		（3）生产操作人员填写相关记录并签名，复核人员核对无误后签名	
		（4）QA检查，合格后发放清场合格证	

引导问题2： 请写出本组在混悬剂的制备过程中出现的问题及解决办法。

问题：____

____

解决办法：______________________________________

____

评价反馈

项目名称	评价内容	评价标准	自评	互评	师评
专业能力考核项目70%	生产前检查与准备10分	1. 正确检查生产环境，确定温度、相对湿度；2分 2. 正确检查复核设备状态标识；2分 3. 正确领取、清点所用器具；2分 4. 检查物料相关信息；2分 5. 检查电子天平检验合格证；2分			
	称量25分	1. 正确更换设备状态标识；3分 2. 开机正确，开机后待天平显示零并稳定不变方可进行后续操作；3分 3. 天平预热至少30min；3分 4. 检查天平校准情况，若没有校准，进行校准；5分 5. 称量，使用称量纸或称量瓶称量，去皮操作正确，称量时关闭侧门及顶门；6分 6. 关机，取出称量物料，天平清零后方可关机；5分			
	研磨分散25分	1. 助悬剂溶胀操作规范；5分 2. 润湿剂、助悬剂、絮凝剂等搅拌混合均匀，操作规范；5分 3. 加入主药剂量准确，无洒落；5分 4. 研磨操作规范；5分 5. 加纯化水定容准确；5分			

续表

项目名称	评价内容	评价标准	自评	互评	师评
专业能力考核项目 70%	清场与记录 10分	1. 正确更换设备状态标识；1分 2. 清除设备残留物料；1分 3. 清洁地面、台面；1分 4. 正确填写过程交接单、中间站台账；1分 5. 如实及时填写生产记录、设备使用记录；2分 6. 正确填写清场记录；2分 7. 正确填写生产前检查记录；1分 8. 粘贴清场副本于记录上；1分			
职业素养考核项目 30%	穿戴规范、整洁；5分				
	无无故迟到、早退、旷课现象；5分				
	积极参加课堂活动，按时完成引导问题及笔记记录；10分				
	具有团队合作、与人交流能力；5分				
	具有安全意识、责任意识、服务意识；5分				
总分					

课后作业

1. 试查找至少一种上市的混悬剂成品，并分析其处方。

2. 哪些药物适合制成混悬剂？混悬剂的优点是什么？

项目10　小剂量注射剂生产

任务10-1　清洗烘瓶

学习目标

1. 能正确描述清洗烘瓶的目的、流程及工艺要点；
2. 能规范操作超声波清洗器和烘箱完成安瓿或西林瓶的清洗及烘干；
3. 能正确进行清洗烘瓶的质量检查；
4. 能按照GMP要求完成清洗烘瓶操作的清场和清洁；
5. 具有无菌操作意识、安全生产意识和精益求精的工匠精神。

任务分析

安瓿或西林瓶是用于盛装药液的小型玻璃容器，容量一般小于50mL，常用于注射用无菌制剂。无菌制剂质量保证的重点在于微生物、热原和微粒的污染控制，清洗烘瓶是对安瓿或西林瓶进行清洗烘干，尽可能消除上述污染的操作。本任务主要是学会使用洗瓶机、烘箱完成安瓿或西林瓶的清洗及烘干。

任务分组

见表10-1-1。

表10-1-1　学生任务分配表

<table>
<tr><td>组号</td><td></td><td>组长</td><td></td><td>指导老师</td><td></td></tr>
<tr><td>序号</td><td>组员姓名</td><td colspan="4">任务分工</td></tr>
<tr><td></td><td></td><td colspan="4"></td></tr>
<tr><td></td><td></td><td colspan="4"></td></tr>
<tr><td></td><td></td><td colspan="4"></td></tr>
<tr><td></td><td></td><td colspan="4"></td></tr>
<tr><td></td><td></td><td colspan="4"></td></tr>
</table>

知识准备

一、清洗烘瓶简介

清洗烘瓶的流程一般为超声波清洗→纯化水（或注射用水洗）→注射用水洗→压缩空气冲→烘箱灭菌除热原。其中超声清洗和压缩空气冲为可选项。

清洗操作主要作用是去除容器表面的微粒和化学污染物，同时也可以带走一部分微生物。

烘瓶操作主要作用是烘干容器，避免容器中存在残留水对产品造成影响；同时，灭活微生物，降低细菌内毒素水平。

二、商业化生产清洗烘瓶简介

商业化生产中，安瓿、西林瓶的清洗和灭菌自动化程度比较高，目前多数采用洗、烘、灌联动生产线，通常的方法是容器通过输送机械进行自动流转，采用一体化的清洗设备和隧道烘箱，对容器进行清洗和去热原操作。清洗设备设计成旋转式或者箱体式系统。清洗介质包括除菌过滤的压缩空气、纯化水或与注射用水相连的循环水。

1.清洗烘瓶程序

（1）超声波清洗　所用的超声是利用“气穴”效应对杂质进行机械分离的（超声在水中形成空穴），需对超声频率参数进行确认。

（2）工艺用水清洗　即通过喷嘴用纯化水或注射用水喷淋容器内外表面，最后使用注射用水至少冲洗一次。

（3）压缩空气冲　即通入除菌过滤的压缩空气对容器吹干。应确保水能在规定时间内排干，否则含有微粒的清洗用水在容器内流转过后，微粒不会随水流走，而是残留在容器内。

（4）烘瓶　洗瓶机送入容器在隧道式灭菌干燥机里烘干、升温、灭菌、降温和凉瓶后进入灌装区。隧道式灭菌干燥机的常用灭菌温度≥315℃，网带频率为≤20Hz，需要经过验证和确认。

2.工艺要点

在生产过程中，应定时抽取安瓿、西林瓶检查洁净度，控制洗瓶速度、超声波频率（如适用）、注射用水水温（如适用）、注射用水压力、洁净压缩空气压力等，监控隧道烘箱的温度、压差、履带传送速度、悬浮粒子数等。应规定灭菌后安瓿、西林瓶的使用时限，以及在隧道烘箱内驻留的最长时间。

引导问题1：请简述清洗烘瓶步骤及工艺要点。

____

____

____

小提示

生产过程中检查洁净度不符合要求时，可从以下方面进行分析：

（1）冲洗水压力　压力不足可导致不能有效清洗安瓿。

（2）烘箱温度　温度不足可导致不能有效去除微生物、细菌内毒素。

（3）烘箱网带频率（烘干时间）　烘箱网带频率高，速度过快可导致烘干时间不足，不能有效去除微生物、细菌内毒素。

（4）过滤　使用的纯化水、注射用水、压缩空气未经过过滤或者滤芯破损可导致引入微生物、细菌内毒素、微粒等。

三、实验室清洗烘瓶设备简介

超声波清洗器由超声波发生器产生高于20kHz超声波频率的大功率电能，经超声波换能器的逆压电效应转换为大功率超声能的方式传导到清洗介质中，产生特有的“空穴效应”，形成微观强烈冲击波和高速射流作用于被清洗物件表面，从而使污物迅速粉碎、剥离，达到高质量、高效率清洗目的。

电热恒温鼓风干燥箱加热恒温系统主要由装有离心式叶轮的烘箱专用低噪声电动机、电加热器、合适的风道结构和温度传感器组成。当接通干燥箱电源时，电动机即同时转动，将直接置于箱内底部和背部的电加热器产生的热量通过风道向上或向前排出，经过工作室内干燥物品再吸入风机，如此不断循环使温度达到均匀。

任务实施

一、生产前准备

（1）合格的安瓿或西林瓶适量；

（2）超声波清洗器、电热恒温鼓风干燥箱及相应设备操作规程。

二、清洗烘瓶操作过程及要求

<table>
<tr><th>序号</th><th>步骤</th><th>操作方法及说明</th><th>质量要求</th></tr>
<tr><td>1</td><td>生产前检查</td><td>检查超声波清洗器、电热恒温鼓风干燥箱是否能正常运行，是否已清洁合格</td><td>应符合生产操作要求</td></tr>
<tr><td rowspan="6">2</td><td rowspan="6">超声波清洗</td><td>(1)更换设备状态标识</td><td rowspan="6">严格按照 SOP 完成操作</td></tr>
<tr><td>(2)接通超声波清洗器电源，开启电源开关 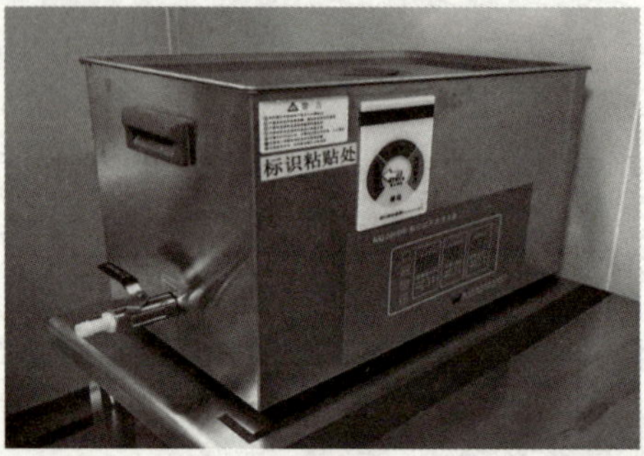</td></tr>
<tr><td>(3)将安瓿或西林瓶正立放置在超声波清洗器水槽内</td></tr>
<tr><td>(4)向超声波清洗器水槽内注入纯化水，保证每支安瓿或西林瓶注满水，并全部淹没</td></tr>
<tr><td>(5)设置超声波清洗器超声频率(建议 40Hz)、清洗时间(建议 10min)、温度(建议 50~60℃)等参数</td></tr>
<tr><td>(6)启动超声波清洗器进行自动清洗，清洗完成后取出安瓿或西林瓶，倒尽容器内残余水</td></tr>
<tr><td rowspan="2">3</td><td rowspan="2">纯化水清洗</td><td>(1)将超声清洗后的安瓿或西林瓶倒置，使用纯化水清洗，使冲水位置对准瓶口，冲至瓶底，冲洗水沿瓶壁冲洗流出，反复清洗 3 次</td><td rowspan="2">严格按照 SOP 完成操作，清洗效果应符合要求</td></tr>
<tr><td>(2)清洗完成后，取其中 3 支检查，检查容器内外表面应洁净，无可见异物</td></tr>
<tr><td rowspan="3">4</td><td rowspan="3">烘瓶</td><td>(1)将清洗合格的安瓿或西林瓶放置于电热恒温鼓风干燥箱中，关闭烘箱柜门 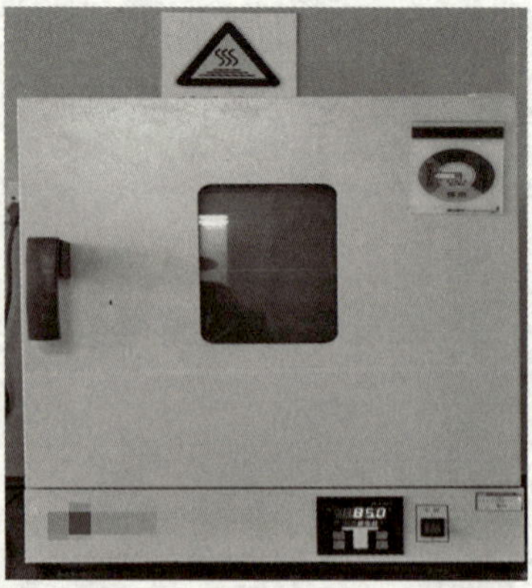</td><td rowspan="3">严格按照 SOP 完成操作，注意防止高温烫伤</td></tr>
<tr><td>(2)接通电源，开启电源开关</td></tr>
<tr><td>(3)设置烘箱温度(SV)(建议设定为 250℃)</td></tr>
</table>

续表

序号	步骤	操作方法及说明	质量要求
4	烘瓶	（4）当烘箱温度（PV）达到设定温度后，开始计时（建议烘干时间 60min），达到时间要求后，关闭烘箱电源开关，待温度冷却至室温 +15℃以下后，开启烘箱柜门，取出安瓿	
5	填写记录	填写生产相关记录（操作过程中实时填写）	记录应及时准确、真实完整、字迹清晰
6	清洁和清场	（1）清理产生的遗留物、废弃物，收集各类文件、记录	符合 GMP 清场与清洁要求
		（2）清洁超声波清洗器、烘箱：使用纯化水润湿的丝光毛巾擦拭设备内外表面	
		（3）更换设备状态标识	
		（4）复核：QA 对清场情况进行复核，复核合格后发放清场合格证（正本、副本）	
		（5）填写清场记录（操作过程中实时填写）	

三、清洗烘瓶操作过程中出现的问题及解决办法

见表 10-1-2、表 10-1-3。

表 10-1-2　超声波清洗器故障分析及处理

编号	故障分析	原因分析	处理方法
1	开启超声不工作	电源、超声线路板或换能器接线脱落或器件故障	检查电源、接线， 更换超声线路板 / 换能器
2	跳闸、短路、漏电	电源接地异常，换能器、加热管、线路板或变压器损坏	及时更换维修
3	设备工作时超声声音异常	换能器故障或脱落	
		超声线路板故障，导致部分换能器不工作	

表 10-1-3　DHG 型电热恒温鼓风干燥箱故障分析及处理

编号	故障分析	原因分析	处理方法
1	无电源	插头未插好或断线	插好插头或接线
		熔断器开路	更换熔断器
2	箱内温度不升	设定温度过低	调整设定温度
		电加热器损坏	更换电加热器
		控温仪损坏	更换控温仪
		循环风机损坏	更换风机
3	设定温度与箱内温度误差大	传感器损坏	更换温度传感器
		温度显示误差	修正温度显示器
4	超温报警异常	设定温度低	调整设定温度
		控温仪损坏	更换控温仪

引导问题2：请写出本次清洗烘瓶过程出现的问题及具体的解决办法。

问题：____

____

解决办法：____

评价反馈

项目名称	评价内容	评价标准	自评	互评	师评
专业能力考核项目70%	生产前准备与检查8分	1. 领取合格的安瓿或西林瓶；4分 2. 检查超声波清洗器、电热恒温鼓风干燥箱是否能正常运行，是否已清洁合格；4分			
	超声波清洗16分	1. 正确更换设备状态标识牌；1分 2. 接通超声波清洗器电源，正确开启电源开关；2分 3. 将安瓿或西林瓶正确放置在超声波清洗器水槽内；2分 4. 注水操作符合要求；4分 5. 参数设置正确；5分 6. 清洗结束后倒尽容器内残余水；2分			
	纯化水清洗12分	1. 能按要求完成纯化水冲洗；6分 2. 能正确进行质量检查操作；6分			
	烘瓶18分	1. 接通电源，正确开启电源开关；2分 2. 参数设置正确；6分 3. 烘瓶时间、温度符合要求；6分 4. 烘瓶结束后冷却符合要求；4分			
	记录填写4分	操作过程中实时、正确填写生产相关记录；4分			
	清洁与清场12分	1. 按要求清理产生的遗留物、废弃物，收集各类文件、记录；4分 2. 正确清洁超声波清洗器、烘箱；4分 3. 正确更换设备状态标识；2分 4. 正确填写清场记录；2分			
职业素养考核项目30%	穿戴规范、整洁；5分				
	无无故迟到、早退、旷课现象；5分				
	积极参加课堂活动，按时完成引导问题及笔记记录；10分				
	具有团队合作、与人交流能力；5分				
	具有无菌操作意识、安全意识、责任意识、服务意识；5分				
总分					

课后作业

简述清洗烘瓶的目的及质量检查要求。

任务10-2　配液

学习目标

1. 能正确描述配液的流程，熟悉配液系统的构造组成及原理；
2. 能正确理解配液过程污染来源和应对保障措施；
3. 能按照GMP要求规范完成不同处方的配液操作；
4. 能识别配液过程出现的常见问题并分析原因；
5. 培养无菌操作意识、安全生产意识和严谨的科学态度。

任务分析

配液是指将各原料、辅料、溶剂（分散介质）按照产品处方比例，经过搅拌混合配制成各指标符合质量标准要求的液体制剂的过程。配液操作开始的日期为产品的生产日期。配液操作一般分为二步法配液（浓配加稀配法）、一步法配液（稀配法）。本任务主要是学会二步法配液的基本操作。

任务分组

见表10-2-1。

表10-2-1　学生任务分配表

组号		组长		指导老师	
序号	组员姓名	任务分工			

知识准备

一、配液流程

以配液罐最终一次配制的药液所产生的均质产品为一批。基础的配液系统包含罐体（不锈钢材质）、搅拌装置、温控单元和计量单元（液位法或称重法）。含有夹套的罐体能满足配液升温及降温的要求。使用的原辅料杂质多、质量差、易产生澄明度问题时，一般采用二步法配液（图10-2-1）。即第一步用一定量的溶剂将原辅料溶解，配制成较高浓度的溶液，经升温或降温等处理后过滤，再将其稀释至产品所需浓度，其主要目的是通过两步配制降低原辅料中的杂质水平。目前二步法主要应用于一些复杂、有特殊工艺要求的产品。但随着我国药用原辅料生产控制水平的不断增长，其质量水平（如杂质水平）显著提高，越来越多的产品采用一步法配液（图10-2-2）。一步法配液即将原料、辅料一次配成产品所需浓度。原辅料质量好、杂质少、产品浓度不高时可采用一步法配液。该法对原辅料质量要求较高。

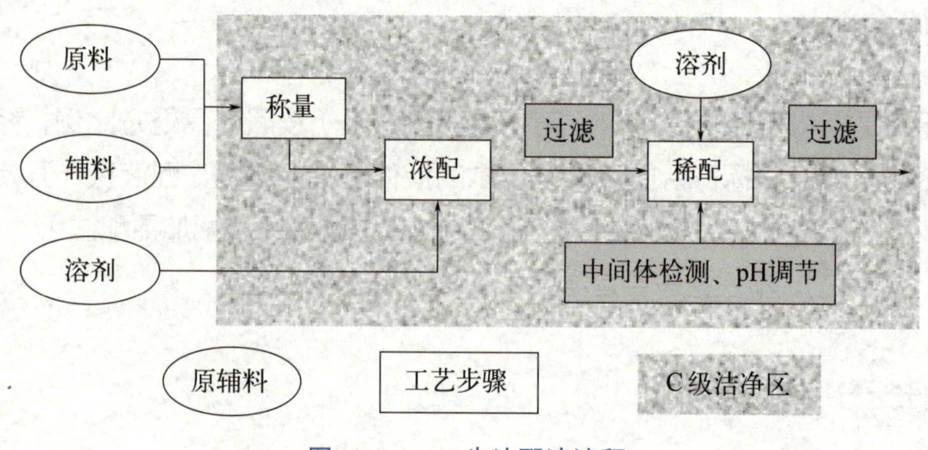

图10-2-1　二步法配液流程

二、原辅料的称量配料

供注射用的原辅料的质量须符合国家药品标准或产品注册标准的规定。称量配料前需对原辅料进行折干折纯处理，确保投料量准确。配液的每一物料及其重量或体积应当由第二人独立进行复核，并有复核记录。所有称量好的物料应贴有标签标明用途（名称、数量、用于制备的产品名称、批号等）。称量后的物料应密封保存，以尽可能减少物料被污染的风险。用于同一批的物料应统一贮存。

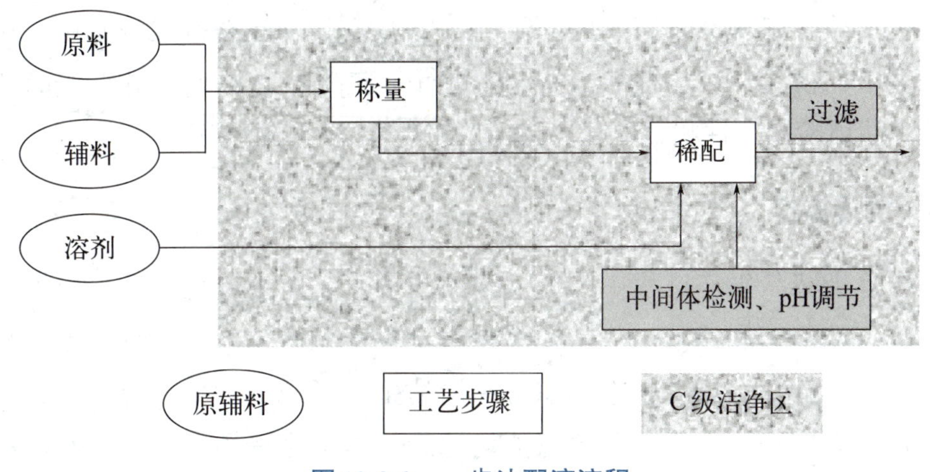

图10-2-2 一步法配液流程

三、配液过程的污染来源和保障措施

配液之前，应对生产使用的设备、工器具等进行清洁、消毒或灭菌，以最大程度降低微生物和细菌内毒素的污染。应确认生产用工器具、配液罐及管道系统的清洁状态符合要求并在规定的有效期内。

操作人员作为药品生产配液操作的主体，是整个药品生产过程中最大的污染源。《药品生产质量管理规范（2010年修订）》无菌药品附录中对洁净区人员更衣规范和管理做了明确的规定，要求应至少从洁净区更衣管理、洁净区更衣培训和资质确认、洁净工作服的管理等三个方面进行考虑。

另外，原辅料、生产设备、空调系统、使用的工器具、辅助工艺用气（氮气、二氧化碳）等也可能成为污染源。因此洁净区需设置必要的气锁间和排风，空气洁净度级别不同的区域应当由压差控制，采用经过验证或已知有效的清洁和去污染操作行设备清洁，生产和清洁过程中应当避免使用易碎、易脱屑、易发霉的工器具。

配制好的药液在灌装前需进行除菌过滤，以最大限度降低药液中的微生物和微粒，在灭菌前将微生物负荷降低至可接受的低水平。

四、定容、pH值调节和中间体检测

配液过程应重点关注工艺过程和工艺参数的准确性，如原辅料投料量、投料顺序、投料速度、配制温度、配制量、pH值、混合后均一性等。另外还需要关注配液过程与注册工艺的一致性，杜绝未经审批的补水、补料。

调节配制液的pH值前，需取样初测其pH值。若无pH调节剂历史用量参考时，应少量多次加入pH调节剂，防止调节过度超出质量标准允许范围，尽量避免反向调节的情况。某些特殊产品只能进行单向的碱调节或酸调节。pH值调节后进行中间体检测（性状、含量、pH值等），合格后配液结束。

五、清场操作

清场是指药品生产过程中，每批药品的每一工序生产完成后，由生产操作人员所进行的清理和清洁工作。即清理本批生产剩余物、废弃物，清理与本品生产相关的文件、记录、状态标识等；清洁生产场地、设备、容器具、工器具等。清场效果应经过复核，并填写清场记录。本工序清场完成前，不得进行下一品种的生产。

对配液罐及管道系统清场推荐使用在线清洗程序（CIP）进行清洗，最终淋洗水应符合清洗验证标准要求，必要时清洗后需进行在线消毒或者灭菌（SIP）。

六、安全注意事项

在使用高活性、高毒性物料进行配液时，需参考职业接触限值（OEL）或职业暴露等级（OEB）制订合理的防护措施；使用有机溶剂配液时，需做好防爆措施。

引导问题1：药品在配液过程中被污染的途径有哪些？

____

____

____

引导问题2：生产某药品时，A物料的处方投料量为3.6kg，该物料的含量为99.2%（标准不低于98.0%），干燥失重为3.0%（标准不大于5.0%），A物料实际需称取多少？（结果保留两位小数）

____

____

____

小提示

（1）一般不可过量投料。某些特殊产品存在配制过程因工艺损失的情况，产品注册时若得到审批，可按审批要求过量投料。

（2）含水合物的物料，需将处方量无水物（W_1）根据原辅料检验报告上的水分或干燥失重（C_1）和含量（按无水物计）（C_2）折算后投料：

$$W=W_1/\left[(1-C_1)\times C_2\right]$$

若 C_2 大于100%，则一般按100%计算。

任务实施

一、生产前准备

（1）氯化钠9g，稀盐酸适量（含HCl 9.5%～10.5%，若无稀盐酸，可使用盐酸稀释制成），蒸馏水适量（大于1000mL），实验室可根据实际情况进行相应比例的物料准备；

（2）烧杯（50mL、1000mL）、电子天平、药匙、玻璃棒、称量纸、胶头滴管、容量瓶（1000mL）、试剂瓶、滤纸、漏斗、酸度计等，实验室可根据实际情况进行相应比例的器具准备；

（3）称量操作规程、电子天平操作规程、清洁操作规程、酸度计使用维护保养规程。

二、氯化钠注射液配液操作过程及要求

序号	步骤	操作方法及说明	质量要求
1	生产前检查	（1）检查配液用工器具已清洁，操作环境已完成清场工作	确认相应的准备工作已经完成并符合要求
		（2）记录原辅料名称、批号等信息	
		（3）确认计量器具、检测仪器在检定有效期内并记录	
		（4）检查配液环境，确认温度、湿度是否符合要求	
2	称取原辅料	（1）更换仪器、设备状态标识牌	严格按照操作规程完成原辅料的称量工作，且称量误差在目标称量值±0.3%范围内
		（2）将天平放置在稳定无振动、无强气流扰动的平台上，调整好水平位置，接通电源预热（一般为30min），使用标准砝码进行校准	
		（3）称取氯化钠9g，并做好物料标识（品名、批号、重量），粘贴于称好的物料包装袋上	

续表

序号	步骤	操作方法及说明	质量要求
3	浓溶液配制	（1）在烧杯中加入600mL左右的蒸馏水	按正确操作流程完成0.9%氯化钠注射液的浓溶液配制
		（2）加入已称好的氯化钠，用玻璃棒搅拌溶解	
4	稀溶液配制	（1）目视溶解完全后，将烧杯中的氯化钠溶液，用滤纸过滤后转移到1000mL容量瓶中	按正确操作流程完成0.9%氯化钠注射液的稀溶液配制
		（2）分3次用蒸馏水（20mL）洗涤烧杯和玻璃棒，并将洗水全部转移到1000mL容量瓶中	
		（3）向容量瓶中继续加水定容至1000mL（临近刻度线时需使用胶头滴管）	
		（4）塞紧容量瓶瓶塞，来回翻转容量瓶，使溶液混合均匀	
5	中间体检查	（1）取约30mL配制液，用酸度计检测pH值，读数稳定后显示值在5.2～5.6，不做调整；若不在该范围，加入适量稀盐酸（参考用量约3滴，建议结合实际情况调整用量），重复步骤稀溶液配制（4），再次进行检测，直至pH值在5.2～5.6 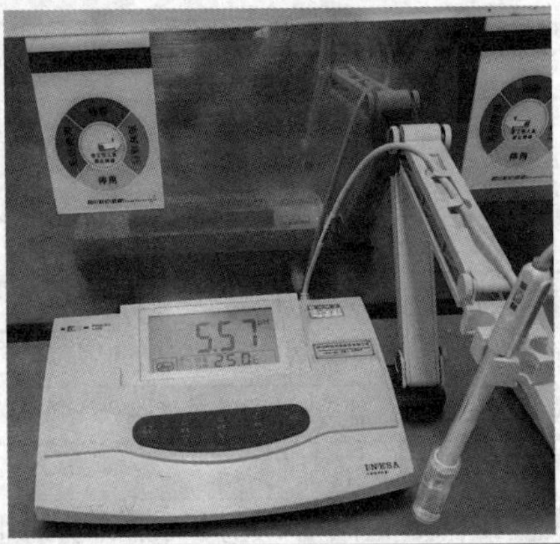	按正确操作流程完成0.9%氯化钠注射液的中间体检查
		（2）将氯化钠溶液转移至试剂瓶，盖上瓶塞，贴上标签（标签上可注明模拟的产品名称、批号、生产日期）	
6	填写记录	填写生产相关记录（操作过程中实时填写）	记录应及时准确、真实完整、字迹清晰
7	清洁和清场	（1）对配液现场及使用的工器具等进行清洁操作，并进行定置定位	按照规定进行清洁和清场
		（2）更换仪器、设备状态标识牌	
		（3）复核：QA对清场情况进行复核，复核合格后发放清场合格证（正本、副本）	
		（4）填写清场记录（操作过程中实时填写）	

注：可结合实验室容量瓶的容积完成上述配液操作。

三、配液操作过程中出现的问题及解决办法

引导问题3：请写出本组在配液过程中出现的问题及具体的解决办法。

问题：____________________

____

解决办法：____________________

____

评价反馈

项目名称	评价内容	评价标准	自评	互评	师评
专业能力考核项目70%	生产前准备与检查15分	1. 正确检查工器具清洁状态；3 分 2. 正确检查操作环境清场状态；3 分 3. 正确检查物料状态、标识等信息；5 分 4. 正确准备好各操作规程和记录；4 分			
	称取原辅料15分	1. 正确更换设备、仪器状态标识；2 分 2. 正确调节电子天平至水平位置并预热 30min；2 分 3. 正确使用砝码确认电子天平；4 分 4. 严格按照操作规程准确称取原辅料；5 分 5. 正确做好已称好物料的状态标识；2 分			
	配液操作30分	1. 选择正确规格的烧杯、容量瓶等器具；3 分 2. 操作姿势正确；3 分 3. 加入蒸馏水和氯化钠的顺序、操作姿势正确；4 分 4. 转移过滤溶液、洗涤烧杯和玻璃棒操作正确；4 分 5. 容量瓶定容准确，读取刻度方式正确；4 分 6. 容量瓶瓶塞放置正确；2 分 7. 混匀操作的方式（含手势）正确；3 分 8. 正确使用酸度计检测配制液 pH 值；4 分 9. 正确转液至试剂瓶和贴标；3 分			
	填写记录4分	生产相关记录填写及时准确、真实完整、字迹清晰；4 分			
	清洁与清场6分	1. 所有工器具已清洁并定置定位放置；2 分 2. 正确更换仪器、设备状态标识牌；2 分 3. 正确填写清场记录；2 分			
职业素养考核项目30%	穿戴规范、整洁；5 分				
	无无故迟到、早退、旷课现象；5 分				
	积极参加课堂活动，按时完成引导问题及笔记记录；10 分				
	具有团队合作、与人交流能力；5 分				
	具有无菌操作意识、安全意识、责任意识、服务意识；5 分				
总分					

课后作业

1. 请分别写出一步配液法和二步配液法的工艺流程。

2. 在配液过程中，哪些不当操作会引起配制液浓度误差？

小拓展

医药工业成为“中国制造2025”发展重点领域。工信部、发改委、药监局等多部委发布《“十四五”医药工业发展规划》，其中提出“推动信息技术与生产运营深度融合”。为最大程度降低配液过程的人为差错、混淆及污染等风险，提升过程控制能力和数据可靠性，可以采用配液全自动控制系统。自动控制系统应满足生产安全性和相关法规要求，对全流程进行控制：工艺建模→工艺仿真→批次指令→批次生产→实时历史记录→批记录→电子签名与电子记录→审计追踪→预防性维护→权限管理。可参考工业4.0要求，实现工艺建模，使虚拟模型与现实设备一一对应，虚拟模型将参与产品整个生命周期。可充分利用自控模型和自控系统实现设备的预防性维护，提前预知并消除部分风险。

任务10-3　过滤

学习目标

1. 能阐述过滤的目的和基本原理；
2. 能列举不同过滤工艺滤芯选择的基本要求；
3. 能掌握微孔过滤器安装的基本要求；
4. 能正确完成液体过滤的基础操作；
5. 具有无菌制剂生产制备意识和精益求精的工匠精神。

任务分析

过滤是指利用有孔介质从流体（液体或气体）中分离杂质的过程。杂质是指流体中需要去除的物质。药物中的杂质指无治疗作用或可影响药物的稳定性、疗效甚至对人体健康有害的物质，如杂蛋白、细胞碎片、热原等。有孔介质一般为不同孔径、不同材质的滤芯。本任务主要是学会液体过滤的基础操作。

任务分组

见表 10-3-1。

表 10-3-1　学生任务分配表

组号		组长		指导老师	
序号	组员姓名	任务分工			

知识准备

制药行业所称过滤，根据过滤孔径的大小可分为粗滤、微滤、超滤和反渗透四种方式。其中粗滤一般指截留物直径大于10μm的过滤，广泛用于药液的澄清、细胞碎片的去除等；微滤一般指孔径从0.1μm到10μm之间的过滤，主要目的是去除微生物和药液中的小型颗粒；超滤使用在对高分子物质的纯化和浓缩工艺中，还常用于去除一些低分子药品中的热原；反渗透主要用于纯化水的制备。通过滤材过滤杂质，杂质在滤材内被拦截，如图 10-3-1 所示。

一、过滤工艺中过滤设备基础知识

（一）滤芯规格的选用

根据工艺目的，可选用不同孔径或相同过滤效力的过滤器，滤芯规格的选择可以参照表 10-3-2。

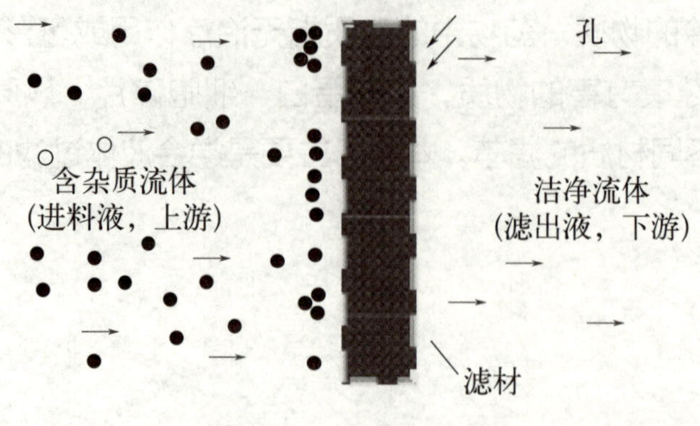

图 10-3-1　过滤机理

表 10-3-2　常用滤芯孔径统计

孔径	典型应用
3.0μm	去除颗粒
0.45μm	预过滤和微生物检测，减少生物负荷
0.2μm/0.22μm	除菌过滤
0.1μm	去除类支原体和除菌过滤
0.02μm	去除病毒

（二）滤芯材质的选用

选择过滤器材质时，应充分考察其与待过滤介质的兼容性。过滤器应当尽可能不脱落纤维，严禁使用含有石棉的过滤器。过滤器不得因与产品发生反应、释放物质或吸附作用而对产品质量产生不利影响。主要滤芯材质特性详见表 10-3-3。

表 10-3-3　滤芯材质特性

滤膜材质	亲水/疏水性	耐温（长期使用）	耐酸碱	耐有机溶剂	典型应用
聚丙烯（PP）	弱疏水	一般（80℃）	良好（pH 1～14）	良好	液体或气体预过滤
聚四氟乙烯（PTFE）	强疏水	优秀（200℃）	优秀（pH 1～14）	优秀	气体除菌过滤、有机溶剂过滤
亲水聚四氟乙烯（LHPF）	亲水	优秀（180℃）	不耐强碱（pH 1～13）	优秀	各种液体过滤（消毒剂过滤比其他材质都合适）

续表

滤膜材质	亲水/疏水性	耐温（长期使用）	耐酸碱	耐有机溶剂	典型应用
聚醚砜（PES）	亲水	良好（150℃）	良好（pH 1～14）	不耐酮、脂类、醛等	液体除菌过滤
聚偏二氟乙烯（PVDF）	亲水	良好（150℃）	不耐碱（pH 1～7）	不耐酮、醛等	生物制品过滤
尼龙（PA）	亲水	差（60～80℃）	不耐酸（pH 5～14）	良好	溶剂过滤

（三）滤芯尺寸的选用

一般滤芯的尺寸有5in（1in=0.0254m）、10in、20in和30in。合理的过滤膜面积需要经过科学的方法评估后得出。面积过大可能导致产品收率下降、过滤成本上升；过滤面积过小可能导致过滤时间延长、中途堵塞甚至产品报废。同一型号的过滤芯的长度不同，过滤面积不同，应根据工艺要求进行选择。

（四）除菌级滤芯完整性测试

在使用前和使用后对除菌级过滤器进行完整性测试是无菌保证的一个至关重要的因素。无菌制剂生产过程中，通常用非破坏性方法，如起泡点测试、扩散流测试和水浸入测试进行完整性测试，以达到在不破坏过滤器的前提下，确定是否存在可能危及过滤器截留能力的缺陷的目的。完整性测试不合格时，应进行偏差调查，评估对产品质量的影响。

（五）过滤工艺设计

在无菌制剂的生产中，微滤工艺被广泛使用。无菌制剂生产所用的微滤过滤器根据使用目的不同可分为预过滤器和除菌过滤器。为了使生产能够高效有序地进行，必须使用规范的方法对流体中的颗粒、胶质和微生物等杂质进行去除，在某些情况下，可能需要使用多步过滤工艺才能完成，见图10-3-2。预过滤采用0.45μm与0.22μm聚丙烯滤芯，除菌过滤采用0.22μm聚醚砜滤芯。

引导问题1：过滤根据过滤孔径的大小可分为________、________、________和________四种方式。

引导问题2：液体预过滤一般采用________μm滤芯，材质为________，液体除菌过滤滤芯一般采用________μm滤芯，材质为________。

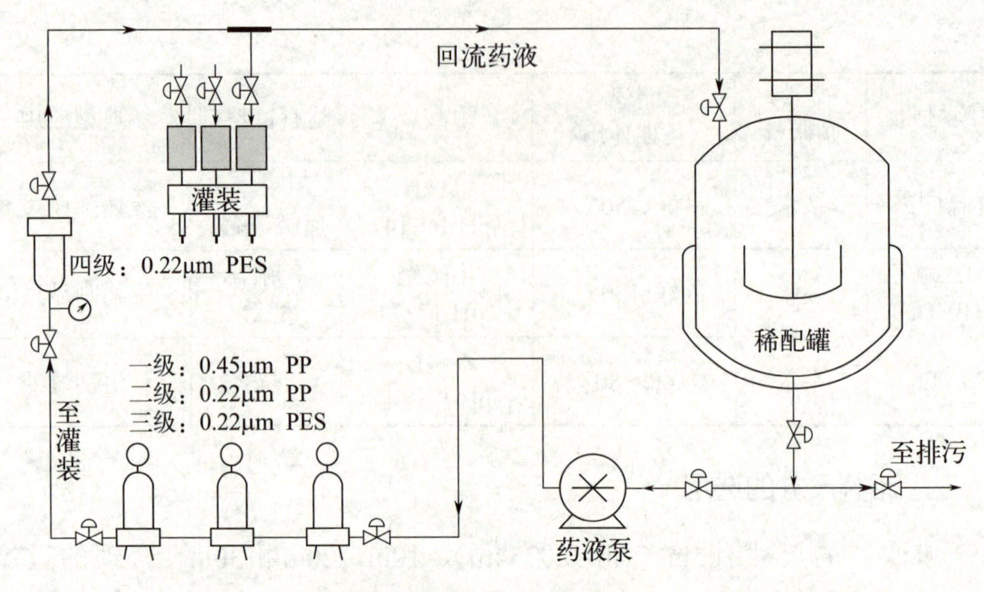

图 10-3-2 过滤系统

二、本次液体过滤试验设备连接方式

液体储罐通过不锈钢管道或软管与动力组件、过滤设备等连接，不同管道分支处安装调节阀门，以控制液体输送方向（见图10-3-3）。

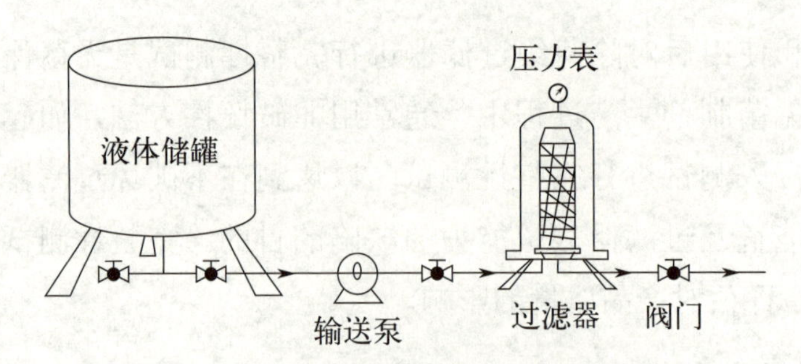

图 10-3-3 过滤试验设备连接示意图

任务实施

一、生产前准备

（1）未过滤的0.9%氯化钠溶液约30000mL；

（2）过滤使用的设备、器具，包括0.45μm或0.22μm PP材质亲水性滤芯1支（本实验以达到去除部分颗粒物为目的）、储液罐、软管、输送泵、压力表、不锈钢滤筒等。

二、溶液过滤操作过程及要求

<table>
<tr><th>序号</th><th>步骤</th><th>操作方法及说明</th><th>质量要求</th></tr>
<tr><td rowspan="2">1</td><td rowspan="2">生产前检查</td><td>（1）过滤使用的设备、器具已清洁，并完好待用</td><td rowspan="2">符合生产操作要求</td></tr>
<tr><td>（2）检查过滤环境是否符合规定</td></tr>
<tr><td rowspan="4">2</td><td rowspan="4">安装</td><td>（1）更换设备状态标识牌</td><td rowspan="4">① 滤芯已垂直插入底座固定孔中，且安装牢固；
② 微孔过滤器各组件安装牢固且密封；
③ 微孔过滤器压力表读数应< 0.35MPa</td></tr>
<tr><td>（2）用适量蒸馏水浸湿滤芯“O”环，使其润滑 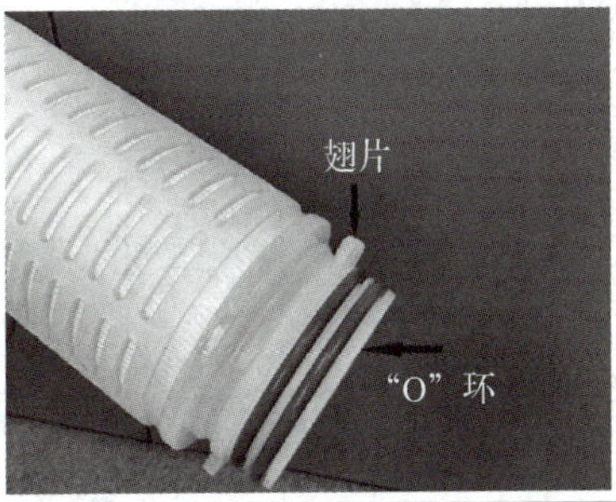</td></tr>
<tr><td>（3）固定好滤芯安装底座，戴上洁净手套，手握滤芯近“O”环处，将滤芯翅片对准底座的安装孔，然后将滤芯垂直插入底座固定孔中，滤芯顺时针旋转，安装固定牢固 </td></tr>
<tr><td>（4）组装微孔过滤器滤筒、滤座，并将滤筒通过密封圈紧固在滤座上 </td></tr>
</table>

续表

<table>
<tr><th>序号</th><th>步骤</th><th>操作方法及说明</th><th>质量要求</th></tr>
<tr><td rowspan="2">2</td><td rowspan="2">安装</td><td>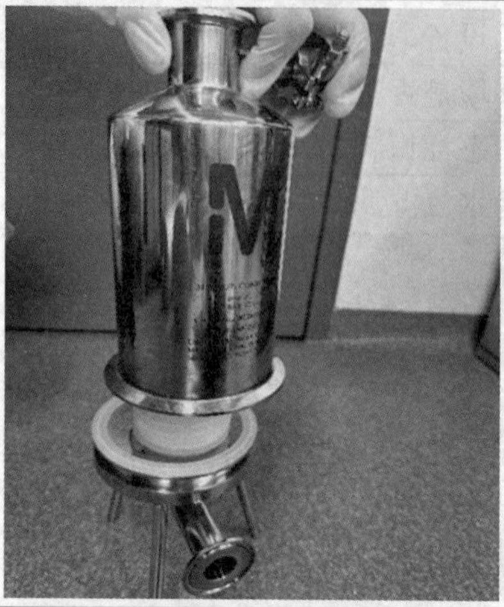</td><td rowspan="2"></td></tr>
<tr><td>（5）将压力表安装于微孔过滤器上方
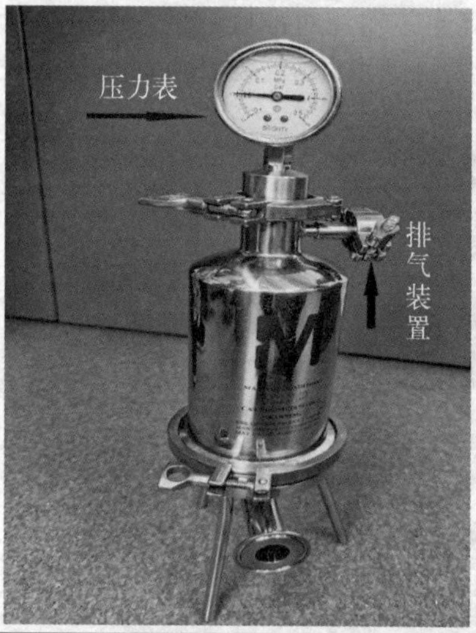
</td></tr>
<tr><td>3</td><td>调试</td><td>（1）用软管连接储液罐、输送泵和微孔过滤器，应连接紧固无泄漏；
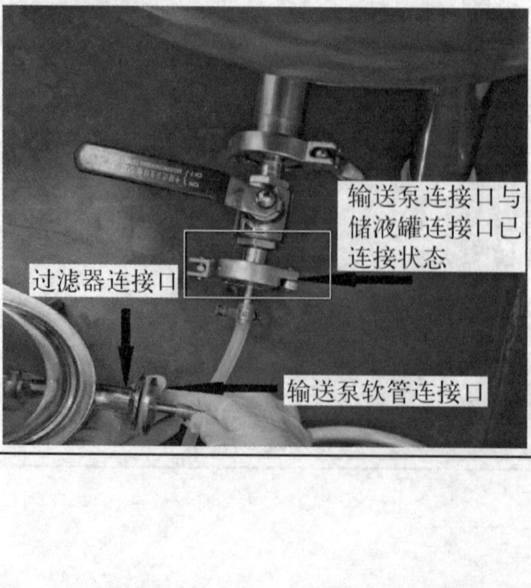
</td><td>按要求完成调试操作</td></tr>
</table>

续表

序号	步骤	操作方法及说明	质量要求
3	调试	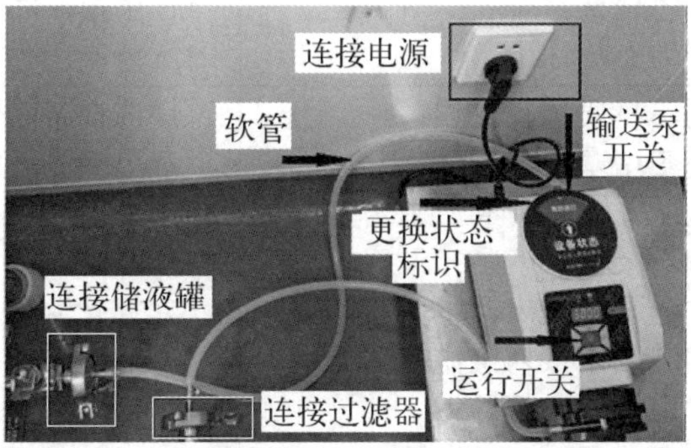 （2）将输送泵接通电源，打开输送泵开关，确定各管道连接紧密、无泄漏；输送泵运行正常无卡阻、无异响；微孔过滤器后端管道出液口有液体流出，且微孔过滤器压力表读数在正常范围之内 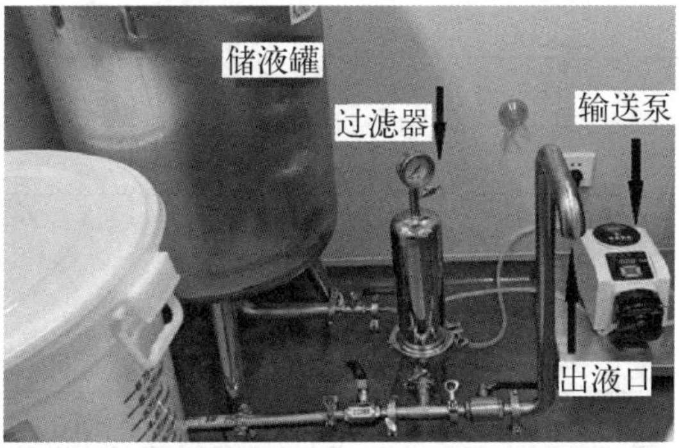	
4	过滤	（1）打开输送泵开关，进行溶液过滤	① 严格按照SOP完成过滤操作； ② 运行过程中，若发生不正常现象，需立即停机检查
		（2）过滤过程中，观察微孔过滤器压力表读数是否在规定范围之内	
		（3）将已过滤的溶液装入洁净液体存放桶内，密封并粘贴标签	
		（4）过滤结束后，关闭电源、输送泵	
5	填写记录	填写生产相关记录（操作过程中实时填写）	记录应及时准确、真实完整、字迹清晰
6	清洁与清场	（1）用适量纯化水对储液罐内壁、药液管道、过滤器进行冲洗，清洗已使用的工器具。用纯化水润湿的毛巾对设备外表面、操作台面进行擦拭	符合GMP清洁与清场要求
		（2）更换设备状态标识牌	
		（3）滤芯拆卸后检查滤芯完好性，清洗后对滤芯进行保存	
		（4）复核：QA对清场情况进行复核，复核合格后发放清场合格证（正本、副本）	
		（5）填写清场记录（操作过程中实时填写）	

三、过滤操作过程中出现的问题及解决办法

问题	主要原因	解决方法
微孔过滤器压力超出规定范围	① 滤芯堵塞； ② 压力表损坏	① 更换滤芯； ② 更换压力表
微孔过滤器后端不出过滤溶液	① 滤芯材质选择错误； ② 滤芯堵塞； ③ 输送泵软管损坏导致药液泄露； ④ 输送泵机械卡阻； ⑤ 输送泵开关未开； ⑥ 输送泵未接入电源； ⑦ 管道阀门未打开； ⑧ 管道泄漏	① 选择亲水性材质滤芯； ② 更换滤芯； ③ 更换软管； ④ 添加润滑油或更换组件； ⑤ 打开输送泵开关； ⑥ 输送泵连接电源； ⑦ 打开管道阀门； ⑧ 更换管道

引导问题3：请写出本组溶液过滤操作过程中出现的问题及解决办法。

问题：______________________________

____

解决办法：______________________________

____

评价反馈

项目名称	评价内容	评价标准	自评	互评	师评
专业能力考核项目70%	生产前准备与检查10分	1. 正确检查环境的温度、相对湿度；2分 2. 正确检查设备、器具清洁状态与完好性；2分 3. 正确配制用于过滤用的0.9%氯化钠溶液；3分 4. 过滤用滤芯准备正确；3分			
	安装与调试25分	1. 更换设备状态标识牌；2分 2. 正确润湿滤芯“O”环，保证其润滑状态；2分 3. 正确佩戴洁净手套；3分 4. 正确将滤芯安装在微孔过滤器底座中；7分 5. 正确组装微孔过滤器滤筒、滤座、压力表；5分 6. 正确连接储液罐、输送泵和微孔过滤器；6分			
	过滤过程25分	1. 接通电源，打开输送泵，机器无卡阻；2分 2. 确认过滤管道连接无渗漏；3分 3. 确认微孔过滤器压力表读数在规定范围内；6分 4. 正确收集过滤的溶液并填写标识；4分 5. 正确存放已过滤的溶液；4分 6. 正确收集储液罐、管道中残留溶液；3分 7. 正确关闭电源、输送泵开关；3分			
	填写记录4分	生产相关记录填写及时准确、真实完整、字迹清晰；4分			

续表

项目名称	评价内容	评价标准	自评	互评	师评
专业能力考核项目70%	清洁与清场6分	1. 按要求清洁储液罐、管道和工器具等；2 分 2. 滤芯清洗后正确保存；1 分 3. 正确更换设备状态标识牌；2 分 4. 正确填写清场记录；1 分			
职业素养考核项目30%	穿戴规范、整洁；5 分				
	无无故迟到、早退、旷课现象；5 分				
	积极参加课堂活动，按时完成引导问题及笔记记录；10 分				
	具有团队合作、与人交流能力；5 分				
	具有无菌意识、安全意识、责任意识、服务意识；5 分				
总分					

课后作业

1. 简述过滤的定义及目的。

2. 疏水性、亲水性滤芯的材质分别有哪些？请列举至少两项。

任务10-4　灭菌

学习目标

1. 能正确描述灭菌的目的及基本原理；
2. 能正确描述灭菌工艺流程；
3. 能规范完成实验室立式灭菌器的灭菌操作；
4. 能按照GMP要求完成灭菌操作的清场和清洁；
5. 具有无菌意识、安全生产意识和精益求精的工匠精神。

任务分析

灭菌系指用适当的物理或化学的方法杀灭全部微生物，包括致病和非致病性微生物以及芽孢，使之达到无菌保证水平（SAL）。小容量注射剂常用灭菌方法为湿热灭菌，商业化生产一般使用水浴灭菌柜灭菌。本次任务主要为使用立式灭菌器灭菌。

任务分组

见表10-4-1。

表10-4-1 学生任务分配表

组号		组长		指导老师	
序号	组员姓名	任务分工			

知识准备

灭菌通常应用于非无菌工艺的无菌制剂，主要目的为杀灭或除去所有微生物（包括芽孢），以最大限度地提高药品安全性，但灭菌同时也需要考虑保证制剂的热稳定性及临床疗效，因此灭菌需要选择适宜的灭菌方法及参数。

一、灭菌分类

灭菌方法主要可分为物理灭菌法、化学灭菌法。物理灭菌法利用蛋白质、核酸遇热、遇射线呈不稳定状态，采用煮沸、燃烧、紫外线照射等方法，杀灭或除去微生物，包括干热灭菌、湿热灭菌、除菌过滤、辐射灭菌等。化学灭菌法是指用化学药品直接作用于微生物而将其杀死的方法，包括气体灭菌法（如臭氧灭菌、环氧乙烷灭菌）、液体灭菌法（如苯扎溴铵灭菌），此化学药品又被称为灭菌剂。小容量注射剂一般采用湿热灭菌法灭菌。

二、湿热灭菌原理

湿热灭菌的原理是使微生物的蛋白质及核酸变性以导致其死亡。首先是分子中的氢键断裂，当氢键断裂时，蛋白质及核酸内部结构被破坏，从而丧失原有功能。

湿热灭菌法是在饱和蒸汽或过热水或流通蒸汽中进行灭菌的，其特点是穿透力强、传导快、灭菌能力更强，是药物制剂生产过程中应用最广泛、最常用的灭菌方法。

三、湿热灭菌的影响因素

（1）灭菌物中微生物的种类和数量　不同的微生物耐热性相差很大，微生物处于不同发育阶段，所需灭菌的温度与时间也不相同。根据一级动力学反应规律，最初微生物数量越少，微生物的耐热性越差，所需要的灭菌时间越短。

（2）灭菌溶液的pH　微生物的存活能力因介质的酸碱度差异而不同。一般微生物在中性溶液中耐热性最大，在碱性溶液中次之，酸性溶液最不利于微生物的生长发育，如pH为6～8时不易杀灭，pH小于6时，微生物容易被杀灭。

（3）灭菌物的性质　溶液中若含有营养性物质如糖类、氨基酸等，会对微生物有营养保护作用，并可增强其耐热性。不同产品的热容比不同，产品的吸热与散热不一致，可影响灭菌效果。

（4）装载方式　是指待灭菌产品在灭菌器装载区域内的放置方式，至少包含装载密度、摆放方式（立式或卧式）、层间高度或其他参数等。在设计装载方式时，需要考虑让每个包装充分接触热介质，不出现未经验证的覆盖状态，以及堆积和被喷淋水冲散的情况。装载方式在经过验证后不应随意改变。

引导问题1：湿热灭菌的影响因素包括__________、__________、__________、__________。

四、水浴式灭菌柜的构造及工作原理

灭菌柜（图10-4-1）是用于灭菌的特种设备，小容量注射剂一般使用水浴灭菌柜灭菌。作为液体药品灭菌的通用设备之一，水浴灭菌柜以高压、高温过热水（通常为115℃或121℃）作为灭菌介质，通过灭菌介质的循环，与灭菌物品进行热交换。灭菌流程：注水、升温、灭菌、冷却。过热水一般采用纯化水或者注射用水，可以有效防止产品灭菌后的二次污染。水浴灭菌柜通过过热水在灭菌器腔室内循环对产品不断均匀地喷淋来达到灭菌的目的，同时借助于洁净压缩空气的作用，保持腔室内处于适当的压力状态而防止水的汽化，在保证被灭菌产品受热均匀性的同时，又通过自动控制系统进行压力调整，确保产品受热时内外压力的基本平衡，减少产品在灭菌过程中破损或密封损伤。

水浴灭菌方式具有温度均匀、控制范围宽、调控可靠等优点。同时计算机控制可实现等效灭菌时间（F_0值）自动计算，对灭菌过程进行实时监控。灭菌

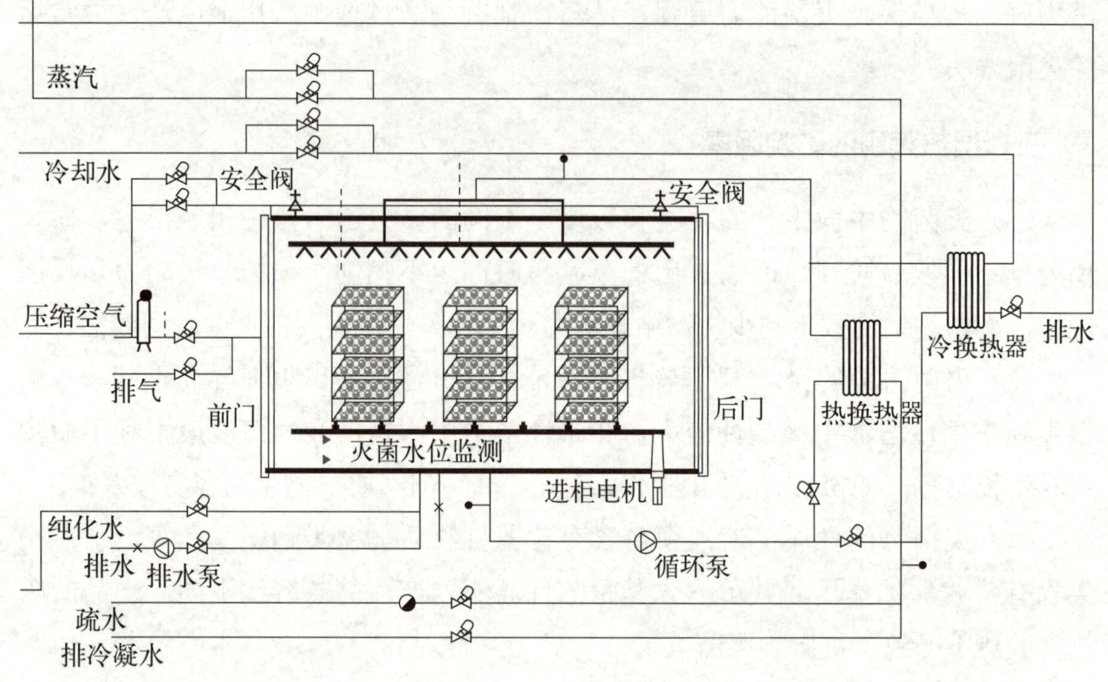

图10-4-1 灭菌柜简图

过程完成后，通过使用冷换热器冷却灭菌器腔室内过热水，对产品进行冷却，使产品温度匀速下降至出柜设定温度，在降温过程中能有效防止药液长期处于高温状态发生变质。同时应注意保证冷却介质温度梯度下降，避免由于冷却介质与被灭菌产品温差过大，造成产品发生变形甚至爆裂现象。

五、灭菌操作流程

灭菌主要流程包括进柜、灭菌、出柜，小容量注射剂进入灭菌柜后，启动灭菌程序，进入灭菌流程，灭菌程序自动运行，经注水、升温、灭菌、排压、检漏、清洗、排水阶段，灭菌程序结束，产品出柜。

（一）进柜

（1）装车　灌封合格的小容量注射剂按照经验证的装载方式装入灭菌车。

（2）进柜　将灭菌车推入灭菌柜，锁紧。

（3）关门　确认无异常后将灭菌柜门关闭。

（二）灭菌

1.配方、程序设置

启动计算机设置灭菌配方（温度、时间、F_0、压力等），并复核是否为要求的参数配方。进入灭菌流程，灭菌程序自动运行。

2. 灭菌程序

（1）注水 向灭菌柜内注入纯化水。

（2）升温 程序转入升温阶段，蒸汽通过热交换器加热灭菌腔室与热交换器之间的循环水，使其达到设定的灭菌温度。

（3）灭菌 当所有测温点探头达到程序设定温度，程序转入灭菌阶段。通过计算机控制循环水的温度，使腔室温度维持在程序要求的温度并使注射剂获得设定的F_0值。

（4）排压 向灭菌柜内注入纯化水使注射剂温度降至符合要求，水位降至下水位。

（5）检漏 抽真空使柜内压力符合要求，保持一段时间后向灭菌柜内注入色水，注水至高水位停止注水，充入压缩空气使柜内压力符合要求，保压一段时间后，排出色水。

（6）清洗 按照设定的清洗时间进行清洗。

（7）灭菌程序结束后，操作计算机停止程序。

（三）出柜

灭菌程序结束后，柜内压力小于10kPa时，开启灭菌柜门，将注射剂拉出柜门，出柜完成后，关门。

整个灭菌过程中灭菌柜腔室和产品容器内温度及压力变化趋势见图10-4-2。

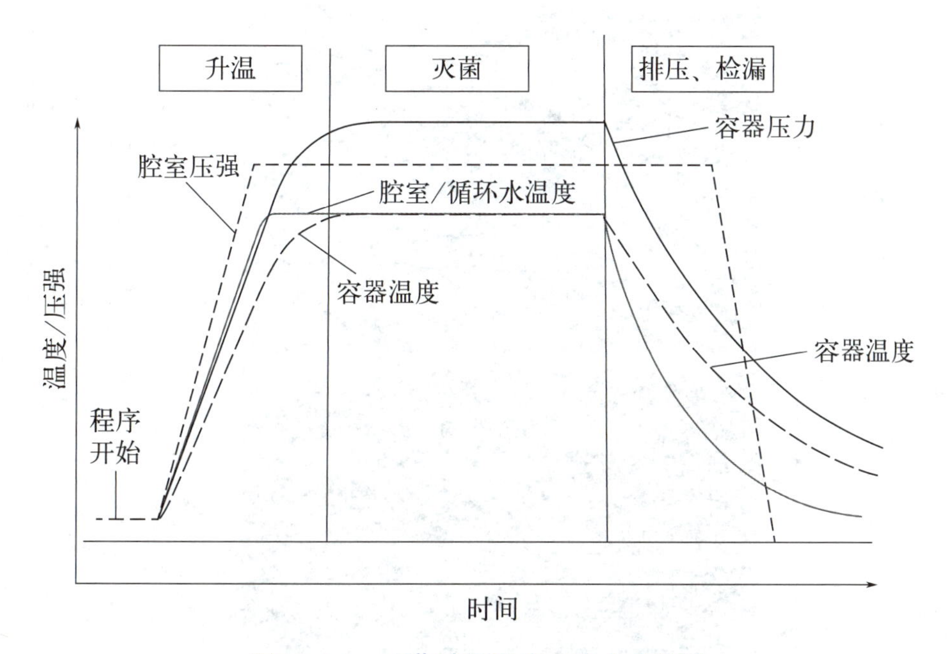

图10-4-2 灭菌过程温度、压力曲线图

任务实施

一、生产前准备

（1）纯化水或蒸馏水（注射用水）；

（2）盛有20mL注射液的100mL烧瓶2个，LMQ.C型立式灭菌器（本操作以该型号为实例，也可选用其他型号）及相应操作规程。

二、灭菌操作过程及要求

序号	步骤	操作方法及说明	质量要求
1	生产前检查	(1)确认生产现场无上批产品遗留物，包括文件、记录等； (2)确认灭菌操作环境符合规定； (3)检查灭菌使用的设备状态完好并已清洁、待用； (4)确认灭菌器、计量器具在检定有效期内	
2	灭菌	(1)更换设备状态标识牌	① 严格按照SOP完成生产操作任务； ② 启动或运行灭菌柜时，如果发生异常，应立即停机检查，并进行偏差处理
		(2)接通电源：接通与设备标牌要求一致的电源(220V、50Hz相对稳定的稳压电源，电源必须接地)	
		(3)打开灭菌器门：按住手轮向左转动手轮数圈，直至移动到底，移开锅盖  	

续表

序号	步骤	操作方法及说明	质量要求
2	灭菌	(4)加水/排水：操作设备前检查设备后方液位指示管，确保水位处于高低水位线之间。若水位低于低水位线，打开水箱盖，加入纯化水或蒸馏水至水位符合要求，关闭水箱盖；若水位超过高水位线，手动取下液位指示管将水排至符合要求 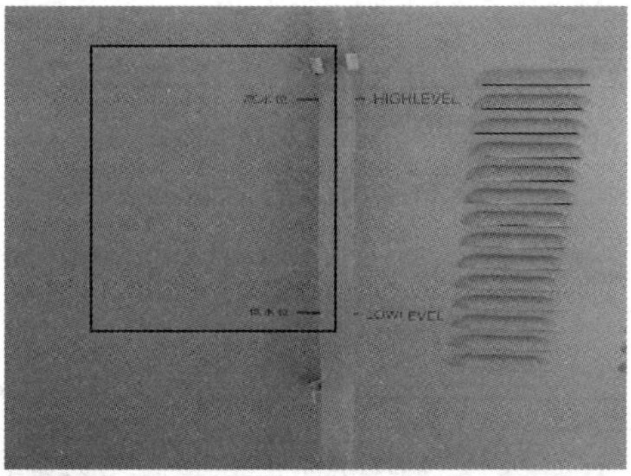 	
		(5)放入待灭菌物品：将待灭菌物品放入灭菌框内，注意将盛有液体的烧瓶装载量不得超过容器容积的1/2，容器封口应使用具有通气性的硅橡胶盖塞，或充分放松盖子。各物品间留有一定间隙，物品不能贴靠门和四壁，切勿使灭菌物品堵塞灭菌器室内的孔和温度传感器。灭菌器的装载量不得超过容积的80% 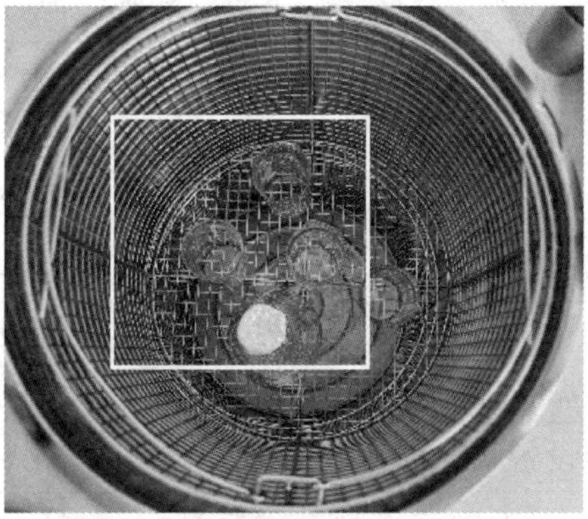	
		(6)关闭灭菌器门：检查确认门胶圈和灭菌箱室开口洁净，不得黏附灰尘，关闭灭菌器门	

续表

序号	步骤	操作方法及说明	质量要求
2	灭菌	（7）设定温度与时间：打开电源开关，系统进行自检，数秒后按上下键选择相应灭菌程序，相应程序类型指示灯及过程状态指示灯亮起，屏幕显示相应灭菌参数，长按修改键进行修改，灭菌参数设置为121℃，8min 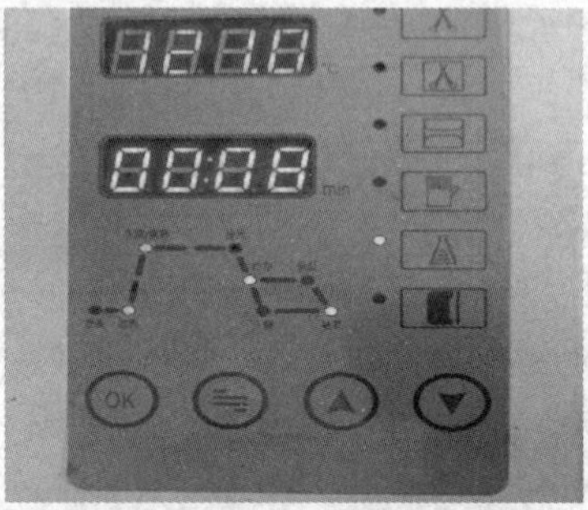	
		（8）灭菌：连续按“启动／停止键”，启动灭菌程序，进入灭菌流程，灭菌程序自动运行。当室内温度达到设定温度时，灭菌器自动维持灭菌温度，并开始计时	
		（9）灭菌结束，灭菌器自动降温，当压力表指示压力为零时，打开灭菌器门，取出灭菌物品 	
		（10）填写生产相关记录（操作过程中实时填写）	
		（11）已灭菌的产品挂上“已灭菌”的状态标识牌，注明产品名称、规格、批号、日期	
3	清洁和清场	（1）关闭电源	符合GMP、清洁和清场操作规程中清洁与清场要求
		（2）清理生产遗留物，清洁设备，确保设备内外无油垢、污垢	
		（3）更换设备状态标识牌	
		（4）复核：QA对清场情况进行复核，复核合格后发放清场合格证（正本、副本）	
		（5）填写清场记录（操作过程中实时填写）	

三、灭菌操作过程中出现的问题及解决办法

现象	原因分析	解决办法
设备接通电源后，电源灯不亮	① 断路器损坏； ② 主开关损坏	① 更换断路器； ② 根据需要更换主开关
压力、温度不升或上升缓慢	① 控制加热的器件工作异常； ② 加热器损坏； ③ 管路接头、腔体、安全阀等泄漏严重	① 检查控制加热的器件是否存在工作异常； ② 检查、更换加热器； ③ 检查、拧紧管路接头、安全阀等
过程中开门报警	① 门未关到位； ② 门开关松动、错位	① 关紧门后重试； ② 调节门开关
腔内主加热器干烧	① 腔内注水过少，运行中干烧造成温控器干烧报警； ② 运行中存在泄漏，导致汽水消耗过多，引起干烧报警； ③ 温控器故障或相连接线连接不可靠	① 检查注水是否过少，重点检修水位检测装置； ② 检测是否存在电磁阀“回水”、管路或接头泄漏等问题； ③ 短接温控器，排查是温控器自身故障或是连线问题
超温报警	① 加热器控制异常，加热不停； ② 腔内温度传感器存在故障	① 检查电路，必要时更换控制器； ② 检查更换腔内温度传感器
注水失败	水箱无水或注水过滤器堵塞	水箱加水或清洗注水过滤器
电磁阀“回水”	电磁阀密封不良，腔内存在压力，将腔内水排回水箱	① 清洗电磁阀； ② 检查更换电磁阀

引导问题2：请写出本组灭菌过程中出现的问题及解决办法。

问题：______________________________

____

解决办法：______________________________

____

____

评价反馈

项目名称	评价内容	评价标准	自评	互评	师评
专业能力考核项目 70%	生产前检查与准备 10分	1. 确认生产现场无上批产品遗留物，无与本批生产无关的文件、记录；2 分 2. 确认环境符合要求；2 分 3. 确认水符合规定；2 分 4. 正确检查灭菌使用的设备状态；2 分 5. 确认灭菌器、计量器具在检定有效期内；2 分			

续表

<table>
<tr><th>项目名称</th><th>评价内容</th><th>评价标准</th><th>自评</th><th>互评</th><th>师评</th></tr>
<tr><td rowspan="2">专业能力考核项目
70%</td><td>生产过程
54分</td><td>1. 更换设备状态标识牌；2分
2. 按要求打开灭菌器；4分
3. 正确完成加水 / 排水操作；6分
4. 正确放入待灭菌物品；6分
5. 按要求关闭灭菌器；5分
6. 正确设定温度与时间；7分
7. 正确完成灭菌过程的操作；6分
8. 按要求取出物品；7分
9. 灭菌结束后更换产品状态标识；7分
10. 及时、准确填写生产相关记录；4分</td><td></td><td></td><td></td></tr>
<tr><td>清洁与
清场
6分</td><td>1. 关闭电源；1分
2. 确保设备内外无生产遗留物，无油垢、污垢；2分
3. 正确更换设备状态标识牌；2分
4. 按要求填写清场记录；1分</td><td></td><td></td><td></td></tr>
<tr><td rowspan="5">职业素养考核项目
30%</td><td colspan="2">穿戴规范、整洁；5分</td><td></td><td></td><td></td></tr>
<tr><td colspan="2">无无故迟到、早退、旷课现象；5分</td><td></td><td></td><td></td></tr>
<tr><td colspan="2">积极参加课堂活动，按时完成引导问题及笔记记录；10分</td><td></td><td></td><td></td></tr>
<tr><td colspan="2">具有团队合作、与人交流能力；5分</td><td></td><td></td><td></td></tr>
<tr><td colspan="2">具有无菌意识、安全意识、责任意识、服务意识；5分</td><td></td><td></td><td></td></tr>
<tr><td colspan="3">总分</td><td></td><td></td><td></td></tr>
</table>

课后作业

1. 简述灭菌的定义以及湿热灭菌的原理。

2. 简述水浴式灭菌柜的工作原理及商业化生产的灭菌工艺流程。

3. 你了解过因灭菌效果不符合要求导致的药害事件或者GMP检查缺陷吗？请简述相关案例，并谈谈你个人对于该类事件的风险的认识。

任务10-5 小容量注射剂质量检查

学习目标

1. 能够正确描述小容量注射剂质量检查重点项目；

2. 能够规范完成小容量注射剂质量检查；

3. 能够尝试分析小容量注射剂质量异常的原因；

4. 具有安全生产和精益求精的工匠精神和劳模精神。

任务分析

小容量注射剂指装量小于50mL的注射剂，生产过程中小容量注射剂常见的质量缺陷项为可见异物、装量不合格、密封性不合格，质量缺陷会造成产品质量不合格，影响用药安全性，在生产过程中应严格控制产品质量。本次任务主要学习小容量注射剂的装量、可见异物、密封性检查方法。

任务分组

见表10-5-1。

表10-5-1　学生任务分配表

组号		组长		指导老师	
序号	组员姓名	任务分工			

知识准备

一、小容量注射剂装量检查

根据《中国药典》（2020年版）四部通则的规定，小容量注射剂的装量检查方法如下：供试品标示装量不大于2mL者，取供试品5支（瓶）；2mL以上至50mL者，取供试品3支（瓶）。开启时注意避免损失，将内容物分别用相应体积的干燥注射器及注射针头抽尽，然后缓慢连续地注入经标化的量入式量筒内（量筒的大小应使待测体积至少占其额定体积的40%，不排尽针头中的液体），在室温下检视。测定油溶液、乳状液或混悬液时，应先加温（如有必要）摇匀，再用干燥注射器及注射针头抽尽，之后同前法操作，放冷（加温时），检视。每支（瓶）的装量均不得少于其标示装量。

二、可见异物检查

（一）可见异物的定义

可见异物系指存在于注射剂、眼用液体制剂和无菌原料药中，在规定条件下目视可以观测到的不溶性物质，其粒径或长度通常大于50μm。如玻屑、白点、黑点、色块、纤维等。

（二）可见异物检查方法

可见异物检查法有灯检法和光散射法。一般常用灯检法，也可采用光散射法。灯检法不适用的品种，如用深色透明容器包装或液体色泽较深（一般深于各标准比色液7号）的品种可选用光散射法；混悬型、乳状液型注射液和滴眼液不能使用光散射法。

（1）灯检法　应在暗室中进行。检查装置如图10-5-1所示。

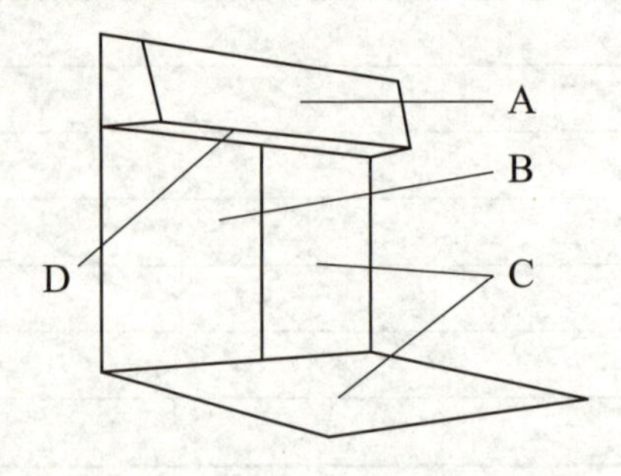

图10-5-1　灯检检查装置

A—带有遮光板的日光灯光源；光照度可在1000～4000lx范围内调节；
B—不反光的黑色背景；C—不反光的白色背景和底部（供检查有色异物）；
D—反光的白色背景（指遮光板内侧）

（2）检查人员条件　远距离和近距离视力测验，均应为4.9及以上（矫正后视力应为5.0及以上）；应无色盲。

（3）光照度　用无色透明容器包装的无色供试品溶液，检查时被观察样品所在处的光照度应为1000～1500lx；用透明塑料容器包装或用棕色透明容器包装的供试品溶液或有色供试品溶液，检查时被观察样品所在处的光照度应为2000～3000lx；混悬型供试品或乳状液，检查时被观察样品所在处的光照度应增加至约4000lx。

（4）检查方法　溶液型、乳状液及混悬型制剂除另有规定外，取供试品20支（瓶），擦净容器外壁，必要时将药液转移至洁净透明的适宜容器内；置供试品于遮光板边缘处，在明视距离（指供试品至人眼的清晰观测距离，通常为25cm），分别在黑色和白色背景下，手持供试品颈部轻轻旋转和翻转容器使药液中可能存在的可见异物悬浮（但应避免产生气泡），轻轻翻摇后即用目检视，重复3次，总时限为20s。供试品装量每支（瓶）在10mL及10mL以下的每次检查可手持2支（瓶）。

（5）判断标准及来源分析　如表10-5-2所示。

表10-5-2　灯检判断标准及来源分析

灯检项目	不合格项目	判断标准	来源分析
可见异物	玻屑	肉眼可见	主要为安瓿瓶或西林瓶清洗、生产过程中破损带入
	白块	有明显平面或棱角的白色物质	包材（安瓿瓶）、容器未清洗干净；制备过程中设备运行磨损引入；制备管道中金属离子游离在溶液中或钙、镁、铁等离子形成络合物；制剂生产过程中药物活性成分（API）未完全溶解，或API之间相互作用形成可见异物
	白点	不能辨清平面和棱角的小于白块的白色物质	
	黑块	有明显平面或棱角的黑色物质	
	黑点	不能辨清平面和棱角的小于黑块的黑色物质	
	色块、色点	有色块点	
	纤维	长度大于2mm的丝状物	

（6）自动灯检技术的应用　目前商业化生产中，注射剂的自动灯检技术已广泛应用并逐步完善。全自动检测设备可以检测可见异物、容器外观缺陷、微小裂缝、密封缺陷等多项内容，优点是可以消除人为错误，例如，视力灵敏度和体力的下降，以及对不同可见异物的灵敏度差异等。

自动灯检机是集光源发生系统、视觉识别系统、图像处理系统、计算分析系统、高精密机械制造于一体的高端设备。其通过视觉识别系统，获取摄像头所拍摄的位于生产线上的目标产品序列图像，并将图像信息导入计算机。在此过程中，图像信息经由软件处理从而判断目标产品是否合格，若发现问题，则发出相关指令，通过可编程逻辑控制器（PLC）控制将次品分拣剔除，若合格，则进入下一步工序。设备灯检性能应当经过验证，并应定期检查设备的性能。当检出缺陷品，应能将其分开并剔除。在批生产记录中，按缺陷类型记录检测结果。

三、密封性检查（气泡法）

气泡法检查密封性的原理是通过对真空室抽真空，使浸在水中的试样产生内外压差，观测试样内气体外溢的情况，以此判断试样的密封性能。检查时按要求抽取检测产品，将待检测的产品置于检测装置中，按要求设置产品密封性检测参数后开始检测，检测产品不得漏液。若仪器内无连续气泡冒出，该产品合格；若仪器内有连续气泡冒出，则进一步进行排查，确定报警原因是否为产品漏液。如图10-5-2所示为密封性检测仪。

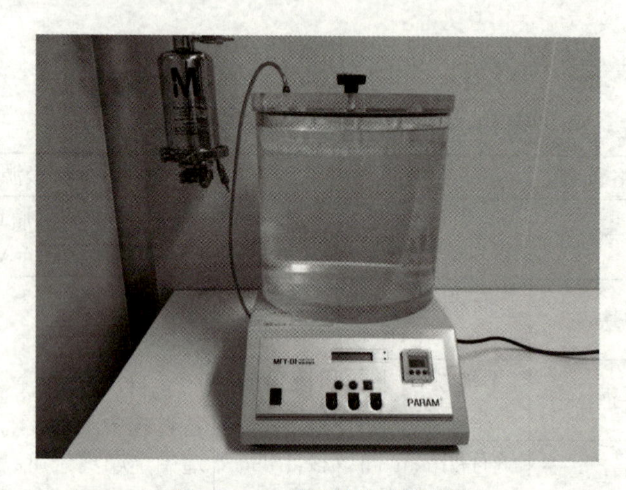

图10-5-2　密封性检测仪

引导问题1：小容量注射剂生产过程中有哪些质量控制要点？

____

____

____

引导问题2：试分析小容量注射剂中可见异物的来源。

____

____

____

小提示

（1）装量、可见异物、密封性影响产品质量和用药安全。

（2）生产过程中的质量控制：装量精准控制；包装材料的清洗水至少使用纯化水；生产中设备合理调试，设备运行顺畅。

（3）检测仪器经过检定。

任务实施

一、质检前准备

（1）5mL透明小容量注射剂（安瓿瓶装或西林瓶装）10支；

（2）干燥5mL注射器1支、10mL量入式量筒1支、澄明度检测仪1台、照度检测仪1台及相应操作规程、密封性检测仪1台及相应操作规程，压缩空气源。

二、小容量注射剂质量检查操作过程及要求

序号	步骤	操作方法及说明	质量要求
1	质检前检查及准备	（1）检查操作现场清洁效果是否符合要求	符合生产操作要求
		（2）仪器准备正确、完好并在使用有效期内	
2	装量检查	（1）更换仪器状态标识牌	每支（瓶）的装量均不得少于其标示量
		（2）检查确认注射器、量筒完好并已清洁，量筒在检定有效期内	
		（3）将测试样品从易折处折断（安瓿瓶装）或开启铝塑盖（西林瓶装），注意避免药液损失，将内容物用相应体积的干燥注射器及注射针头抽尽，然后缓慢连续地注入经标化的量入式量筒内，读取量入式量筒装量 俯视读数（读数偏大） 正确读数 仰视读数（读数偏小） 5.2mL 量液时，量筒必须放平，视线要与量筒内液体凹液面的最低处保持水平，再读出液体的体积	
		（4）填写相关记录（操作过程中实时填写）	

续表

序号	步骤	操作方法及说明	质量要求
3	可见异物检查	(1)更换仪器状态标识牌	检测时样品轻轻翻摇(避免出现气泡),产品不得出现可见异物
		(2)检查确认澄明度检测仪完好、运行正常,照度仪在检定有效期内	
		(3)打开澄明度检测仪电源,使用照度仪检测照度,将照度仪置光源下方距光源大约20cm处,将照度调整至1000～1500lx的位置  	
		(4)手持测试样品,在距眼20～25cm于检测仪边缘处轻轻翻动药液,眼睛从左到右,自下而上检视。分别在黑白背景下,各重复三次检查。检出玻屑、白点、黑点、色块、纤维等判定为不合格品	
		(5)对不合格品进行分类记录,进行样品分析	
		(6)填写相关记录(操作过程中实时填写)	
4	密封性检查	(1)更换仪器状态标识牌	正确设置设备参数,完成密封性检查,产品不能出现泄漏(无连续气泡冒出)
		(2)确认密封性检测仪完好并正常运行	
		(3)将压缩空气源与检测仪压缩空气的进气管相连接,并连接真空接口和有机玻璃桶的接头。打开气源与设备电源开关 	

续表

序号	步骤	操作方法及说明	质量要求
4	密封性检查	(4)设置真空时间，按“设置键”再按“+”“-”键，设置真空时间，一般设置0.5min 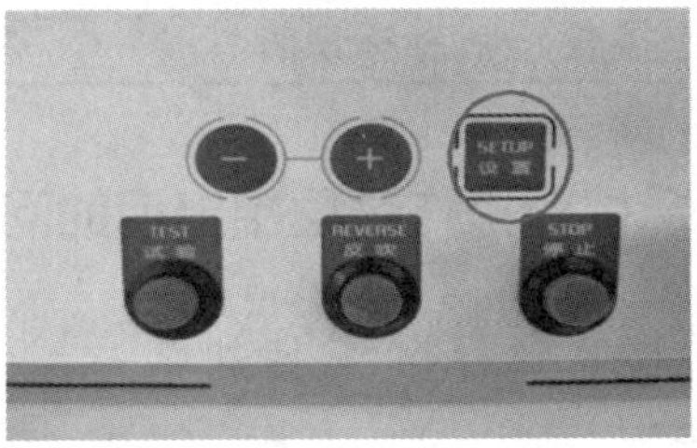	
		(5)设置真空压力，按MFY-01密封试验仪操作规程设置检测真空压力，无特殊注明时，将试验真空度设置为-80kPa 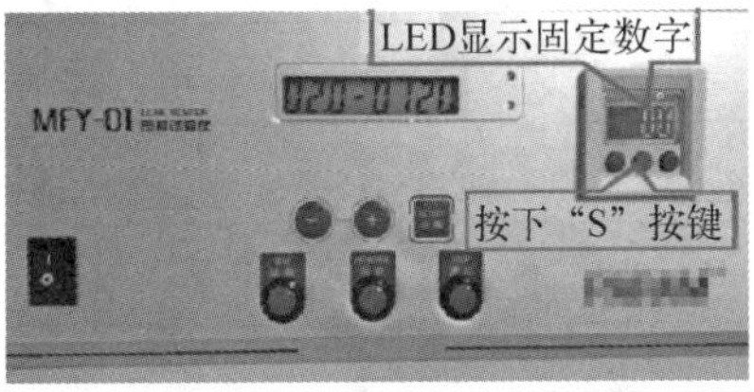	
		(6)打开真空罐上盖，注入适量清水后放入试样。 注意：清水注入量以放置试样扣妥上盖后，罐内水位高于多孔压板上侧10mm左右为佳 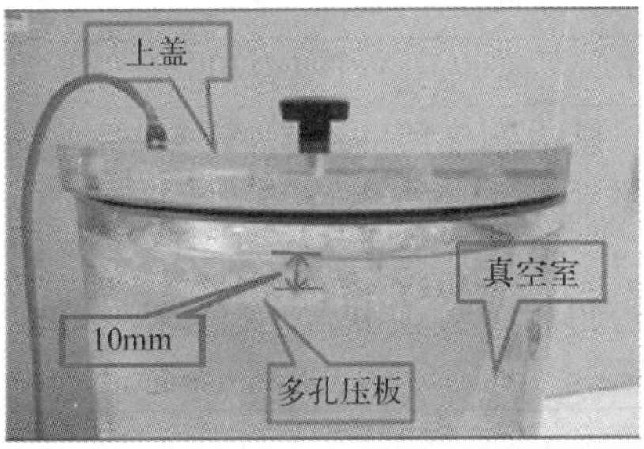	
		(7)按“试验”键，压缩空气进入真空发生系统，真空罐开始抽真空，当达到设置的真空度时，程序控制自动切断压缩空气管路，系统自动开启真空保持阶段，在保压阶段观察无连续气泡冒出均合格，如有气泡冒出取出样品并依次检查是否有泄露进水现象 	
		(8)填写相关记录(操作过程中实时填写)	

续表

序号	步骤	操作方法及说明	质量要求
5	清洁	(1)检测结束后及时关闭仪器，对试验现场及仪器进行清洁	符合GMP清洁要求
		(2)更换仪器状态标识牌	

三、小容量注射剂质量检查操作过程中出现的问题及解决办法

引导问题3：请写出本组小容量注射剂质量检查过程中出现的问题及解决办法。

问题：______

______

______

解决办法：______

______

评价反馈

项目名称	评价内容	评价标准	自评	互评	师评
专业能力考核项目70%	质检前准备与检查10分	1. 装量检测使用的注射器、量筒准备正确；3分 2. 澄明度检测仪准备正确，照度检测符合要求；3分 3. 密封性检测仪准备正确，密封性检测仪管道连接正确；4分			
	装量检查18分	1. 正确更换仪器状态标识牌；3分 2 装量检测安瓿折断药液无损失；4分 3. 装量检测药液使用注射器转移完全；4分 4. 装量读数方法正确；4分 5. 正确填写相关记录；3分			
	可见异物检查20分	1. 正确更换仪器状态标识牌；3分 2. 澄明度检测仪照度检测正确，照度与检测样品对应照度一致；3分 3. 可见异物检测方法正确；3分 4. 样品应在黑白背景下进行检查；4分 5. 能够正确检测出可见异物，如黑点、白点、纤维等；4分 6. 正确填写相关记录；3分			

续表

项目名称	评价内容	评价标准	自评	互评	师评
专业能力考核项目70%	密封性检查18分	1. 正确更换仪器状态标识牌；3 分 2. 真空时间参数设置正确；3 分 3. 真空压力参数设置正确；3 分 4. 真空罐注水水位正确；3 分 5. 检测过程中能够正确判断检测结果；3 分 6. 正确填写相关记录；3 分			
	清洁4分	1. 按要求对试验现场及仪器进行清洁；2 分 2. 正确更换仪器状态标识牌；2 分			
职业素养考核项目30%	穿戴规范、整洁；5 分				
	无无故迟到、早退、旷课现象；5 分				
	积极参加课堂活动，按时完成引导问题及笔记记录；10 分				
	具有团队合作、与人交流能力；5 分				
	具有安全意识、责任意识、服务意识；5 分				
总分					

课后作业

1. 简述装量检测要求。
2. 简述可见异物分类及来源分析。
3. 简述密封性检测操作流程。

项目11　内包装

任务11-1　袋装包装

学习目标

1. 能正确描述全自动定量制袋包装机的结构组成与工作原理；
2. 能规范操作全自动定量制袋包装机完成散剂包装；
3. 能判别袋装包装过程中出现的常见问题并分析原因；
4. 能按照GMP要求完成袋装包装的清场和清洁；
5. 具有安全生产、精益求精的工匠精神和劳模精神。

任务分析

药物制剂包装是指采用适宜的材料或容器，按一定包装技术对药物制剂的半成品或成品进行分（灌）、封、装、贴签等操作，为药品提供保护、商标和说明的一种加工过程总称。完成药品直接包装和药品包装物外包装及药包材制造的设备，称为药品包装设备。袋包装设备是指采用可热封的复合材料，自动完成制袋、计量、充填、封合、分切、热压批号等功能，对药物进行袋包装的设备。目前应用广泛的袋包装设备是全自动定量制袋包装机。本任务主要是学会使用全自动定量制袋包装机完成散剂、颗粒剂等剂型的包装。

任务分组

见表11-1-1。

表11-1-1　学生任务分配表

组号		组长		指导老师	
序号	组员姓名	任务分工			

知识准备

一、药品包装的分类

药品包装主要分为单剂量包装、内包装和外包装三类。

（1）单剂量包装　指对药品按照用途和给药方法进行分剂量包装的过程。例如，将颗粒剂装入小包装袋；将注射剂、口服液采用玻璃瓶或塑料瓶包装；将片剂、丸剂、胶囊剂装入泡罩式铝塑材料中的分装过程等。此类包装也称分剂量包装。

（2）内包装　是指直接与药品接触的包装。例如，将成品颗粒、药片、药丸或胶囊等直接装入塑料袋、塑料（玻璃）瓶或铝塑泡罩包装中，然后装入纸盒、塑料袋、金属容器等中，以防止潮气、光、微生物、外力撞击等因素对药品造成影响或破坏。

（3）外包装　将已完成内包装的药品装入箱、袋、桶或罐等容器中的过程称为外包装。进行外包装的目的是将小包装的药品进一步集中于较大容器内，以便药品储存和运输。

二、全自动定量制袋包装机

全自动定量制袋包装机直接用卷筒状的热封包装材料，自动包装所有的细

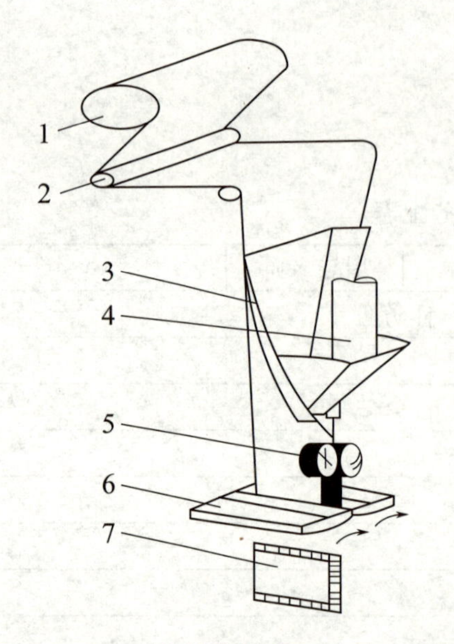

图11-1-1　三边封袋包装机结构示意图
1—卷筒薄膜；2—导辊；3—成型器；4—加料器；5—纵封滚轮；6—横封辊；7—成品袋

小颗粒及粉末状药品，其功能包括自动完成计量充填、制袋、自动打孔、打码、计数、封口和切断等多种。常用于包装散剂、颗粒剂、片剂、丸剂、流体和半流体等物料。

1.三边封袋包装机

三边封袋包装机是采用三边封合方式的袋包装机械，主要结构有卷筒薄膜、导辊、成型器、加料器、纵封滚轮、横封辊等（见图11-1-1）。工作时卷筒薄膜经多道导辊被引入象鼻形成型器，在成型器下端薄膜逐渐卷曲成圆筒，接着被纵封器加热加压封合，同时薄膜受到纵封滚轮的作用被拉送。计量后的物料由加料斗与成型器内壁组成的充填筒导入袋内。横封器将其横向封口，纵封器的回转轴线与横封器的回转轴线呈空间平行，切刀将封好的料袋从横封边居中切断分开，即得到三边封口袋。该方法适用于易流动颗粒或流动性差的粉粒状物料的包装。

2.四边封袋包装机

四边封袋包装机是采用四边封合方式的袋包装机械，主要是由充填器、上卷膜轴、下卷膜轴、输送装置、纵封器、横封器和切刀等组成（见图11-1-2）。工作时，两个卷筒薄膜经导辊进入加料管的两侧，通过纵封器将其对接成圆筒状，紧接着充填物料，随后横封器将其横向封口，切刀将料袋切断，即成单个四面封口袋。立式四面封口包装机多用于小剂量细颗粒状或流动性好的物料的包装，有多列和单列机型，随列数的增加，生产效率可大大提高。

引导问题1：袋装包装的常用材料是什么？

____

____

____

____

____

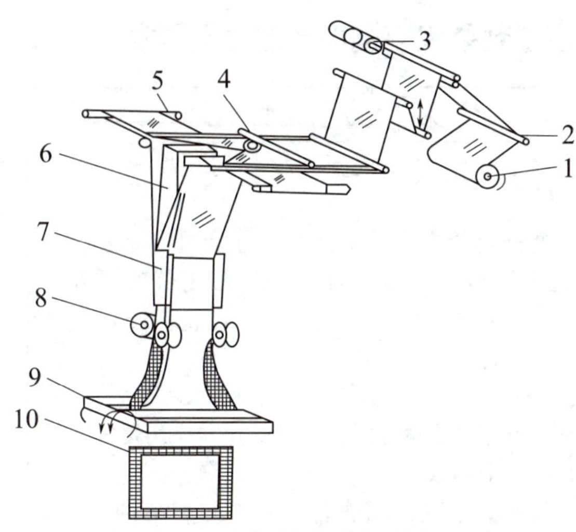

图 11-1-2　四边封袋包装机结构示意图

1—卷筒薄膜；2—导辊；3—供纸电动机；4—分切滚刀；5—转向导辊；
6—入料筒；7—成型器；8—纵封滚轮；9—横封辊；10—成品袋

小提示

复合膜包装材料是指将多种包装材料采用复合手段整合在一起而形成的一种新型包装材料。该材质有利于延长产品的保质期，因其挺度好、有光泽漂亮的外观，更能迎合消费者的喜好。常用复合膜的类型包括：

（1）普通复合膜　产品特点是具有良好的印刷适应性，可提高产品档次；具有良好的气体阻隔性。主要应用于片剂、颗粒剂及散剂药品的包装，亦可作为其他剂型药品的外包装。

（2）药用条状易撕包装材料　产品特点是具有良好的易撕性，方便药品的取用；具有良好的气体阻隔性，可保证药品较长的保质期；具有良好的降解性。可用于泡腾片、胶囊等药品的包装。

（3）纸铝塑复合膜　产品特点是具有良好的降解性，有利于环保；具有良好的印刷适应性，适合个性化印刷，有助于提高产品档次；对气体阻隔性好，可以保证药品较长的保质期；具有良好的挺度，可保证产品好的成型性。

任务实施

一、生产前准备

（1）总混后粉末或颗粒；

（2）立式全自动定量制袋包装机、电子天平、物料桶等。

二、立式全自动定量制袋包装机操作过程及要求

序号	步骤	操作方法及说明	质量要求
1	生产前检查	（1）检查生产环境，确定温度、相对湿度是否符合规定； （2）检查物料相关信息，检查电子天平、立式全自动定量制袋包装机的检验合格证是否在有效期内； （3）检查电子天平、立式全自动定量制袋包装机是否清洁、完好； （4）检查电子天平是否位于水平状态； （5）按照电子天平标准操作规程预热半小时； （6）在立式全自动定量制袋包装机各活动部位（如横封导柱、凸轮、下料离合器等处）加润滑油；检查减速箱是否缺油	按照GMP要求完成生产前检查
2	设备调试	（1）更换设备状态标识	严格按照SOP完成设备调试
		（2）接通电源，合上电控箱内的漏电开关	
		（3）设定纵封、横封模具所需温度，使温控表上的温度上升至设定温度 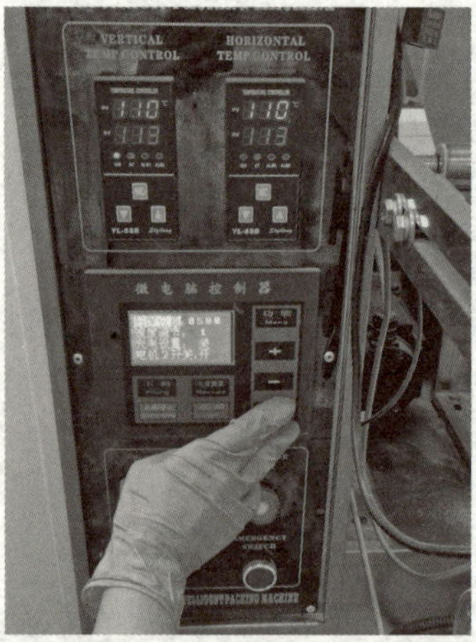	
		（4）初调封合压力，手动传动皮带，使左右热封器处于完全闭合状态 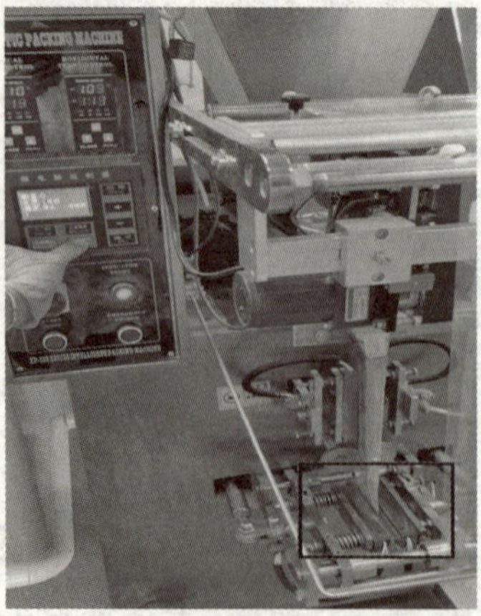	

续表

序号	步骤	操作方法及说明	质量要求
2	设备调试	（5）进一步调整封合压力。开机连续封合几袋，观察包装袋是否封合严密，纹路是否清晰均匀，封合时撞击力是否过大	
		（6）将两滚轮压住成型后的包装材料并向下拉动到切刀下方，连续封合几袋后将包装袋上的一个色标对正横封封道的中间位置 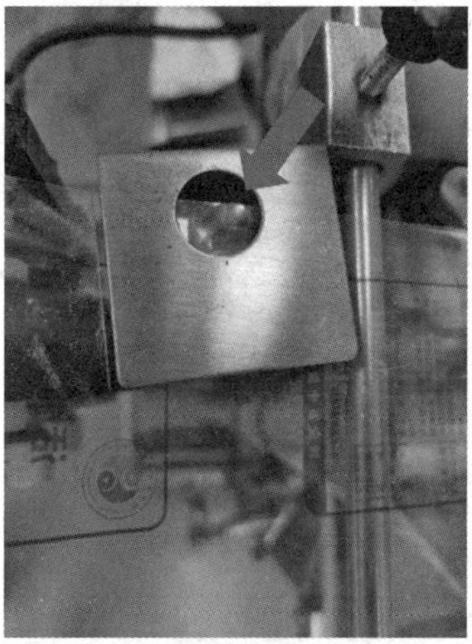	
		（7）调整切刀位置 	
		（8）待所有部件都调整好后，可先连续封合几袋，观察运行是否顺畅，有无异响，若无问题则可开机进行生产	
3	包装生产	（1）加入物料	严格按照SOP完成包装操作任务
		（2）点击自动包装按键，开始生产	
		（3）生产中每隔10min取样检测包装重量，根据实际情况调节参数	
		（4）将包装好的药物装入物料桶内，填写标签并贴在桶上	

续表

序号	步骤	操作方法及说明	质量要求
3	包装生产	(5)生产结束后，断开下料离合器，按停止键停机，断开总电源开关	
		(6)设备挂上“待清洁”标识，完成物料平衡	
		(7)填写相关记录（操作过程中实时填写）	
		(8)生产的产品移交至中间站	
4	清洁和清场	(1)清洁：清理机器上脏物、杂物和其他物品，对设备各部位清洗消毒	① 符合GMP清场与清洁要求； ② 记录应及时准确、真实完整
		(2)更换设备状态标识	
		(3)生产操作人员填写相关记录并签名，复核人员核对无误后签名	
		(4)QA对清场情况进行复核，复核合格后发放清场合格证	

三、包装过程常见问题分析及解决办法

问题	主要原因	解决办法
包装材料被拉断	① 供纸电动机线路故障，线路接触不良； ② 供纸接近开关损坏	① 检修供纸电动机线路； ② 更换开关
袋封合不严	① 封合压力不均； ② 封合温度不够； ③ 包材不好	① 调整封合压力； ② 调整封合温度； ③ 换包材
封道不正	热封器位置不对	调整热封器位置
切袋位置偏离色标	① 齿轮啮合不好； ② 减速机机械故障； ③ 光电开关（电眼）位置不正确	① 调整修理齿轮； ② 更换轴承； ③ 调整电眼位置
不拉袋	① 线路故障； ② 拉袋接近开关损坏； ③ 自动包装机控制器故障； ④ 步进电动机驱动器故障	① 检查线路； ② 更换拉袋接近开关； ③ 更换自动包装机控制器； ④ 更换步进电动机驱动器

引导问题2：请写出本组在包装过程中出现的问题及解决办法。

问题：

解决办法：

评价反馈

项目名称	评价内容	评价标准	自评	互评	师评
专业能力考核项目70%	生产前检查与准备10分	1. 正确检查生产环境，确定温度、相对湿度；2分 2. 正确检查复核设备状态标识；2分 3. 检查物料相关信息；2分 4. 检查电子天平检验合格证；2分 5. 检查各处螺丝是否松动，检查机器是否卡顿，如有需要在活动部位加润滑油；2分			
	设备调试25分	1. 正确更换设备状态标识；3分 2. 接通电源，合上电控箱内的漏电开关；2分 3. 温度设定正确；4分 4. 初调封合压力，手动传动皮带，使左右热封器处于完全闭合状态；4分 5. 开机连续封合几袋，检查封合状态准确；3分 6. 正确调整切刀位置；3分 7. 调整切断时间准确；3分 8. 连续封合几袋，观察运行是否顺畅；3分			
	包装生产过程25分	1. 规范加料，不漏料；3分 2. 生产过程检查装量差异符合要求；4分 3. 停机操作流程正确；4分 4. 正确收集合格品并填写标识；4分 5. 收集袋称量、标识、扎带正确；5分 6. 正确交接中间产品至中间站；5分			
	清场与记录10分	1. 正确更换设备状态标识；1分 2. 清除设备残留物料；1分 3. 清洁地面、台面；1分 4. 正确填写过程交接单、中间站台账；2分 5. 如实及时填写包装记录、设备使用记录；1分 6. 正确填写清场记录；2分 7. 正确填写生产前检查记录；1分 8. 粘贴清场副本于记录上；1分			
职业素养考核项目30%	穿戴规范、整洁；5分				
	无无故迟到、早退、旷课现象；5分				
	积极参加课堂活动，按时完成引导问题及笔记记录；10分				
	具有团队合作、与人交流能力；5分				
	具有安全意识、责任意识、服务意识；5分				
总分					

课后作业

1. 收集一些袋包装形式的药品、食品，试区分三边封口和四边封口的包装形式。
2. 简述药品包装的作用。

任务11-2　铝塑包装

学习目标

1. 能正确描述药品铝塑泡罩包装的工艺流程；
2. 能正确对药品铝塑泡罩包装材料进行分类；
3. 能正确操作铝塑泡罩包装机完成药品的铝塑包装；
4. 具有安全生产和精益求精的工匠精神和劳模精神。

任务分析

药品的铝塑泡罩包装又称水泡眼包装，是固体制剂药品的包装形式之一。铝塑泡罩包装机则是药品铝塑包装常用的包装设备，其包装过程可分为薄膜放卷、预热、泡罩成型、充填药品、铝箔放卷、热合、打印（批号、标识）、冲裁等步骤。本次任务主要是学会使用铝塑泡罩包装机完成对药品的铝塑包装。

任务分组

见表11-2-1。

表11-2-1　学生任务分配表

组号		组长		指导老师	
序号	组员姓名	任务分工			

知识准备

铝塑泡罩包装具有美观、质轻、阻气、密封性好、易携带等优点，是我国保健食品、固体制剂药品的主要包装形式。随着药品生产对铝塑泡罩包装机在速度和精度方面的要求进一步提高，铝塑泡罩包装设备向着自动化系统、集成控制和可编程自动控制方向发展。目前，大批量工业生产时主要采用高速铝塑泡罩包装设备（见图11-2-1），小剂量生产时可采用实验用铝塑泡罩包装设备（见图11-2-2）。

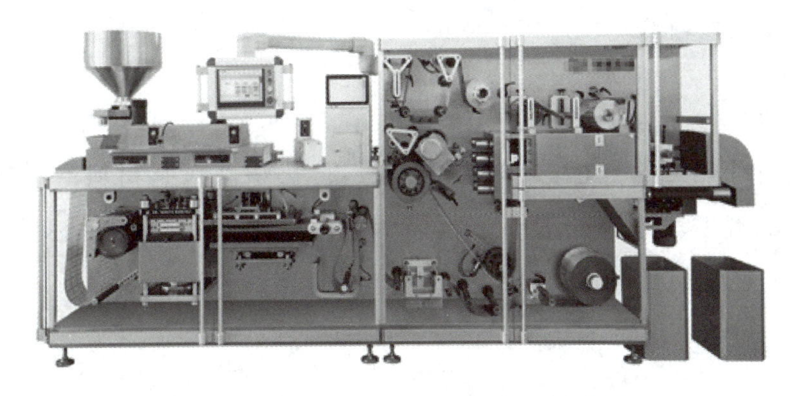

图11-2-1　高速铝塑泡罩包装机概念图

图11-2-2　实验用铝塑泡罩包装机概念图

一、铝塑泡罩包装的工艺流程

药品的铝塑泡罩包装是先将透明塑料硬片吸塑成型后，将片剂、丸剂或颗粒剂、胶囊等固体药品填充在凹槽内，再与涂有黏合剂的铝箔片加热黏合在一起，形成独立的密封包装，其工艺流程如图11-2-3所示。

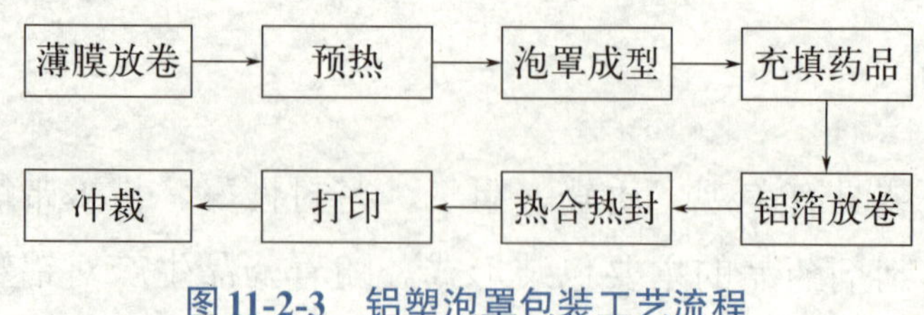

图 11-2-3　铝塑泡罩包装工艺流程

（一）薄膜/铝箔放卷

通过槽轮机构、凸轮摇杆机构、凸轮分度机构、棘轮机构等输送机构和伺服电机、电子凸轮等控制机构，将薄膜或铝箔输送、放卷至泡罩包装机指定工位，配合完成泡罩包装。

（二）预热

通过辐射加热或传导加热的加热方式，将热塑性包装材料薄膜加热到能够进行热成型的温度。不同的热塑性包装材料具有不同的热成型温度，实际生产应根据选用的包装材料确定。

（三）泡罩成型

泡罩成型是整个包装过程的重要工序，成型的方法可分为4种，分别是吸塑成型（负压成型）、吹塑成型（正压成型）、冲头辅助吹塑成型、凸凹模冷冲压成型。当采用如复合冷铝等刚性较大的包装材料时，建议采用凸凹模冷冲压成型方法对膜片进行成型加工，不适宜采用热成型方法。

（四）充填药品

泡罩包装机配有自动充填装置，可将药片、药粒送入已成型的泡罩内。药片、药粒的充填区域应有足够长度，以便操作人员操作和在线检查。

（五）热合热封

当成型膜泡罩内充填好药片、药粒后，加热覆盖膜的内表面，通过压力使其与泡罩材料紧密封合，即在一定的温度、压力条件下进行热封，从而形成泡罩包装。

（六）打印

一般采用凸模模压法印制批号、生产日期等信息，也可采用激光或喷码的方式进行相关信息及标识的打印。

（七）冲裁

冲裁是泡罩包装工艺的最后一道工序，即将已完成热封的膜片冲切成规定尺寸的板块成品。

二、铝塑泡罩包装材料的分类

铝塑泡罩包装材料分为成泡基材与覆盖材料两类。

（一）成泡基材

药品包装用的成泡基材，目前多数使用聚氯乙烯（PVC）硬片和聚偏二氯乙烯（PVDC）硬片。由于药品对湿气、潮气、光线透过很敏感，易受此影响而变质或失效，因此要求塑料硬片具有良好的水、汽、光等阻隔性（表11-2-2）。

表11-2-2 常用的成泡基材阻隔性能参数

产品分类	水蒸气透过率/[g/(m^2·24h)]	氧气透过率/[cm^3/(m^2·Pa·24h)]	基本用途
PVC	3.0～3.5	20×10^{-5}	一般用途药品包装
PVDC(40g/m^2)	0.8	20×10^{-5}	较易潮解、氧化的药品包装
PVDC(60g/m^2)	0.6	20×10^{-5}	易潮解、氧化的药品包装
PVDC(90g/m^2)	0.3	1×10^{-5}	特别易潮解、氧化的药品包装
PVDC(120g/m^2)	0.2	1×10^{-5}	特别易潮解、氧化的药品包装
PA/AL/PVC	0.01	1×10^{-5}	须避光，易潮解、氧化的药品包装
COC	0.3～0.8	30×10^{-5}	易潮解的药品包装
PP	0.4～0.6	300×10^{-5}	易潮解的药品包装
PET	3.0～3.5	15×10^{-5}	一般用途药品包装

注：PVC为聚氯乙烯；PVDC为聚偏二氯乙烯；PA/AL/PVC为聚酰胺/铝/聚氯乙烯复合包材；COC为环烯烃共聚物；PP为聚丙烯；PET为聚对苯二甲酸乙二醇酯。

聚偏二氯乙烯或其复合材料对空气中的水蒸气、氧气等具有良好的阻隔性，以相同厚度的材料来比较，聚偏二氯乙烯阻水蒸气性能和阻空气性能均优于聚氯乙烯。此外，PVDC的封口性能、冲击强度、抗拉强度、耐用性等各项指标均能满足药品包装的要求。

（二）覆盖材料

药品泡罩包装的覆盖材料（也称封口材料）通常为铝箔，也称药品泡罩包装用铝箔，亦称为PTP铝箔，要求具有无毒、耐腐蚀、不渗透、阻热、防潮、阻光及可高温灭菌性能。目前泡罩包装的覆盖材料正向使用多元化、功能多样化、环保、特殊防护及防伪等方向发展。

三、药品铝塑泡罩包装生产的质量控制要点

包装是药品生产企业的最后一道工序，也是药品质量控制的最后一道关。因此，药品包装生产中的GMP要求及操作人员的规范化操作显得尤为重要。

药品铝塑泡罩包装生产的质量控制要点如图11-2-4所示。

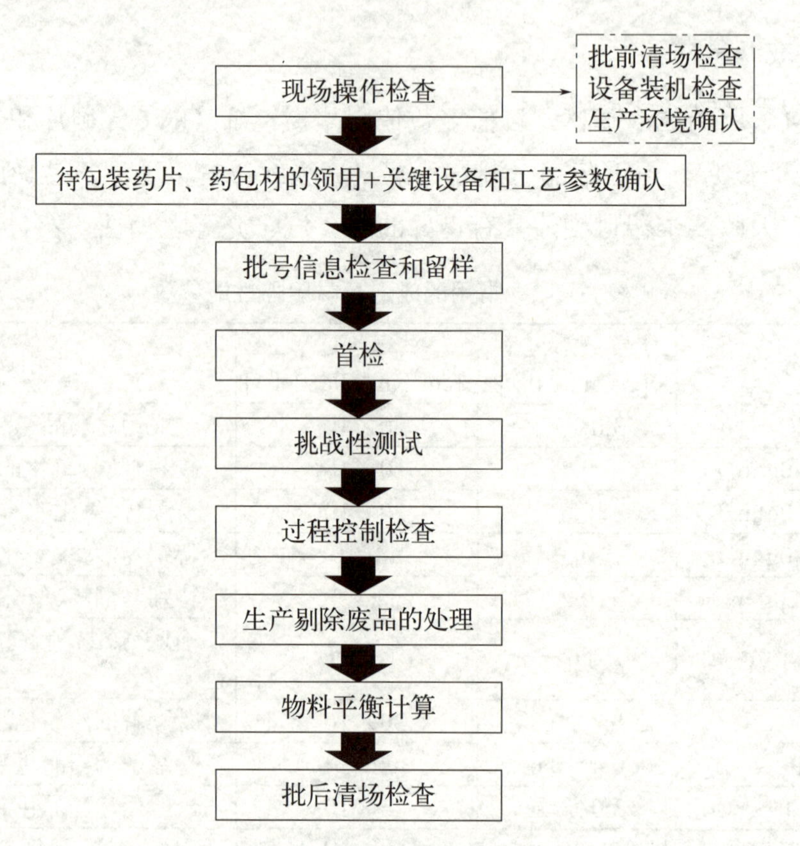

图11-2-4　铝塑泡罩包装生产的质量控制要点

引导问题1：根据对以上知识的理解，请简述铝塑泡罩包装过程的质量控制要点。

小提示

岗位操作员首先要核对印字铝箔版本的正确性，当泡罩包装设备带有条码扫描系统时，应开启条码扫描系统确认铝箔是否正确。之后调整好设备参数

（如包装速度、热封板温度等），设定好批号和有效期，需双人核对确认板上打印的产品批号/有效期信息正确，然后再进行产品包装。在包装过程中应人工或者使用自动化设备检测并剔除缺片、有残粒或者空板的泡罩版，并且周期性对泡罩包装设备的剔除功能进行测试，通过过程控制抽查检查铝塑板的气密性。铝塑包装通常称为“内包装”，整个工序通常在D级洁净环境进行。

任务实施

一、生产前准备

（1）准备待包装胶囊粒50粒，准备聚氯乙烯/聚偏二氯乙烯固体药用复合硬片若干，准备药用铝箔若干。

（2）KHPP-9型实验室铝塑泡罩包装机1台，MFY-01型密封性试验仪1台，电子天平1台，以及相应的操作规程。

二、铝塑泡罩包装操作过程及要求

序号	步骤	操作方法及说明	质量要求
1	生产前检查	（1）环境检查：检查操作间温湿度（通常为18～26℃）、压差，应符合GMP生产要求。不同级别洁净室之间的压差应当>5Pa	符合生产操作要求
		（2）设备、仪器、容器检查：检查KHPP-9型实验室铝塑泡罩包装机已安装成型模具（2# 硬胶囊，5粒/板），确认密封性试验仪、电子天平在检定有效期内且经过日常确认，确认生产用容器完好、已清洁消毒	
		（3）生产用介质检查：检查设备动力用压缩空气等介质压力在正常使用范围（如0.4～0.8MPa），确认相应压力仪表在校验合格周期内	
		（4）领取待包装胶囊粒，核对品名、批号、数量及外观质量有无偏差，记录领取数量 待包装胶囊粒	① 待包装胶囊粒的品名、批号、数量及外观质量无偏差； ② 聚氯乙烯/聚偏二氯乙烯固体药用复合硬片、药用铝箔的品名、规格、厂家、数量及外观质量无偏差

续表

序号	步骤	操作方法及说明	质量要求
1	生产前检查	(5)领取聚氯乙烯/聚偏二氯乙烯固体药用复合硬片、药用铝箔，核对品名、规格、厂家、数量及外观质量有无偏差  聚氯乙烯/聚偏二氯乙烯固体药用复合硬片  药用铝箔	
2	药片挑选	(1)更换设备状态标识牌	胶囊剂应拣出双帽、单帽、长胶囊、瘪头、黑点、漏粉及其他不符合要求的胶囊
		(2)对待包装胶囊粒进行拣选，拣选后的不合格品应单独存放于不合格品区，经确认后签发《不合格》标识并张贴在容器上，待内包结束后，称重计数，按生产区域废品、废料及时进行处理 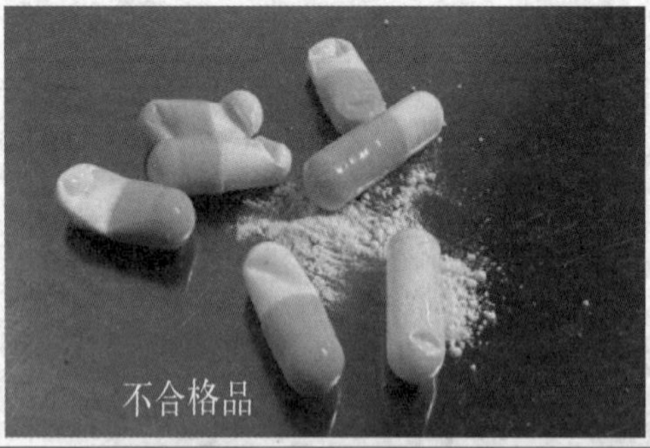 不合格品	
3	铝塑泡罩生产	(1)向料斗加入待包装的胶囊粒	① 严格按照产品工艺规程及设备操作规程完成生产操作任务； ② 启动或运行过程中，如遇各类异常现象，应立即停机检查
		(2)启动泡罩包装机，设置上加热板温度、下加热板温度、封合温度 上加热板温度：139～160℃(推荐参数) 下加热板温度：139～160℃(推荐参数) 封合温度：180～220℃(推荐参数)	

续表

序号	步骤	操作方法及说明	质量要求
3	铝塑泡罩生产	（3）调节参数，待泡罩成型、热合热封调试符合规定，设备运行正常后，手工充填待包装的胶囊粒至泡罩孔中，以完成包装 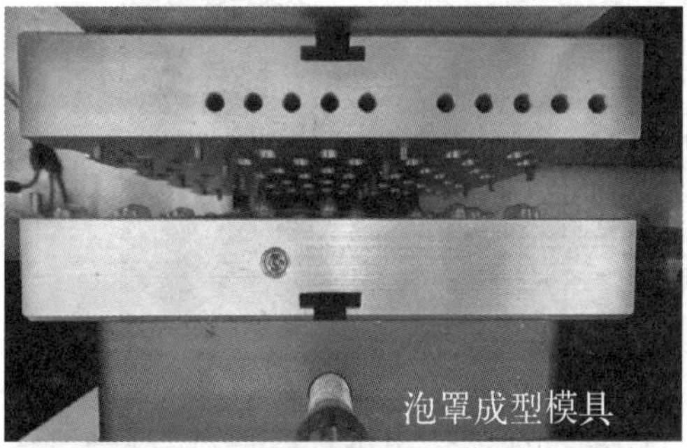 泡罩成型模具 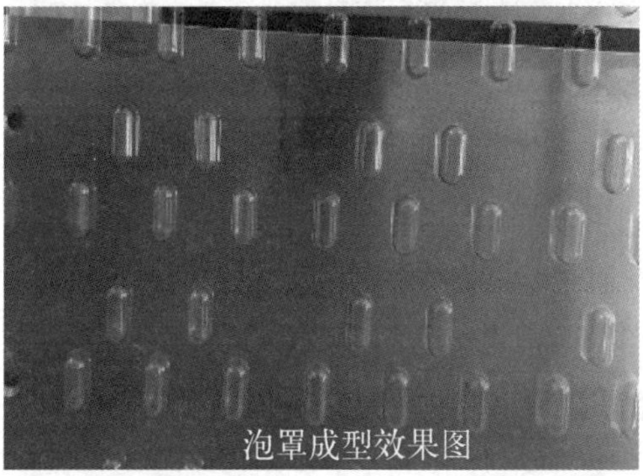 泡罩成型效果图 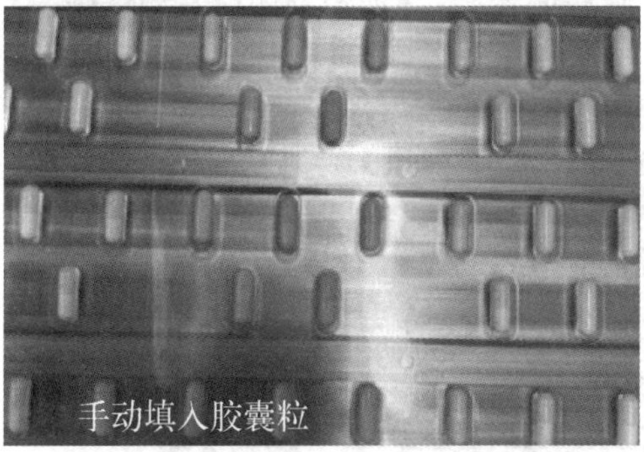 手动填入胶囊粒  热封热合模具	

续表

序号	步骤	操作方法及说明	质量要求
3	铝塑泡罩生产	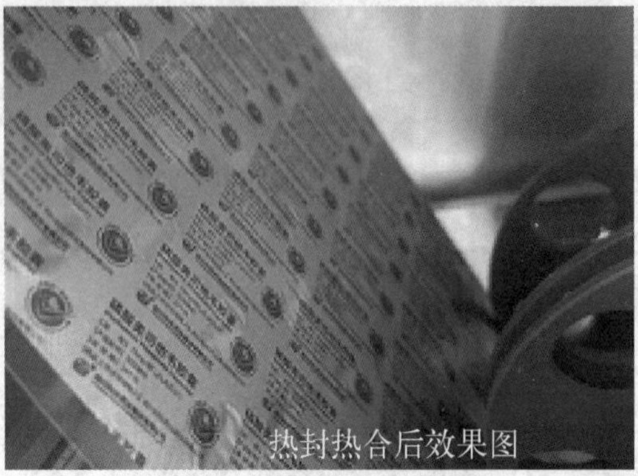 热封热合后效果图	
		（4）首件样品检查：取内包装首件样品，对密封性、装（数）量、内包板型、成型情况进行检查，应符合规定要求	
		（5）包装过程中，依据工艺规程，每隔一定时间取样监控药板外观、药板装量，并进行药板密封性检测。 药板外观：药板平整，泡眼完好，铝箔无热封皱纹； 药板装量：5粒/板； 密封性：严密，无泄漏	
		（6）末件样品检查：取内包装末件样品，对密封性、装（数）量、内包板型、成型情况进行检查，应符合规定要求，产品批号、有效期等打印信息应清晰、准确  铝塑泡罩包装药板	
4	填写记录	填写生产相关记录（操作过程中实时填写）	记录应及时准确、真实完整、字迹清晰
5	清洁与清场	（1）生产结束后，将合格药板收集于洁净容器内，对设备、生产场地进行清洁	符合GMP清场与清洁要求
		（2）更换设备状态标识	
		（3）复核：QA对清场情况进行复核，复核合格后发放清场合格证（正本、副本）	
		（4）填写清场记录（操作过程中实时填写）	

三、铝塑泡罩包装过程出现的问题及解决办法

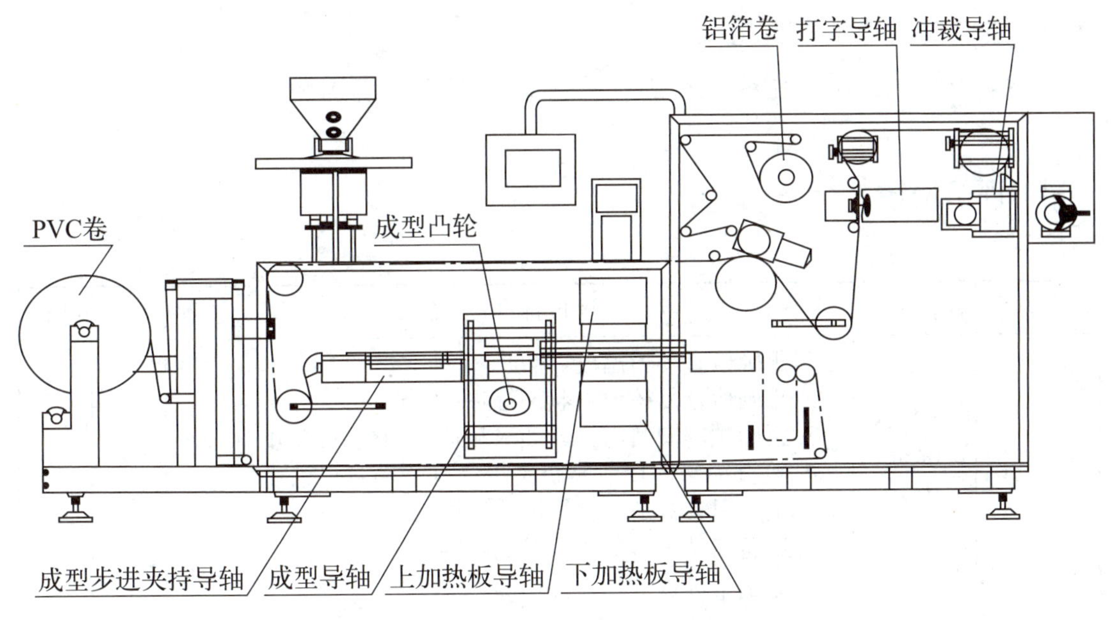

图11-2-5 铝塑泡罩包装机部件示意图

引导问题2：根据图11-2-5铝塑泡罩包装机部件示意图，请思考当泡罩成型出现问题时，应从哪些方面解决。

____

____

____

小提示

泡罩成型的工作原理为：PVC薄膜（硬片）通过加热后，在模具以及压缩空气或真空的作用下，成型为所需要形状、大小的泡罩。因此当成型出的泡罩出现问题时需要从以下几方面着手解决：

（1）PVC薄膜（硬片）是否为合格产品；

（2）加热装置的温度是否过高或过低；

（3）加热装置的表面是否粘连PVC；

（4）成型模具是否合格，成型孔洞是否光滑，气孔是否通畅；

（5）成型模具的冷却系统是否工作正常、有效；

（6）滚筒式负压成型的真空度、排气速率能否达到正常值，管路有无非正

常损耗；

（7）平板式正压成型的压缩空气是否洁净、干燥，压力、流量能否达到正常值，管路有无非正常损耗；

（8）平板式正压成型模具是否平行夹紧PVC带，有无漏气现象。

评价反馈

项目名称	评价内容	评价标准	自评	互评	师评
专业能力考核项目70%	生产前准备10分	1. 正确检查环境温度、湿度、相对压差；2分 2. 正确检查复核设备状态标识；2分 3. 正确领取安装与生产要求相适应的模具；2分 4. 检查铝塑泡罩包装机是否完好清洁且已消毒，检查生产用容器是否完好清洁待用；2分 5. 准备清洁干燥的工器具、洁具；2分			
	泡罩包装操作50分	1. 正确更换设备状态标识牌；2分 2. 正确领取待包装药片/药粒，核对品名、批号、数量及外观质量；5分 3. 正确领取聚氯乙烯/聚偏二氯乙烯固体药用复合硬片、药用铝箔，核对品名、规格、厂家、数量及外观质量；5分 4. 正确完成待包装药片/药粒的拣选；5分 5. 正确完成待包装药片/药粒的上料；5分 6. 依据产品工艺规程及设备操作规程，正确设置铝塑泡罩包装工艺参数，并完成调试；9分 7. 正确完成首件样品检查；5分 8. 正确完成铝塑泡罩包装过程质量监控；5分 9. 正确完成末件样品检查；5分 10. 操作过程实时、正确填写生产相关记录；4分			
	清洁与清场10分	1. 正确完成设备、场地清场清洁工作；6分 2. 正确更换设备状态标识牌；2分 3. 及时、正确填写清场记录；2分			
职业素养考核项目30%	穿戴规范、整洁；5分				
	无无故迟到、早退、旷课现象；5分				
	积极参加课堂活动，按时完成引导问题及笔记记录；10分				
	具有团队合作、与人交流能力；5分				
	具有安全意识、责任意识、服务意识；5分				
总分					

课后作业

1. 请简述全自动化泡罩包装工艺流程。
2. 请简述药品铝塑泡罩包装生产的质量控制要点。

任务 11-3 瓶装包装

学习目标

1. 能正确描述瓶装包装的工艺流程及过程控制要点；
2. 能完成药品的瓶装包装操作；
3. 能按照 GMP 要求完成瓶装包装的操作和清洁；
4. 具有安全生产和精益求精的工匠精神和劳模精神。

任务分析

固体制剂药品常用的包装方式有瓶装包装、泡罩包装和袋包装，其中药用塑料瓶因其质轻、强度高、不易破损、密封性能好、防潮、卫生，以及可不经清洗、烘干即可直接使用等优点被广泛应用于药品包装。本次任务是学会瓶装包装的操作流程。

任务分组

见表 11-3-1。

表 11-3-1 学生任务分配表

<table>
<tr><td>组号</td><td></td><td>组长</td><td></td><td>指导老师</td><td></td></tr>
<tr><td>序号</td><td>组员姓名</td><td colspan="4">任务分工</td></tr>
<tr><td></td><td></td><td colspan="4"></td></tr>
<tr><td></td><td></td><td colspan="4"></td></tr>
<tr><td></td><td></td><td colspan="4"></td></tr>
<tr><td></td><td></td><td colspan="4"></td></tr>
<tr><td></td><td></td><td colspan="4"></td></tr>
<tr><td></td><td></td><td colspan="4"></td></tr>
<tr><td></td><td></td><td colspan="4"></td></tr>
</table>

知识准备

药品瓶装包装在保障药品质量和安全方面具有重要的作用，需要在材质、密封性、标识、透明性等方面严格把控。

一、药瓶包材的分类

药品的瓶装包装材料必须符合国家标准和规定，不得使用有毒、有害或易污染的材料。药品瓶装包材通常分为以下几种类型：

（1）玻璃瓶　玻璃瓶是常见的药品瓶装包材，具有高透明度、耐化学性、抗高温等优点，广泛应用于注射剂、口服液、气雾剂等药品的包装。

（2）塑料瓶　塑料瓶是近年来被广泛使用的药品瓶装包材，具有轻便、不易破裂、易于生产等优点，常用的材质包括聚乙烯（PE）、聚丙烯（PP）等，广泛应用于口服液、颗粒剂等药品的包装。

（3）铝塑复合瓶　铝塑复合瓶结合了塑料瓶和铝瓶的优点，具有较高的密封性、良好的耐腐蚀性等优点，广泛应用于口服液、口服颗粒等药品的包装。

（4）软包材　软包装是一种轻便、易于携带的包装形式，常用于口服液、口服颗粒等药品的包装，常用的材料包括铝塑复合材料、聚乙烯、聚酯等。

（5）其他　除了上述常见的药品瓶装包材外，还有一些特殊的药品瓶装包装材料，如钢瓶、陶瓷瓶等，这些包装材料通常应用于特殊药品的包装，如气体药品、注射药品等。

二、瓶盖的分类

不同类型的药瓶瓶盖各有特点，选择合适的瓶盖有助于提高药品的安全性和使用便捷性。常见的药瓶瓶盖包括以下几种类型：

（1）铝塑瓶盖　铝塑瓶盖是一种常见的瓶盖类型，由塑料和铝箔复合而成，具有良好的密封性和防伪性，广泛应用于口服液、颗粒剂等药品的包装。

（2）塑料瓶盖　塑料瓶盖是一种轻便、易于开启的瓶盖类型，常用于口服液、颗粒剂等药品的包装。常用的塑料材质包括聚乙烯（PE）、聚丙烯（PP）等。

（3）金属瓶盖　金属瓶盖通常由铝、锡等金属制成，具有较高的密封性和耐腐蚀性，常用于注射剂等药品的包装。

（4）胶塞　胶塞通常由橡胶、硅胶等材质制成，具有良好的密封性和耐腐蚀性，常用于注射剂等药品的包装。

（5）滴管　滴管是一种特殊的瓶盖类型，常用于滴剂等药品的包装。滴管的开启方式通常是旋转或拉伸，可方便用户进行药品的滴加操作。

三、瓶装包装的生产过程

药品瓶装包装生产过程一般包括理瓶、数粒、旋盖、封口、贴标等，生产设备一般由理瓶机、数粒机、旋盖机、封口机及贴标机等部分组成，这些设备通常配备自动质控系统。

（1）理瓶　操作人员将瓶子倒入理瓶机料斗内，开启电源开关，根据工艺要求设置参数，运行设备。理瓶机的正瓶装置能保证所有进入输送带的瓶子无倒立，真空静电除尘机组负责消除静电及灰尘，瓶子通过错瓶剔除装置进入下一工序。

（2）数粒　操作人员将待包装药品倒入数粒机料斗内，开启电源开关，调节好下药轨道，根据工艺要求设置参数，保持料斗内有适量的待包装药品后运行设备进行数粒操作。药粒经过机器预数后通过检测轨道落入被记忆挡板挡住，当空瓶到达落粒保护罩下后，被预数的药粒便会落入瓶中。

（3）旋盖　操作人员将瓶盖倒入旋盖机料斗内，开启电源开关，根据工艺要求设置参数，保持料斗内有适量瓶盖后运行设备进行旋盖操作。瓶子未旋盖或盖内无铝箔都可被自动剔除。

（4）封口　根据工艺要求设置封口机参数，确保其感应头底部与被封口瓶子上平面的间隙和导向护栏的宽度适宜，被封口的瓶子中心应对准感应头中心，在输送带上放上已拧紧瓶盖的瓶子进行封口。

（5）贴标　操作人员将标签安装好后，经双人核对标签上打印的药品批号、生产日期及有效期等信息后，运行设备进行贴标操作。

四、铝箔封口机结构与工作原理

铝箔封口机结构简单、使用方便、封口速度快，通常采用不锈钢材质，具有良好的耐腐蚀性和美观性，被广泛应用于药品、食品、化妆品等行业的封口作业。

以商业化生产常用的电磁感应铝箔封口机（BPF-120）为例，其主要由以下几个部分组成：

（1）电磁感应器　电磁感应器是封口机的主要核心部分，通过产生高频电磁场来加热铝箔封口膜，使其与瓶口紧密贴合。

（2）控制面板　控制面板集成了设备的电气控制系统，可通过面板上的按钮、开关等进行操作控制。

（3）输送装置　输送装置用于将待封口的瓶子传送到封口机的封口位置，并将已封好口的瓶子送出设备。

（4）调节装置　调节装置可调整电磁感应器的高度和位置，以适应不同规格和形状的瓶子。

（5）冷却装置　冷却装置可对封口后的瓶子进行冷却，避免因高温导致的变形或损坏。

电磁感应铝箔封口机的工作原理是在高频电磁场作用下，使铝箔产生巨大涡流而迅速发热，以熔化铝箔下层的黏合膜并与瓶口黏合，从而达到快速非接触式气密封口的目的。

引导问题1：简述瓶装包装的生产流程。

____

____

____

任务实施

一、生产前准备

（1）待包装药品适量；

（2）口服固体药用聚酯瓶若干，瓶盖若干，药用铝箔适量。

二、包装操作过程及要求

序号	步骤	操作方法及说明	质量要求
1	生产前检查	(1)检查操作间是否已完成清场并在有效期内	符合生产操作要求
		(2)环境检查(无实验条件，模拟即可)：检查操作间温湿度(通常为18~26℃)、压差，应符合GMP生产要求。不同级别洁净室之间的压差应当>5Pa	
		(3)检查设备、设施应处于正常状态，并清洁完好	

续表

<table>
<tr><th>序号</th><th>步骤</th><th>操作方法及说明</th><th>质量要求</th></tr>
<tr><td rowspan="3">2</td><td rowspan="3">领取物料</td><td>（1）更换设备状态标识牌</td><td rowspan="3">严格按照要求操作，复核信息应无误</td></tr>
<tr><td>（2）根据计算结果领取口服固体药用聚酯瓶（10个）、瓶盖（10个）、药用铝箔（适量）、待包装药品（100粒）。核对物料品名、规格、批号、生产厂家、包装的完整性、数量，并填写记录</td></tr>
<tr><td>（3）对100粒待包装药品进行数量、质量检查，及时拣选出黑点、裂片、表面不光洁等不合格品，记录不合格品数量及不合格类别 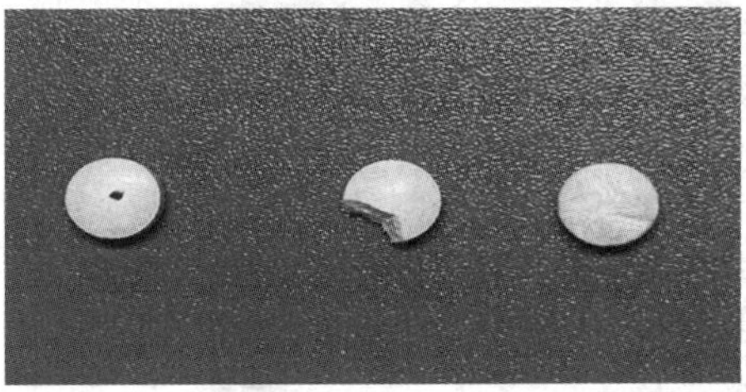</td></tr>
<tr><td>3</td><td>理瓶</td><td>整理领取的口服固体药用聚酯瓶，检查容器，应洁净无粉尘</td><td>严格按照要求操作，容器应洁净无粉尘</td></tr>
<tr><td rowspan="3">4</td><td rowspan="3">数粒</td><td>（1）按装量要求（10片/瓶）数出合格的待包装品 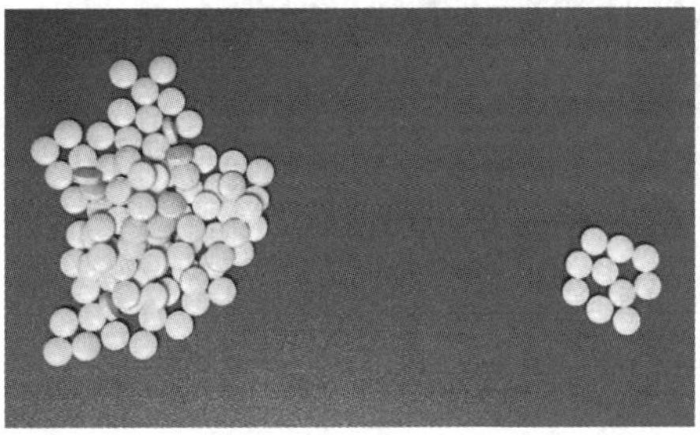</td><td rowspan="3">① 严格按照要求完成操作；
② 药品的数量、质量应符合要求</td></tr>
<tr><td>（2）将10片合格药品装入瓶中，重复三次 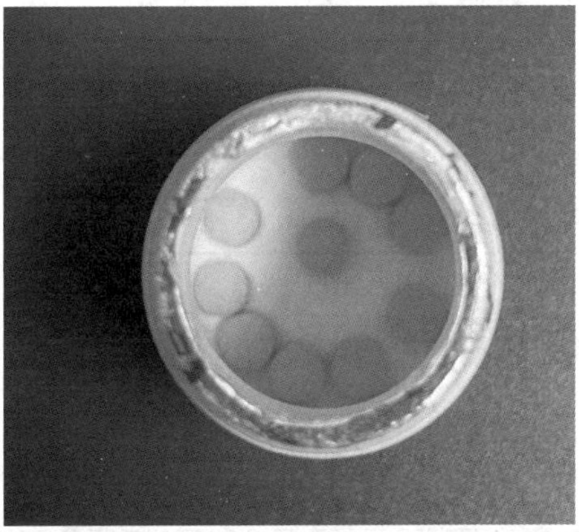</td></tr>
<tr><td>（3）在数粒过程中应随时关注所装药品的数量、质量，及时拣选出黑点、裂片、表面不光洁等不合格品</td></tr>
</table>

续表

序号	步骤	操作方法及说明	质量要求
5	封口	将领取的药用铝箔裁剪成合适大小，并粘在瓶口处	严格按照要求完成操作
6	旋盖	(1)将瓶盖旋紧，检查旋盖后的瓶身高度，应符合要求	① 严格按照要求完成操作； ② 药品的质量应符合要求
		(2)抽取样品 1 瓶(通常生产过程中每小时和生产结束时)检查，瓶内药品数量、质量、瓶盖应符合规定，无漏装多装、无破损	
7	填写记录	填写生产相关记录(操作过程中实时填写)	记录应及时准确、真实完整、字迹清晰
8	清洁和清场	(1)用经纯化水(或蒸馏水)润湿的毛巾擦拭操作台面、设备至无可见污渍	符合 GMP 清洁与清场要求
		(2)更换设备状态标识牌	
		(3)复核：QA 对清场情况进行复核，复核合格后发放清场合格证(正本、副本)	
		(4)填写清场记录(操作过程中实时填写)	

三、瓶装包装操作过程中出现的问题及解决办法

引导问题2：请写出本组包装过程中出现的问题及解决办法。

问题：

解决办法：____

____

____

评价反馈

项目名称	评价内容	评价标准	自评	互评	师评
专业能力考核项目 70%	生产前准备 6分	1. 正确检查操作间是否已完成清场及有效期；2分 2. 正确检查房间温度、相对湿度、压差；2分 3. 检查设备、设施，应处于正常状态、已清洁待用；2分			
	领取物料 9分	1. 中间站领取物料；3分 2. 检查物料信息是否正确；3分 3. 正确填写中间站台账；3分			
	理瓶 10分	1. 正确更换设备状态标识牌；2分 2. 整理口服固体药用聚酯瓶；4分 3. 检查容器，应洁净无粉尘；4分			
	数粒 10分	1. 按装量要求数出合格的待包装品，装入瓶中；5分 2. 正确选出、收集不合格药品；5分			
	封口 10分	1. 正确将铝箔裁剪成合适大小；5分 2. 正确将铝箔粘在瓶口处；5分			
	旋盖 12分	1. 将瓶盖旋紧；4分 2. 检查旋盖后的瓶身高度；4分 3. 正确检查瓶内药品数量、质量、瓶盖是否符合要求；4分			
	填写记录 4分	生产相关记录填写及时准确、真实完整、字迹清晰；4分			
	清洁与清场 9分	1. 按要求对操作台面和设备进行清洁；3分 2. 正确更换仪器、设备状态标识牌；3分 3. 正确填写清场记录；3分			
职业素养考核项目 30%	穿戴规范、整洁；5分				
	无无故迟到、早退、旷课现象；5分				
	积极参加课堂活动，按时完成引导问题及笔记记录；10分				
	具有团队合作、与人交流能力；5分				
	具有安全意识、责任意识、服务意识；5分				
总分					

课后作业

1.请简述包装的目的。

2.请简述瓶装包装过程的控制要点。

任务11-4　内包装质量检查

学习目标

1.能正确描述内包装质量控制方式及要求；
2.能正确进行内包装质量的检查操作；
3.能按照GMP要求完成内包装质量检查操作的清洁；
4.能识别内包装质量检查过程中常见的问题并分析原因；
5.具有安全生产、精益求精的工匠精神和劳模精神。

任务分析

药品内包装是通过选用适当的包装材料进行直接接触药品包装的过程，目的是保证药品在患者使用时，依然保持药物的稳定性和药理活性。内包装质量检查是保证内包装过程符合质量要求的关键步骤。本任务主要是对内包装质量检查（外观、密封性）控制方式及要求进行学习。

任务分组

见表11-4-1。

表11-4-1　学生任务分配表

组号		组长		指导老师	
序号	组员姓名	任务分工			

知识准备

包装是为了在药品从生产企业到患者的流通过程中能够保护产品、方便储运、促进销售，从而采用包装材料、容器等按一定操作步骤开展的操作活动。而内包装作为口服固体制剂包装过程中的关键操作工序，其操作过程看似简单，却蕴含保障患者用药安全的关键控制要素。作为药品在转运、储存等流通环节中最重要的影响因素，内包装一直都是药品生产过程关注的焦点之一。随着市场对产品质量的要求越来越高，生产企业不仅需要持续提升技术与运用新材料以保障药品包装符合要求，还需要不断优化内包装质量检查。

一、内包装质量标准

1. 内包装外观标准

检查内包装后的药片不应出现油污、黑点、半片、残片、碎片、粘连异物、麻片、裂片，内包装后的胶囊不应出现污渍、破损、缩帽或瘪头、黑点或色点，内包装后的药板不应出现缺粒少粒、空板、药板损坏、药板内可见异物等（见表 11-4-2）。

表 11-4-2 常见内包装外观不合格品类型

不合格品类型			
药片油污	药片黑点	半片	残片
碎片	药片粘连异物	麻片	裂片

续表

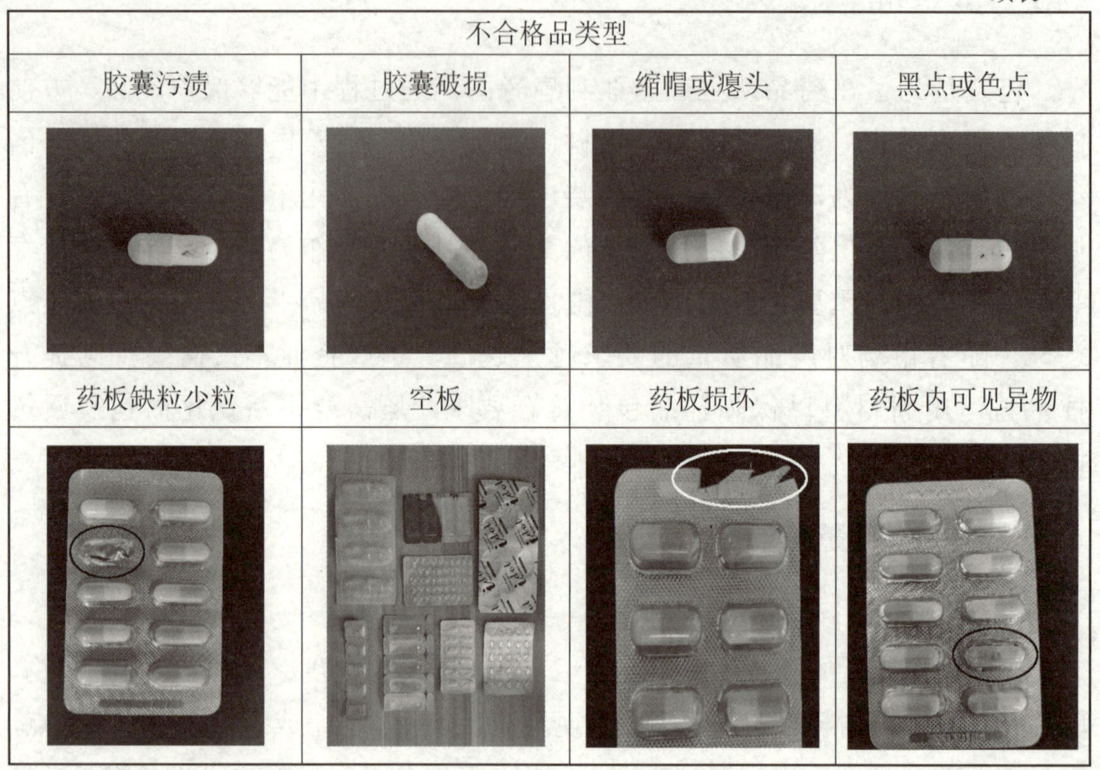

不合格品类型			
胶囊污渍	胶囊破损	缩帽或瘪头	黑点或色点
药板缺粒少粒	空板	药板损坏	药板内可见异物

2.内包装密封性标准

检查药板的包装应严密、无漏气。常见的不合格品类型有药板破损、药板密封不严、药板内渗水等（表11-4-3）。

表11-4-3 常见内包装密封性不合格品类型

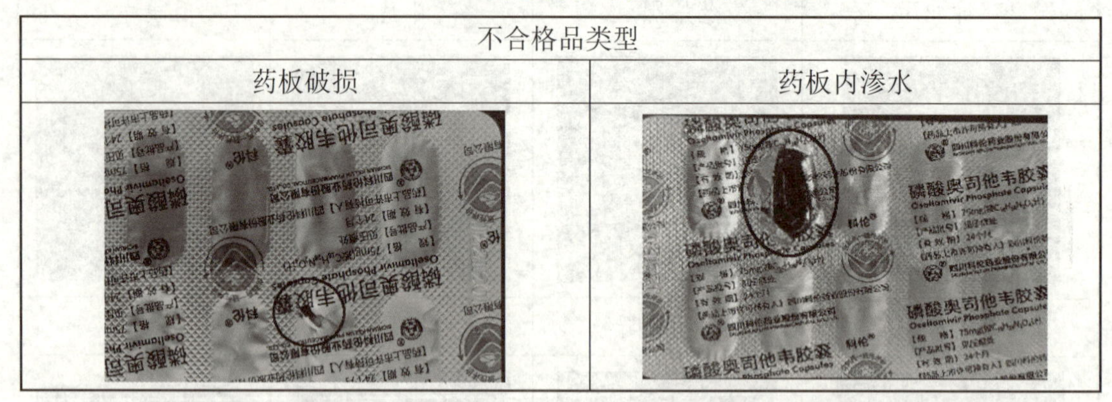

不合格品类型	
药板破损	药板内渗水

二、内包装质量控制方法

（一）内包装外观质量检查方法

制药企业生产过程中对药品内包装外观进行质量检查，通常采用自动摄

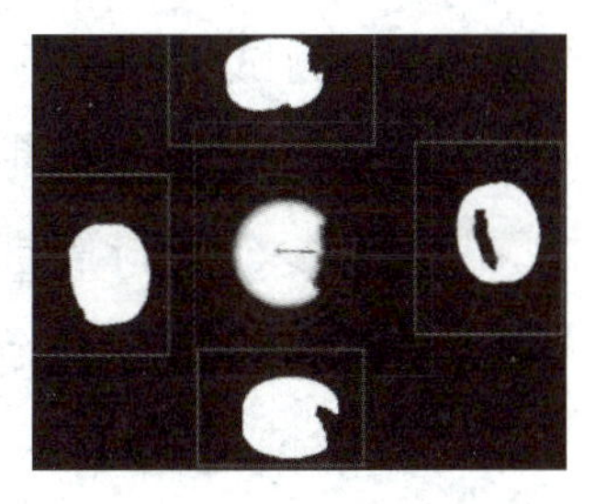

图11-4-1　药片自动摄像检测

像剔除系统在线剔除生产过程中产生的外观不合格品。对于包装设备无检测系统的企业，一般进行人工目视检查。

1.自动摄像系统检测原理

自动摄像系统检测的原理是通过机器视觉成像系统将被摄像检测产品（如药片）转换成图像信号，将信号传递给图像处理系统，系统根据像素分布、亮度和颜色等信息进行识别后将不符合要求的药片剔除（见图11-4-1），从而保证在生产全过程中提供质量监控。近年来随着人工智能的发展，部分自动摄像系统已具备自学习功能，可以持续的提升识别能力。

2.自动摄像系统检测要求

（1）使用具有摄像系统的内包装设备进行内包装时，应在生产开始前和结束后分别对摄像系统进行挑战性试验。

（2）挑战试验时人工设置缺片、半片、1/3片、1/4片等缺陷品，启动设备后摄像系统进行监控，在剔除工位将以上所有缺陷品全部剔除才可视为挑战成功。

（3）挑战试验成功后才可开始生产，摄像系统自动剔除内包装不合格品。

（二）密封性试验测试法

密封性试验测试法通常分为湿式密封性测试法和干式密封性测试法。

1.湿式密封性测试法

（1）湿式密封性测试法　该法利用湿式密封性测试仪（见图11-4-2）测试密封性，其原理是通过对真空罐抽真空，使浸在水中的测试药板产生内外压差，在此状态下观察药板内渗水情况，以此判断药板密封性。

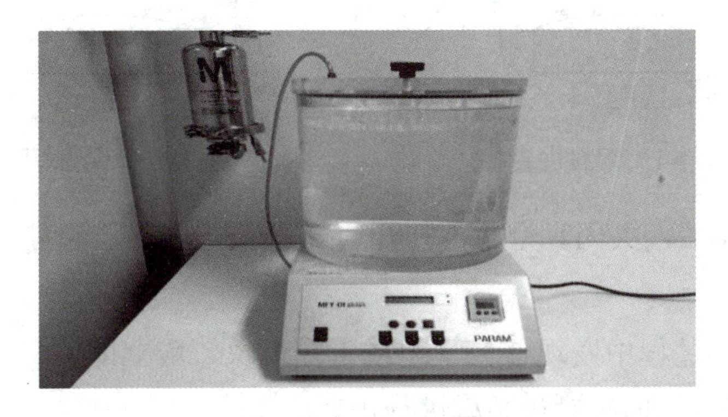

图11-4-2　密封性测试仪

（2）测试步骤及判别方法

① 取一个密封周期内的样品，将测试样品浸入水中，盖上密封盖。

注：一个密封周期内的样品是指内包装机热封辊轮旋转一周热封的药板数量，通常有12板，以确保样品具有代表性。

② 根据工艺要求设置设备参数，开启真空装置启动测试，负压保持在60~80kPa，保压不少于1min。

③ 测试结束后，取出样品擦干后观察水渗入情况。若填充物表面有水渍，则证明密封性不合格。

④ 如果测试过程中出现任何异常，应立即停机调查上一次密封性合格测试时间点，同时对包装机进行排查。

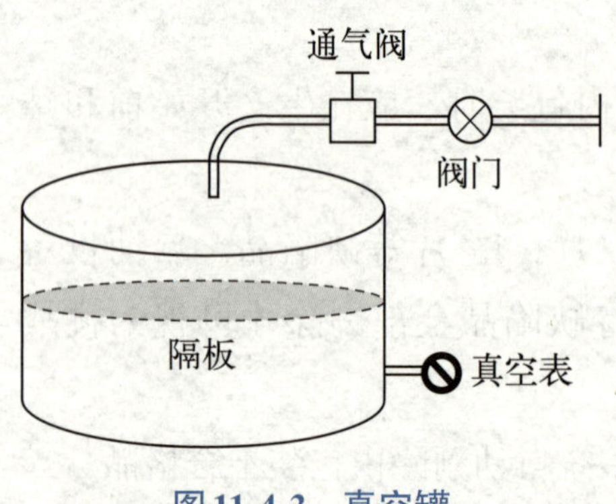

图11-4-3 真空罐

2. 干式密封性测试法

（1）干式密封性测试法 是根据真空罐（见图13-4-3）压力平衡原理，通过对真空罐抽真空形成负压，使测试药板产生内外压差，观察测试药板铝箔是否膨胀凸出，若凸出表示密封性完好，若无明显凸出表示密封性不好。

（2）测试步骤及判别方法

① 取一个密封周期内的样品，将样品放在容器中，铝塑面朝上。盖上密封盖，关闭通气阀，开启测试。测试过程真空压力保持在60~70kPa，时间不少于1min。

② 观察供试样品铝箔面的变化，若向外凸出（见图11-4-4），则证明密封性完好，如果并不明显凸出（见图11-4-5），则说明密封性不合格。

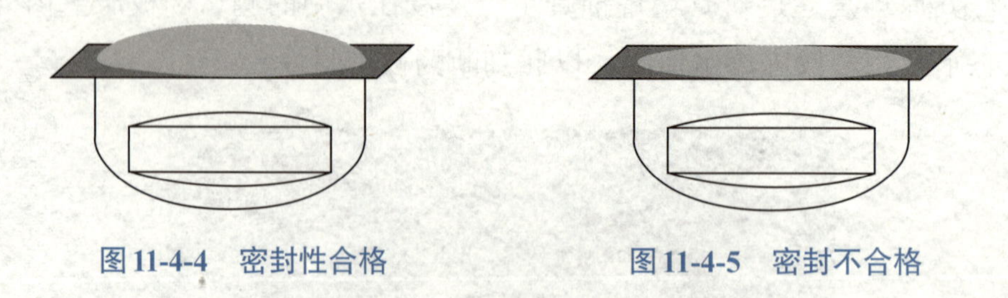

图11-4-4 密封性合格　　图11-4-5 密封不合格

③ 测试完毕后，关闭真空泵，打开通气阀，真空表显示为“0”时，打开密封盖。

④ 如果测试过程中发现任何平坦或下凹现象，应立即停机调查上一次密封性合格测试时间点，同时对包装机进行排查。

引导问题1： 某企业生产口服固体制剂片剂，在产品内包装时要求对产品外观、密封性进行检查，请列举外观和密封性不合格品的类型。

____

____

____

引导问题2： 生产企业生产过程对内包装后的产品外观、密封性进行检测的方法有哪些？

____

____

____

任务实施

一、质量检查前准备

（1）胶囊100粒，已经完成内包装的胶囊10板；

（2）不锈钢盘、湿式密封性试验仪。

二、内包装质量检查操作过程及要求

序号	步骤	操作方法及说明	质量要求
1	质检前检查	（1）检查工作场所温度、湿度、压差符合要求； （2）检查生产现场在清洁有效期内； （3）检查生产用操作文件和记录是否准备完成； （4）检查仪器在使用有效期内； （5）检查公用介质符合要求	符合生产操作要求
2	胶囊外观人工拣选	（1）更换仪器状态标识牌	应拣出带污渍、破损、缩帽或瘪头、有黑点或色点及其他不符合要求的胶囊
		（2）将胶囊在不锈钢盘中铺平，检查暴露面的药品，将不符合要求的药品拣选出来并存放于不合格品区	

续表

序号	步骤	操作方法及说明	质量要求
2	胶囊外观人工拣选	(3)将(2)步骤拣选后的药品重新打乱，使其翻面后铺平，检查暴露面的药品，将不符合要求的药品拣选出来并存放于不合格品区 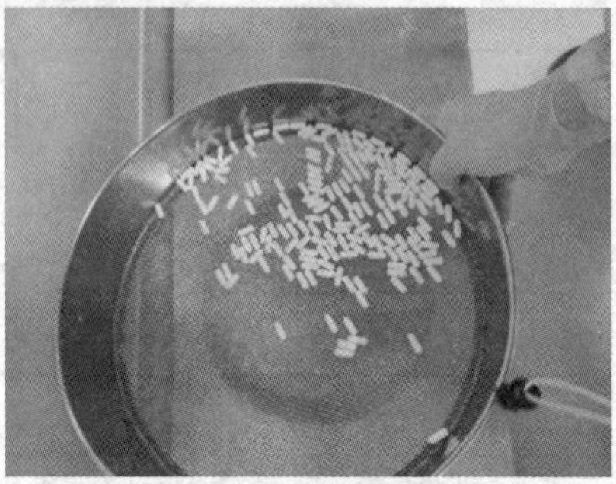	
		(4)对人工拣选出的合格品和不合格品进行分类装入洁净袋或转移桶中，粘贴可明显区分的状态标识，杜绝混淆 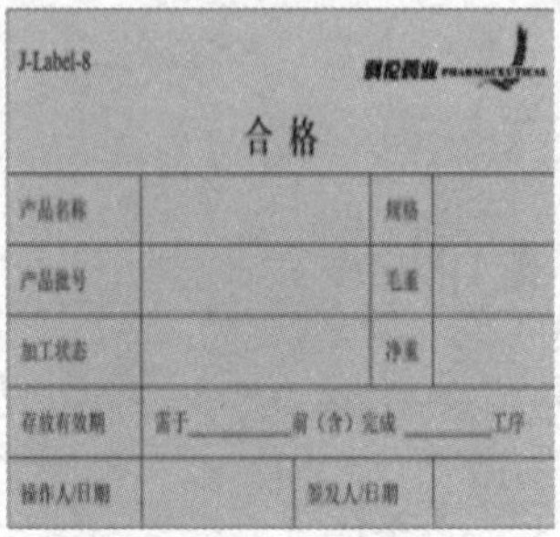 J-Label-8 PHARMACEUTICAL 合 格 产品名称 规格 产品批号 毛重 加工状态 净重 存放有效期 需于________前（含）完成________工序 操作人/日期 签发人/日期 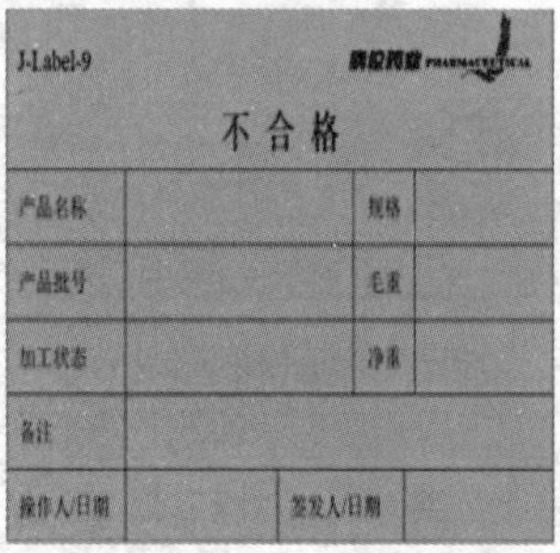 J-Label-9 PHARMACEUTICAL 不 合 格 产品名称 规格 产品批号 毛重 加工状态 净重 备注 操作人/日期 签发人/日期	
		(5)操作过程中及时进行记录。若出现异常数据，应立即进行调查分析	
		(6)人工连续拣选超过 1h，操作人员应休息 15min 后才能继续拣选	
		(7)填写相关记录(操作过程中实时填写)	
3	密封性检测	(1)更换仪器状态标识牌	药板包装严密、无漏气
		(2)连接公用介质，调整压缩空气压力在 60～80kPa	
		(3)打开仪器电源开关，系统待机	
		(4)设置真空度(-80kPa)和保持时间(60s)  	

续表

序号	步骤	操作方法及说明	质量要求
3	密封性检测	（5）仪器注水后放入测试样品  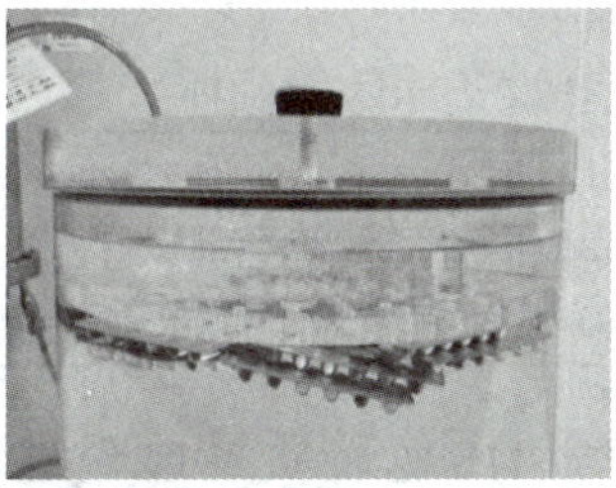	
		（6）按下“试验”按钮，开始测试，测试结束，真空罐恢复至标准大气压，打开真空罐取出样品 	
		（7）样品取出后，使用干燥的毛巾擦干药板外表面的水渍，观察药板内部是否有进水情况，必要时可将药板拆开检查，若泡罩孔内部进水，则证明密封性失效	
		（8）关闭密封性试验仪器电源开关，拔出电源线	
		（9）关闭压缩空气阀门	
		（10）拆卸所有相连气管，检查仪器有无损坏，仪器使用过程中有无异常，没有不符合项判定为正常状态，有不符合项判定为不正常；如果仪器出现异常，停止使用并及时报修	
		（11）操作过程中及时记录，若出现异常数据，应立即进行调查	
4	清洁	（1）仪器、操作台面进行清洁，目测应无可见残留物	符合 GMP 清洁要求
		（2）更换仪器状态标识牌	

三、内包装质量检查操作过程中出现的问题及解决办法

问题	主要原因	解决办法
人员操作导致差错	① 人工进行药片拣选时，可能会因为人为疏忽，未将缺陷品剔除，导致缺陷品流入下一个工序； ② 人工连续拣选时间过长，可能会因为疲劳导致差错发生	① 进行药片拣选操作人员视力符合要求；对操作人员进行标准操作方式的培训与考核；后工序配备有摄像检测系统，可进一步防止缺陷品流出； ② 检药人员应每检 1h 后休息 15min，方可继续检药，以缓解视疲劳保证产品质量

续表

问题	主要原因	解决办法
密封性试验仪故障	① 电源接触不良或电源线损坏； ② 设备保险管烧坏	① 检查电源是否连接正常； ② 请专业人士检查设备保险管是否损坏
密封性试验测试时设备真空压力达不到检测要求	① 压缩空气气源压力不足； ② 压缩空气管路损坏； ③ 压缩空气管路未正确连接	① 检查气源压力是否满足要求； ② 检查压缩空气管路是否有漏气； ③ 检查压缩空气管路是否正确连接

引导问题3：请写出内包装质量检查过程中出现的问题及解决办法。

问题：____

____

____

解决办法：____

____

____

评价反馈

项目名称	评价内容	评价标准	自评	互评	师评
专业能力考核项目70%	质检前准备10分	1. 胶囊准备正确；2分 2. 正确检查工作场所温度、湿度、压差；2分 3. 检查生产现场在清洁有效期内；2分 4. 生产用操作文件和记录准备完成；1分 5. 检查仪器在使用有效期内；2分 6. 检查公用介质符合要求；1分			
	胶囊外观人工拣选28分	1. 正确更换仪器状态标识牌；2分 2. 人工挑选操作规范；6分 3. 能正确挑选出不合格品；8分 4. 对合格品、不合格品进行正确标识；6分 5. 及时记录，能发现和调查异常；6分			
	密封性检测28分	1. 正确更换仪器状态标识牌；2分 2. 压缩空气压力调整正确；2分 3. 参数设置正确；6分 4. 检测操作规范；6分 5. 能正确判断密封性是否合格；6分 6. 及时记录，能发现和调查异常；6分			
	清洁4分	1. 按要求对质检现场及仪器进行清洁；2分 2. 正确更换仪器状态标识牌；2分			

续表

项目名称	评价内容	评价标准	自评	互评	师评
职业素养考核项目30%	穿戴规范、整洁；5分				
	无无故迟到、早退、旷课现象；5分				
	积极参加课堂活动，按时完成引导问题及笔记记录；10分				
	具有团队合作、与人交流能力；5分				
	具有安全意识、责任意识、服务意识；5分				
总分					

课后作业

1.请简述药品内包装质量控制要点及检查方法。

2.请列举不少于10种内包装岗位会出现的不合格品类型。

项目12　外包装

任务12　外包装盒、印字

学习目标

1. 能够正确描述外包装的操作流程及质量要求；
2. 能够按照要求完成手动装盒、纸箱印字操作；
3. 具备GMP清场、清洁意识；
4. 具有安全生产、精益求精的工匠精神和劳模精神。

任务分析

固体制剂的外包装主要包括装盒、小盒印字、装箱、纸箱印字赋码等操作。本任务主要学会手动装盒、纸箱印字操作，并能进行外包装的质量检查。

任务分组

见表12-1。

表12-1　学生任务分配表

组号		组长		指导老师	
序号	组员姓名	任务分工			

知识准备

包装按用途可分为通用包装和专用包装。药品属于特殊的商品，其包装是专用包装的范畴，具有包装的所有属性，并有特殊性。药品经过生产、质量检验后，在储存、运输和医疗使用等过程，都必须有适当而完好的包装。药品的包装以安全、有效为重心，同时兼顾药品的保护功能及携带、使用的便利性。

一、商业化生产固体制剂外包装工艺流程介绍

（一）领取待包装产品

药板经输送线从内包进入外包时，根据“批包装指令”对产品进行逐项核对，包括品名、规格、批号等应符合要求，再送到工作区。

（二）药板拣选

由人工或自动设备（如X射线检测系统）对待外包装的板装半成品进行拣选，剔除破损、缺粒、碎片、漏粉、热合不好、批号打印不清晰、大小边等不符合要求的药板。

（三）领取包材

根据《批包装指令》领取所需的包装材料，核对品名、规格、物料名称、物料代号、数量、外观质量等，均应符合要求，经双人复核确认无误后送到工作区。

（四）装盒

操作人员应在生产前对印刷性包装材料进行外观质量检查，并将检查样章附于批包装记录中，生产现场主管应对样章进行复核。装盒（箱）人员应仔细核对每筐板装半成品的批号，确认药板批号与当班生产批次一致方可进行生产。应按包装要求将药板和说明书装进小盒，可通过人工或自动化设备实现。

（五）自动检重秤称重

将装盒后的产品使用自动检重秤进行称重检查，应符合称重范围要求。对于称重后设备剔除产品，需由岗位组长指定人员进行人工逐盒检查，确认合格后再放入生产线上。

（六）小盒“三期”打印

操作员依据《外包装指令》在赋码系统中输入产品批号、生产日期、有效

期至，并由双人复核后开始逐一进行小盒的“三期”打印。对于设备剔除产品，需由岗位组长指定人员进行人工检查，确认合格后再放入生产线上。

（七）捆扎、一级关联及装箱、封箱

全自动薄膜捆扎机按工艺规定的中包数量对小盒进行捆扎，捆扎后的中包装产品完成自动扫码识别，确保最终中包装产品正确、完整通过。将扫码通过的产品人工装入纸箱，再采用设备进行封箱。

（八）纸箱赋码

赋码设备操作员根据“批包装指令”内容在赋码管理系统建立生产批次任务，设置产品名称、产品批号、生产日期、有效期至、子类编码信息。由组长依据“批包装指令”复核设置信息。

操作员根据“批包装指令”在纸箱“三期”喷印设置界面设置产品批号、生产日期和有效期至信息。设置完成后，操作工使用空白纸打印样张，“三期”喷印应内容正确、字迹清晰、位置端正、无断线、无虚晕或弯曲现象。依据“批包装指令”核对样张产品批号、生产日期、有效期至，核对无误后在样张上签字，并交给组长复核，并附于批包装记录中。组长复核无误后通知赋码设备操作员开机生产。

在纸箱赋码过程中，对被剔除的产品需仔细检查和核对，确保最终成品正确、完整通过。赋码完成后，将成品按要求整齐码放至托盘上。最后进行成品的入库。

二、外包过程质量控制要点

（1）所有涉及小盒、纸箱的产品批号、生产日期、有效期至信息应准确无误，字迹清晰易读，岗位人员需经组长、QA和车间现场主管确认、复核后方可开始生产。

（2）如涉及标签，应放置正确，且应完好整洁、数量准确。

（3）装箱数量应准确，封箱应牢固，胶带不能粘到印字的部位，外观应整洁。

（4）外包装过程中出现的残损包装材料应存放在容器中，生产结束后，由专人统一进行计数销毁。

（5）外包装生产过程中产生的不合格品均放入不合格品容器中，待外包装结束后，操作人员清点不合格板装数量，销毁并及时填写“不合格品处理记录”。

（6）装盒质量检查，药板数量正确，说明书完整、数量正确，盒子折叠方

正，封盒规整，外观完好，印刷正确、完整。

（7）每批产品应当检查物料平衡，确保物料平衡符合设定的限度。如有差异，必须查明原因，确认无潜在质量风险后，方可按照正常产品处理。

物料平衡是生产过程中的重要质量指标之一，它可以直观地体现出该物料的领取、使用情况，包括在生产过程中的损耗，对于数据的可追溯性起到关键的作用。一般来说，物料平衡由（本批该物料使用数+本批结存数+本批损耗数）/（上批结存到本批的物料+本批领取的数量）构成，理论物料平衡应为100%。

（8）小盒、纸箱“三期”打印要求见表12-2。

表12-2 “三期”打印要求

图例	描述
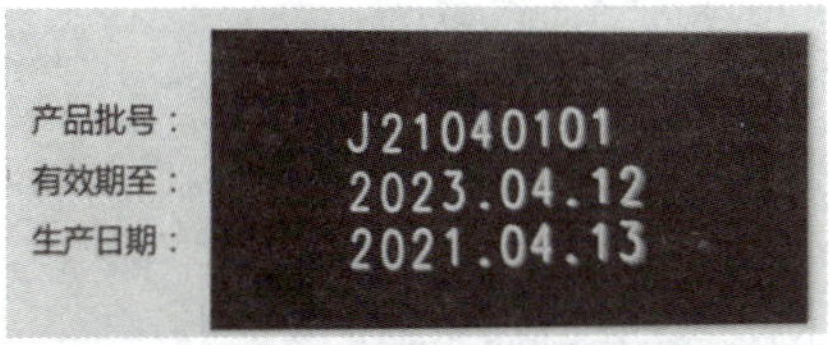 产品批号：J21040101 有效期至：2023.04.12 生产日期：2021.04.13	产品批号：由生产线代码（字母J）、数字代码组成，应确保唯一性。 有效期至：××××.××.××（年.月.日） 生产日期：××××.××.××（年.月.日） 注：应符合法规要求
【产品批号】J23050202B 【有效期至】2025.05.10 【生产日期】2023.05.11 【产品批号】J23050202B 【有效期至】2025.05.10 【生产日期】2023.05.11	“三期”印字内容应完整、准确、清晰，位置端正，不得出现空白、位置偏移等情况（左图的3种情况均为不符合质量要求）

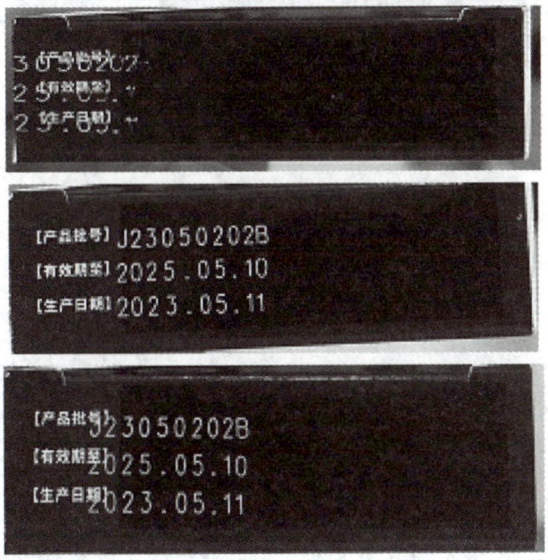

引导问题1：依据《中华人民共和国药品管理法》，药品包装盒“三期”打印不符合规定有什么样的影响？

____

____

____

____

小提示

《中华人民共和国药品管理法》（2019年修订版）第九十八条规定：

有下列情形之一的，为劣药：

（一）药品成分的含量不符合国家药品标准；

（二）被污染的药品；

（三）未标明或者更改有效期的药品；

（四）未注明或者更改产品批号的药品；

（五）超过有效期的药品；

（六）擅自添加防腐剂、辅料的药品；

（七）其他不符合药品标准的药品。

纸箱未打印“三期”或“三期”打印错误可能被判为劣药。

任务实施

一、生产前准备

（1）药板、纸盒、说明书、空白纸箱（依据“外包指令”准备）；

（2）字钉、油墨、印章均应齐全（依据“外包指令”准备）。

二、外包印字、装盒操作过程及要求

序号	步骤	操作方法及说明	质量要求
1	生产前检查	（1）确认生产场地满足生产需求，不得有与本批次生产无关的物料、文件、产品等； （2）检查包材外观不得有明显脏污、破碎、印刷不清等现象	符合生产操作要求
2	装盒	（1）更换设备状态标识牌	能够准确将已内包合格的板/袋/包等产品进行装盒，装盒过程中不得多装、漏装，不得损伤小盒或产品
		（2）由人工对待外包装的板装半成品进行拣选，剔除破损、缺粒、碎片、漏粉、热合不好、批号打印不清晰、大小边等不符合要求的药板	
		（3）装盒前需确认好本批次物料准备情况，纸盒外观不得有明显脏污、破碎、印刷不清等现象	

续表

序号	步骤	操作方法及说明	质量要求
2	装盒	（4）手动将纸盒隆起形成盒状后，确保小盒能够正确封盒，根据需要在盒中放入已折好的说明书，再将内包装合格的药板装进纸盒，每盒两板或根据小盒调整 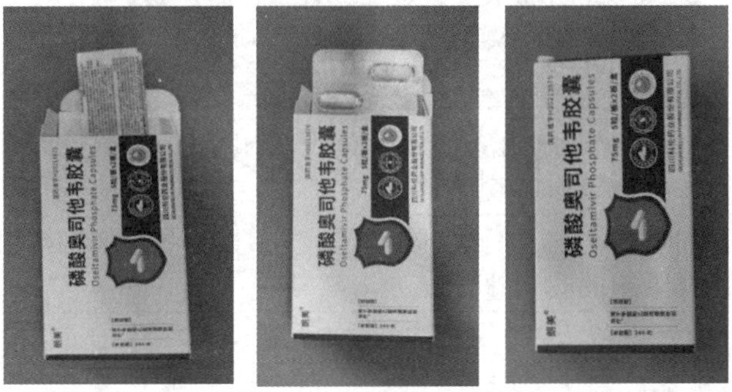	
		（5）装盒后产品按照要求码放整齐放于指定地点	
		（6）质量检查：同组其他成员分别在装盒的前、中、后抽查检查，不得有说明书、药板漏装	
		（7）填写生产相关记录（操作过程实时填写），装盒结束分别计算药板、小盒的物料平衡	
3	纸箱印字	（1）根据生产指令确定好所需印字“三期”的内容	纸箱印字的“三期”应与指令一致，印字内容应完整、准确、清晰、位置端正，不得出现空白、位置偏移等情况
		（2）将印字字钉依次装入印章内，并在白纸上进行试印字，保证印字内容与指令一致，并经双人复核  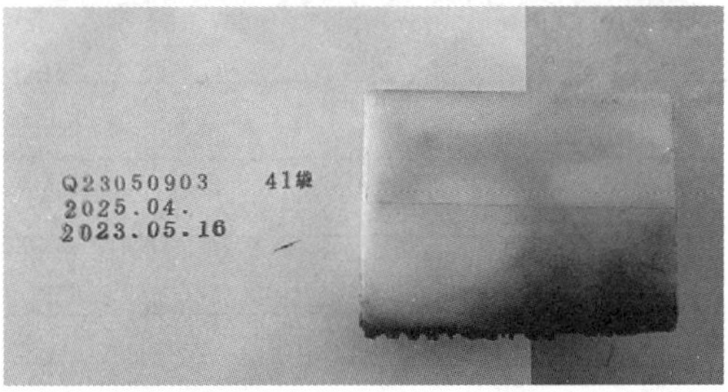	
		（3）印章印字的内容确认无误后，开始纸箱印字，使用印章在空白纸箱的指定区域进行印字，确保印字内容完整、准确、清晰、端正，不得进行涂改 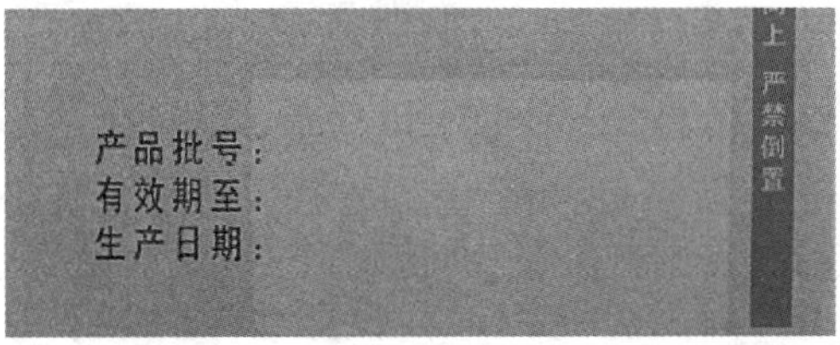	

续表

序号	步骤	操作方法及说明	质量要求
3	纸箱印字	产品批号： Q23051001 有效期至： 2025.04. 生产日期： 2023.05.17 严禁倒置	
		(4)质量检查：同组其他成员分别在印字的前、中、后期对纸箱印字质量进行交叉检查	
		(5)及时做好生产记录(操作过程实时记录)，包装结束分别计算纸箱的物料平衡	
4	清洁和清场	(1)做好设备、现场的清洁卫生，无遗留物	符合 GMP 清洁与清场要求
		(2)更换设备状态标识	
		(3)复核：QA 对清场情况进行复核，复核合格后发放清场合格证(正本、副本)	
		(4)填写清场记录(操作过程中实时填写)	

三、印字、装盒过程中常见问题及解决办法

序号	问题描述	解决办法
1	印字内容不完整	检查字钉并进行清洁，检查油墨是否充足
2	纸盒无法折叠	检查包材本身质量是否符合要求，折叠的方式是否正确
3	物料平衡计算不正确	检查领入物料的数量，核对生产过程中的数量是否计算准确，同时需关注不合格或剔除的产品或物料是否计算在内

引导问题2：请写出本组印字、装盒过程中出现的问题及解决办法。

问题：

解决办法：

评价反馈

项目名称	评价内容	评价标准	自评	互评	师评
专业能力考核项目 70%	生产前准备 10分	1. 生产场地应符合要求；3 分 2. 检查已划分各区域并已做好相应标识；2 分 3. 检查所需包材(小盒、说明书)、所需装盒的内包产品(板 / 袋 / 包)已准备好；2 分 4. 打印所需的印章、字钉已经准备正确；3 分			

续表

<table>
<tr><th>项目名称</th><th>评价内容</th><th>评价标准</th><th>自评</th><th>互评</th><th>师评</th></tr>
<tr><td rowspan="3">专业能力考核项目
70%</td><td>装盒
27分</td><td>1. 正确更换设备状态标识牌；2分
2. 能够正确剔除不合格药板；2分
3. 能够正确手动折好纸盒，确保小盒能够正确封盒；3分
4. 能够准确将说明书、已内包好的产品装入小盒中，不得漏装；5分
5. 能够按要求在生产前、中、后进行装盒质量检查；5分
6. 能够识别生产过程出现不符合装盒质量要求的产品；5分
7. 准确计算小盒、药板的物料平衡；5分</td><td></td><td></td><td></td></tr>
<tr><td>纸箱印字
27分</td><td>1. 正确更换设备状态标识牌；2分
2. 能够正确使用印字字钉、印章；2分
3. 能够正确安装字钉，并可正确印制“三期”信息内容，经复核；3分
4. 能够正确在空白纸箱上使用印章印字，印字内容完整、准确、清晰、端正，不得进行涂改；5分
5. 能够按要求在生产前、中、后期进行印字质量检查；5分
6. 能够识别生产过程出现的不符合印字质量要求的产品；5分
7. 能准确计算纸箱物料平衡；5分</td><td></td><td></td><td></td></tr>
<tr><td>清洁与清场
6分</td><td>1. 按要求清理产生的遗留物、废弃物，清洁设备和现场；2分
2. 正确更换设备状态标识；2分
3. 正确填写清场记录；2分</td><td></td><td></td><td></td></tr>
<tr><td rowspan="5">职业素养考核项目
30%</td><td colspan="2">穿戴规范、整洁；5分</td><td></td><td></td><td></td></tr>
<tr><td colspan="2">无无故迟到、早退、旷课现象；5分</td><td></td><td></td><td></td></tr>
<tr><td colspan="2">积极参加课堂活动，按时完成引导问题及笔记记录；10分</td><td></td><td></td><td></td></tr>
<tr><td colspan="2">具有团队合作、与人交流能力；5分</td><td></td><td></td><td></td></tr>
<tr><td colspan="2">具有安全意识、责任意识、服务意识；5分</td><td></td><td></td><td></td></tr>
<tr><td colspan="3">总分</td><td></td><td></td><td></td></tr>
</table>

课后作业

请简述商业化生产的外包操作流程及质量控制要点。

参考文献

[1] 国家药典委员会.中华人民共和国药典.2020年版[M].北京：中国医药科技出版社，2020.

[2] 解玉玲.药物制剂技术[M].北京：人民卫生出版社，2023.

[3] 丁立，王峰，魏增余，等.药物制剂生产（初级）[M].北京：高等教育出版社，2023.

[4] 夏忠玉，陈晓兰，等.药剂学[M].重庆：重庆大学出版社，2023.